奶牛生产性能测定及应用

刘丑生　李丽丽　张胜利　陈绍祜　主编

中国农业出版社

图书在版编目（CIP）数据

奶牛生产性能测定及应用 / 刘丑生等主编 . —北京：
中国农业出版社，2016.11
ISBN 978-7-109-22239-7

Ⅰ.①奶… Ⅱ.①刘… Ⅲ.①乳牛－养牛业－产业发
展－研究－中国 Ⅳ.①F326.33

中国版本图书馆 CIP 数据核字（2016）第 250720 号

中国农业出版社出版
（北京市朝阳区麦子店街 18 号楼）
（邮政编码 100125）
责任编辑　刘　玮　颜景辰
————————————
北京万友印刷有限公司印刷　新华书店北京发行所发行
2016 年 11 月第 1 版　2016 年 11 月北京第 1 次印刷
————————————
开本：787mm×1092mm　1/16　印张：19
字数：450 千字
定价：76.00 元
（凡本版图书出现印刷、装订错误，请向出版社发行部调换）

本书编委会

前　言

为贯彻落实《国务院关于促进奶业持续健康发展的意见》要求，进一步推进奶牛生产性能测定工作，2008年，农业部启动了奶牛生产性能测定项目，2012年起列为农业部部门预算。项目实施以来，有效地调动了各地参与工作的积极性，取得了一系列重要成果。2015年国务院副总理汪洋在D20峰会上提出，要积极推进奶业发展方式转变，以提高乳品质量为核心，加快建设现代奶业产业体系，不断提高我国奶业综合生产能力和国际竞争力。而要实现我国奶业发展方式的转变，建设现代奶业产业体系，DHI技术具有不可替代的作用。DHI不仅仅是单纯的一项测定技术，而是在保证奶牛健康、提高生鲜乳质量安全水平，帮助养殖者加强饲养管理、提高经济效益，开展遗传评估、推动奶牛群体改良工作等方面，都发挥着重要的作用，是支撑中国奶业转型升级的关键技术措施。

我国自2008年实施奶牛生产性能测定项目以来，通过坚持不懈的努力，取得了显著的成绩。然而当前尚没有关于奶牛生产性能测定及应用方面的系统性的培训资料，为更好地满足奶牛生产性能测定工作的需要，中国奶业协会和全国畜牧总站组织有关专家共同编写了《奶牛生产性能测定及应用》。这本书内容主要包括我国奶业发展概况、国内外奶牛生产性能测定概况、我国DHI工作组织和运行体系、奶牛场DHI现场管理与运行、DHI实验室设计与建设、DHI标准化操作流程、DHI数据处理、DHI报告解读与应用、DHI实验室的扩展功能、DHI实验室审核管理与认可、DHI与奶牛遗传评定、DHI与奶牛疾病等部分，其中最具特色的部分主要是DHI标准化操作流程、功能扩展、实验室建设、认证体系等。本书主要用作DHI相关人员职业培训教材，对于提高我国奶牛生产性能测定、实验室管理水平，提升基层畜牧技术推广人员的科技服务能力和奶牛场生产管理水平具有重要的指导意义。

随着奶牛生产性能测定工作的开展，本书内容也需要不断地修改补充，编者真诚地期待广大读者能够提出宝贵意见，以使本书得以充实和完善。中国农业大学张沅教授、美国兰斯顿大学曾寿山教授（Steve Zeng）对本书提供了宝贵的建议和资料，在此一并感谢。

目　　录

1 我国奶业发展概况

奶业发展水平是一个国家畜牧业乃至整个农业发展水平的重要标志，奶业持续健康发展，对于改善城乡居民膳食结构、提高全民身体素质、促进农村产业结构调整、增加农民收入、带动国民经济相关产业发展都具有十分重要的意义。改革开放以来，特别是近十几年来，我国奶业发展迅速，成效显著，奶牛养殖、乳品加工和市场消费均实现了快速、稳定增长。总体来说，我国奶业发展主要经历了三个历程：一是 1979—1997 年的稳定发展时期，二是 1998—2008 年的快速扩张时期，三是 2009 年以来的转型升级时期。总体看，我国奶业发展呈现出的主要表现是：

一是，奶牛存栏数量和奶类总产量稳定增加。据统计，2014 年全国奶牛存栏 1 441 万头，是 2000 年的 2.92 倍，奶类总产量 3 743 万吨，是 2000 年的 4.1 倍，奶类产量已跃居世界第三位，成为奶类生产大国。

二是，奶业转型升级不断加快。奶牛养殖规模化、机械化水平不断提高，2014 年全国 100 头以上养殖规模的比例达到 40% 以上，较 2008 年的 19.5% 翻了一番；机械化挤奶率已经超过 90%，较 2008 年时的 51% 提高了约 40 个百分点。产业集中度进一步提高，优势区域内部布局也进一步优化，涌现了一大批规模化奶牛养殖公司。全国奶牛单产水平达到 5 500 千克，比 2008 年提高了 22%。

三是，乳品质量安全得到提升，监管力度不断加大。当前农业部对生鲜牛奶生产要求不断提高，监管力度不断加大，每年都对奶站进行数万次的原料奶抽样检测，监督和预防牛奶的掺杂行为和安全事故发生。

四是，乳制品生产和消费增长速度加快。国内乳制品生产规模迅速扩大，2013 年，国内乳制品产量为 2 698 万吨，较 2000 年增加了 11.4 倍，实现工业产值 2 535 亿元，是 2000 年的 14.9 倍；前 10 家大型骨干企业乳制品工业产值占全行业的约 50% 以上。乳品消费同步增长，城乡居民消费水平不断提高。

五是，国家对奶业发展的扶持政策和扶持资金大幅增加。奶牛良种补贴政策、奶牛生产性能测定项目、振兴奶业苜蓿发展行动、奶牛标准化养殖项目、奶牛养殖农机补贴项目等，促进了奶业健康可持续发展。

当然，奶业发展中还存在的很多问题，如良种繁育技术体系不健全、牛群整体遗传水平不高，奶牛粗饲料开发不足、日粮结构不合理，奶牛生产造成周边环境污染，环境保护问题凸出等，有些地区奶牛养殖仍处于"小、散、低"的状况。

总之，我国奶业发展正处于关键性的转型升级阶段，在这个阶段，机遇与挑战并存，困难与希望同在，促使奶业由跨越式增长转入渐进式增长，由超常规发展转入正常发展，由数量增长型转为质量效益型，我国奶业就能够健康持续发展。

2 我国奶牛群体遗传改良技术概况

纵观世界奶业发展历程表明，奶牛良种是奶业发展的物质基础。在影响奶牛业发展的诸多技术要素中，育种是核心因素（张勤、张沅，2001），育种工作在提高生产性能的全部科技贡献率中占到 40%（USDA）。奶牛群体遗传水平的不断改良提高是奶业发展的根本动力，而奶牛的育种工作是独具特色的，相对于猪、禽等畜种来说，奶牛的繁殖世代间隔长（4~5 年）、繁殖速度慢（单胎动物），产奶性状又是限性性状，因此，奶牛群体遗传改良工作与猪、禽有很大不同，不能、也不需要像猪、禽等畜种那样不断培育新品种和建立杂交配套繁育体系，利用不同品种（系）间杂交的杂种优势在奶牛生产中较少。奶牛群体遗传改良主要内容是通过对现有品种［例如占当今世界奶牛存栏 75% 以上的荷斯坦牛（Holstein）］实施长期、系统地科学选育，使奶牛群在遗传水平上得到不断进步。

中国荷斯坦牛的群体遗传改良工作起步于 1983 年，时任中国奶牛协会育种专业委员会主任秦志锐先生，在全国范围内组织开展青年公牛联合后裔测定。中国奶牛协会在各级政府的支持下组织开展了牛群的遗传改良工作，尤其在开展群体遗传改良基础工作，例如高产母牛核心群选育、后裔测定选择优秀种公牛、改进种牛遗传评定方法及应用人工授精技术、建立最优化育种规划系统、在奶牛育种中应用胚胎生物工程技术、开展国际合作研究等方面，进行了大量的工作，通过品种登记、生产性能测定、个体遗传评定、青年公牛联合后裔测定、人工授精技术等手段，提升奶牛群体遗传水平，提高牛群产奶水平，增强综合生产能力，对我国奶牛业的发展起到了重要的作用。2008 年中华人民共和国农业部发布了中国奶牛群体遗传改良计划（2008—2020 年），为中国荷斯坦牛的遗传改良工作制定了目标和方向，为进一步应用高新技术建立高效育种体系奠定了基础，使奶牛育种体系不断完善，全国奶牛总体遗传水平不断提高。目前中国荷斯坦牛遗传改良工作虽然取得了一些重大研究成果，但与发达国家相比仍然存在很大的差距。

2.1 人工授精技术的应用和种公牛站建设

人工授精技术自 20 世纪 40 年代问世以来，首先在奶牛中得到应用，尤其是精液低温冷冻保存技术的出现和发展，使冷冻精液人工授精技术成为奶牛育种中最重要的繁殖技术。应用人工授精技术，可使优秀种公牛的使用不受时间和地域的限制，能够获得更多的后代，最大限度地迅速扩散其遗传优势在群体中的影响；人工授精技术可以大大减少饲养种公牛的数量，因此提高了种公牛的选择强度，从而加快了牛群的遗传进展；同时人工授精技术的实施，使参加后裔测定的青年公牛与来自不同地区、不同群体的母牛交配，从而获得更多、范围更广泛的生产性能测定数据，使得对种公牛的遗传评定更精确。

我国系统研发和推广牛冷冻精液生产和人工授精技术已有近 50 年的历史，20 世纪 70

年代中期，各省市、地区纷纷建立种公牛站或家畜冷冻精液站，种公牛站是奶牛种繁育体系的重要组成部分，是推广应用优秀种公牛冷冻精液人工授精技术、加快奶牛遗传改良和提高奶牛生产水平的有效措施。通过种公牛站建设，使制备冷冻精液的工艺水平不断成熟和完善，冷冻精液质量不断提高。1974 年北京市种公牛站在推广颗粒冻精人工授精的同时，还成功研制出 0.5 毫升细管冷冻精液，1977 年黑龙江省在哈尔滨市建成当时我国最大的种公牛站，1980 年北京市种公牛站等单位从法国凯苏 IMV 兽医器械公司引进细管冻精全套生产设备，从此开始了大规模细管冻精生产。据 1992 年统计，全国已有 87% 的公牛站开始生产细管冻精，1996 年北方 25 个种公牛站统计，细管冻精生产量占总产量的55%，2001 年以后，在农业部的要求下，全国各种公牛站都逐步取消了颗粒冻精生产，全部转为细管冻精生产。近 40 多年来，我国种公牛站建设取得了显著成绩，生产设施和条件不断改善，服务能力和水平明显提高，种公牛数量不断增加，供种能力明显增强。2013 年底全国有种公牛站 44 家，存栏种公牛 4 403 头，其中采精公牛 3 210 头，年生产优质冻精 5 138.5 万剂，站均饲养种公牛首次突破 100 头。为了保证冷冻精液质量，1984年颁布了《GB 4143—84　牛冷冻精液》，2008 年修订为《GB 4143—2008　牛冷冻精液》，20 世纪 90 年代农业部在南京、北京先后成立"牛冷冻精液质量监督检验测试中心"，2005 年又成立了"农业部种畜品质监督检验测试中心"，先后制定了《NY /T1234—2006　牛冷冻精液生产技术规程》《NY/T 1335—2007　牛人工授精技术规程》等标准。通过不定期地对各地种公牛站生产的冻精进行监督抽检和统检，使各地冷冻精液质量和合格率不断提高。1997 年在《种畜禽生产经营许可证》管理办法实施前，牛冻精检测合格率仅为 83.1%，到 2001 年，牛冻精检测合格率为 90.6%，2006 年全国牛冻精检测合格率达到了 96.0%，其后一直维持高合格率水平。种公牛站建设和人工授精技术的应用，为我国奶牛业快速发展做出了积极贡献。

2.2　品种登记

品种登记是将符合品种标准的牛登记在专门的登记簿中或特定的计算机数据管理系统中。品种登记是奶牛品种改良的一项基础性工作，其目的是要保证奶牛品种的一致性和稳定性，促使生产者饲养优良奶牛品种和保存基本育种资料和生产性能记录，以作为品种遗传改良工作的依据。国内外的奶牛群体遗传改良实践证明，经过登记的牛群质量提高速度远高于非登记牛群，因此，系统规范的品种登记工作，已成为奶业生产特别是实施奶牛群体遗传改良方案中不可缺少的一项基础工作。发达国家之所以能在大群体生产中取得遗传进展，与他们拥有一个不断完善的育种体系分不开的。对于登记个体，其数代（可以达到5～10 代）祖先的名字、注册号码、生产状况和体型外貌等本身记录和估计育种值都一目了然。

在中国荷斯坦牛品种育成过程中，中国奶牛协会曾多次组织过全国奶牛的品种登记和良种登记，前后共出版过 8 册（卷）《良种奶牛登记簿》，对我国奶牛的育种工作起到了一定的作用，但由于我国奶牛选种的基础工作不规范，导致品种登记工作范围有限。由于缺乏完善的品种登记记录，我国奶牛群体的状况较为混乱，不同纯度个体确切的数量、群体生产水平不清楚，这种状况约束了我国奶牛育种工作的开展，为了建立健全和完善中国荷斯坦牛品种登记制度，农业部授权中国奶业协会的中国奶牛数据中心，负责实施我国奶牛品种登记工作，重新制订了全国统一的牛只登记编号系统，并制定了《中国荷斯坦牛品种登记实施方案》（见附录），该实施方案是根据国际上现行的登记办法，结合我国当前实际而制定的。为了具体实施奶牛品种登记工作，中国奶牛数据中心开发了奶牛数据信息的收集和上报软件，落实确定各省市相关的奶牛品种登记和数据收集机构，逐步开展工作。相信在不久的将来，我国奶牛品种登记工作也将逐步走向规范和成熟。

2.3 奶牛生产性能测定

2.3.1 奶牛生产性能测定的概念

DHI（Dairy Herd Improvement），即奶牛群体改良。DHI 是一套完整的生产记录和管理体系，是通过泌乳牛的产奶性能数据测定和牛群的基础资料分析，了解现有牛群和个体牛的产奶水平、乳成分等情况，对于乳房健康和繁殖相关问题有预警作用，从而对个体牛和牛群的生产性能和遗传性能进行综合的评定，找出奶牛生产管理和育种方面存在的问题，以便及时解决。

DHI 与遗传评定紧密联系，DHI 的实施是公牛后裔测定工作的主要内容，测定结果为种公牛育种值估计提供了所需的基础数据。另外，通过阅读 DHI 报告，有助于在奶牛选配时，选择适合的种公牛来改良奶牛的生产性能。没有奶牛生产性能测定，就不能科学、有效、快速地开展奶牛遗传改良。DHI 诞生 100 多年来，已经在世界范围内得到广泛应用，成为改善奶牛饲养管理水平、提高奶牛生产效率、保障乳品质量安全不可或缺的重要工具，是现代精准奶业的核心部分，被业内人士公认为"牛群改良唯一有效的方法"。

开展奶牛生产性能测定，首先要收集奶牛系谱、胎次、产犊日期、干奶日期、淘汰日期等牛群饲养管理基础数据，其次是每月一次记录日产奶量并在当天采集泌乳牛的奶样，通过测定中心的检测，获得乳成分、体细胞数等数据，然后将这些数据统一整理分析，形成生产性能测定报告。测定报告反映了牛只及牛群繁殖效率、生产性能、饲养管理及乳房健康等方面的准确信息。牛场管理人员利用生产性能测定报告，能够科学有效的对牛群加强管理，充分发挥牛群的生产潜力，进而提高经济效益。同时，业务主管部门利用收集的大量准确数据，组织开展全国奶牛品种登记、种公牛后裔测定、遗传评定及奶牛的选种、选配等工作，达到提高奶牛整体种质遗传水平，提高产奶量，增加奶牛养殖经济效益的目的。

2.3.2 奶牛生产性能测定的意义

2.3.2.1 加快奶牛遗传改良，提高奶牛育种水平

培育优秀种公牛必须首先具备优秀的种母牛群，而种母牛必须是生产性能和繁殖记录完备、估计育种值水平高的个体。准确的生产性能数据必须来自 DHI 测定体系，母牛的产奶量及乳成分分析记录才被认可。此外，种公牛后裔测定就是通过公牛的女儿牛产奶性能来估计该公牛的遗传水平。国际规定，只有通过 DHI 系统测定的女儿牛生产数据才能

有效。奶业发达的国家早在19世纪末就开始进行DHI测试工作，实施奶牛群改良方案（DHIP），采用统一的方法采集奶样，统一数据处理，使牛群的遗传水平和生产性能持续提高。实践证明，DHIP是一套行之有效的育种措施，DHI是牛群遗传改良的基础，是改善牛群素质、增加社会经济效益的根本措施，已成为奶牛群体遗传改良科学化、规范化的标志，也是目前国际上衡量奶牛育种水平的一种通用标准。

2.3.2.2 从源头上控制乳制品安全

原料奶的质量是保证乳制品品质的第一关，只有高质量的生鲜原料奶才能生产出高质量的乳制品。开展DHI测定，不仅可以很容易地检测出奶的各种成分，还有一项重要内容是牛奶中体细胞计数，并以此判断奶牛乳房的健康状况，预警乳房炎和隐性乳房炎患牛，及时隔离病牛，防止不健康牛奶进入加工和消费环节，提高乳品质量，保障消费者的健康，对控制乳制品安全起到了关键作用。

2.3.2.3 指导牛场健康计划，保证奶牛健康

奶牛机体任何部分发生生理或病变不适都会首先以减少产奶量的形式表现出来，由于生产性能测定适时监控奶牛个体生产性能表现，通过奶牛生产性能测定分析报告，一是掌握奶牛产奶水平的变化，了解奶牛是否受到应激，准确把握奶牛健康状况；二是通过分析乳成分的变化，判断奶牛是否患酮病、慢性瘤胃酸中毒等代谢病；三是通过分析体细胞数的变化，及早发现乳房健康问题，特别是为及早发现隐性乳房炎、制定防治计划提供科学依据，从而有效减少牛只淘汰，降低治疗费用，提高牛场的经济效益。除此以外，新产牛如果体细胞数高，可能存在卵巢囊肿、子宫内膜炎等繁殖疾病风险，生产性能测定可使得这样的牛只得到及时治疗，大大提高牛群的繁殖效率。

2.3.2.4 有助于改进日粮配方，提高饲料利用效率

根据DHI分析报告，可清楚地了解奶牛的营养状况、奶牛体膘及饲料组成是否合理等。利用DHI数据分析的泌乳持续力反映了奶牛泌乳持续的能力，即奶牛在泌乳高峰后泌乳表现是否正常。乳成分含量变化能在一定程度上反映出奶牛的营养和代谢状况，进而反映饲料总干物质含量及主要营养物质供给量是否合适，可指导调配日粮。生产性能测定报告中直接反映乳脂肪率与乳蛋白率之间关系的一个指标——脂蛋白比，正常情况下，荷斯坦牛的脂蛋白比应在1.12～1.30之间，比值高可能是日粮中添加了脂肪，或日粮中蛋白不足，比值低可能是日粮中谷物类精料太多或缺乏纤维素。生产性能测定报告提供的个体牛只牛奶尿素氮水平，能准确反映出奶牛瘤胃中蛋白代谢的有效性，可根据牛奶尿素氮的高低改进饲料配方，提高饲料蛋白利用效率，降低饲养成本。

2.3.2.5 可以科学制定管理计划

在正常饲养的情况下，为保持和提高牛群的整体生产水平，降低饲养成本，提高经济效益，需要对牛群进行分群管理并及时淘汰生产性能低的牛只。生产性能测定报告不仅可以适时反映个体的生产表现，还便于追溯牛只的历史表现，我们可以依据牛只生产表现及所处生理阶段实现科学分群饲养管理；依据分析饲养投入及生产回报，可制定科学、合理的牛只淘汰制度；牛群生产性能信息还有助于编制各月产奶计划和相应的管理措施。

2.3.2.6 健全我国原料奶质量第三方检测体系，建立合理的原料奶定价机制

当前我国奶业市场仍未确立合理的价格形成机制，原料奶收购价格大多是乳品加工企

业根据自身生产经营成本来确定，经常发生任意提高原料奶收购标准、压低奶农收益的现象。由于鲜奶无法长期保存，生产后必须尽快送到加工厂进行处理，否则就会坏掉，因此无论企业给出什么样的价格，奶农只能被动接受。这种不合理的原料奶定价机制严重损害了奶农利益，影响其发展养殖的积极性。DHI测定中心可以作为原料奶第三方检测机构，对区域内的原料奶质量进行准确、公正检测，作为原料奶定价的标准，可为原料奶及乳制品质量仲裁提供检测结果。

2.3.2.7 为科研提供可靠准确的数据来源

DHI的意义不仅局限于奶牛育种和牛场管理，DHI测定内容完整、指标全面、数据准确，其测定范围之广及测定对象的个体化使数据更有代表性，是畜牧兽医方面科研课题的重要数据来源。

2.4 奶牛遗传评定

在育种工作实践中，准确可靠的遗传参数估计和个体育种值预测是育种工作的前提条件。近年来，奶牛遗传评定方法随着科学技术的发展，估计精确度不断提高，使奶牛群体生产水平大幅度地提高。

遗传评定法是根据育种实践中出现的具体问题而提出的，可分为几个历史阶段。第一阶段是育种的初级阶段，育种是在一个较小的群体范围内进行，待估公畜和其后代处于一个共同的环境之中，这一阶段的育种值估计方法称个体育种值的估计或称选择指数法。第二阶段是群体间比较法，由于人工授精技术的发展和后裔测定方法的应用，使得公畜后代能够分布在许多环境不同的群体中，即环境影响着性状的表现水平，这一阶段的育种值估计法有同群牛比较法（HC）、同期同龄牛比较法（CC）、改进的同期同龄牛比较法（MCC）等。第三阶段是能够同时获得固定效应估计值和随机遗传效应预测值的最佳线性无偏估计（BULP）法。第四阶段随着分子遗传学、分子生物学技术和数量遗传学的发展，新型的选种方法——遗传标记辅助选择（MAS）和基因组选择（GS）已经诞生并逐渐成了研究和应用的热点。

2.4.1 选择指数法的估计

选择指数法是利用一切可能的表型资料，包括来自于自身、同胞、祖先或后裔的一个或多个性状的表型信息，经适当加权后构成一个选择指数的育种值估计方法。在家畜育种中，通常需要同时对多个经济性状进行选择，采用的方法有顺序选择法、独立淘汰法和选择指数法，而其中选择指数法的效率最高。Lush和Wright（1931）将该方法引入植物育种中，Hazel（1943）将该方法应用到动物育种中，Kempthone（1957）提出了约束选择指数，Tallis（1962）提出了通用最宜选择指数，Resek等（1969）提出了理想选择指数。选择指数法主要包括合并选择指数法和综合选择指数法两种。选择指数法的产生和发展大大加快了家畜的育种进展，但由于选择指数法自身的缺陷制约了它在实际中的应用，如：要求所有表型观测值不存在系统环境效应误差或在使用前需要对系统环境效应进行校正；所有候选个体需要来源于同一均数的总体；所涉及的各种群体参数，如误差方差-协方差、育种值方差-协方差都应该是已知的，即需要事先估计出遗传参数（盛志廉，陈瑶生，1999）。

2.4.2　最佳线性无偏估计（BLUP）

美国学者 C. R. Henderson 于 1948 年提出了 BLUP 方法，即最佳线性无偏预测。这个方法从本质上是选择指数法的一个推广，但它可以在估计育种值的同时对系统环境效应进行估计和校正，因而在上述假设不成立时其估计值也具有以上理想性质。但在当时由于计算条件的限制，这个方法并未被用到育种实践中。到 20 世纪 70 年代，计算机技术的高速发展使这一方法的实际应用成为可能，Henderson 又重新提出这一方法，并对它作了较为系统的阐述（Henderson，1973，1974），从而引起了世界各国育种工作者的广泛关注，纷纷开展了对它的系统研究，并逐渐将它应用于育种实践。目前它已成为世界各国（尤其是发达国家）家畜遗传评定的规范方法。世界各国的奶牛育种实践证明，这个方法是迄今最理想的育种值估计方法。基于这个方法的种牛选择，大大加快了奶牛主要经济性状的遗传改良，给奶牛业带来了巨大的经济效益。

近 20 年来，随着奶牛育种方法和计算技术的发展，我国使用的公牛育种值估计方法也经历了一个发展过程。70 年代主要采用同期同龄比较法；80 年代初期改用预期差法，并根据产奶量、乳脂率和体型外貌评分的 PD 值，配合成总性能指数（TPI），按 TPI 值对测定公牛排队选择；自 70 年代中后期，随着线性模型理论和方法的日趋完善和计算机技术的发展，BLUP 法开始在奶牛遗传评定中得到应用。我国育种界对线性模型的研究工作始于 80 年代初，1986 年首先在北京市尝试用 BLUP 方法估计公牛的育种值，1988 年开始使用公畜模型 BLUP 对联合后裔测定的公牛进行遗传评定。1996 年北京奶牛中心在国内首先使用更科学合理的动物模型 BLUP 法，充分利用多年的历史数据对所有有关的公牛和母牛进行统一遗传评定，为中国荷斯坦牛应用动物模型 BLUP 进行遗传评定做了十分有意义的尝试。2006 年开始，中国奶业协会的中国奶牛数据中心开始利用从加拿大引进的测定日模型奶牛遗传评估系统软件，对中国荷斯坦牛进行统一的遗传评定，进一步提高了我国奶牛遗传评定的技术水平和准确性。仅就奶牛遗传评定方法和计算技术而言，目前我国与国际先进水平基本同步。

2.4.3　总性能系谱指数（TPPI）

我国从 1983 年开始试验性组织开展乳用公牛全国联合后裔测定工作，但直到 2005 年，测定规模和验证公牛数量还远不能满足全国良补的需求。此外，在当时我国基本没有本国培育的种公牛，使用的青年公牛和胚胎主要依赖进口，而这些牛都具有非常完整的系谱信息。为此在 2005 年，结合我国奶牛育种目标提出了"总性能系谱指数"（TPPI），重点选择产奶性能，数据可以到中国奶业协会数据中心网站 www.holstein.org.cn 进行查询。TPPI 是针对各公牛站引进的国外优良种公牛，在未得到后测成绩以前，按照其父亲和外祖父各性状的育种值信息，配合出的评价公牛遗传素质的综合选择指数，其中父亲各性状育种值系数为 1/2，外祖父为 1/4。TPPI 只是一个过渡性的选择指数，其选择的可靠性也较低，不能满足我国奶牛改良的需要。

2.4.4 中国奶牛性能指数（CPI）

2007 年，虽然在全国范围内仍然没有建立起严格的后裔测定体系，但之前一些大中城市已经积累了比较清晰的系谱关系和生产性能测定数据，这些数据可以满足对公牛进行遗传评价。中国奶业协会育种专业委员会依据中国荷斯坦牛育种目标，提出了中国奶牛性能指数 CPI 公式，各性状群体参数是根据北京、上海、天津等地奶牛生产性能数据估计的。CPI 是利用公牛女儿的生产性能，通过测定日奶牛遗传评估系统估计的公牛各性状育种值，然后计算出的综合选择指数。这是对于已经有足够后裔记录的种公牛而制定的遗传评定指数，在我国奶牛育种史上具有划时代意义。

奶牛生产效益受多性状的影响，各性状间有一定的遗传相关，如产奶量与乳脂率、乳蛋白率呈负相关，生产性状与繁殖性状呈负相关。单纯地改良某一类或某一个性状，会导致其他性状的负进展。如果根据性状的重要性和改良重点，将各性状的估计育种值合并成一个指数再进行选择，就能够做到顾此而不失彼。因此，CPI 的提出充分体现了"平衡育种"的先进理念，符合奶牛现代育种理念。随着我国奶牛生产性能测定数据的完善，近几年 CPI 已经做了 3 次修订。2007 年，由于当时国内部分奶牛生产性能测定中心不具备检测体细胞数的能力，奶牛体型外貌鉴定亦未全面开展，第一版 CPI 仅包含了产奶量、乳脂率和乳蛋白率等 3 个产奶性状，该公式也仅适用于国内后测验证公牛。体细胞评分这一功能性状是在 2008 年纳入到选择指数中的。2010 年进一步增加体型总分、泌乳系统和肢蹄等三个体型性状形成 CPI1，使之更加科学。由于体型鉴定工作在我国起步较晚、制度尚不完善，因此 CPI1 不能适用于所有种公牛评估。2011 年起，CPI 给出三个公式，CPI1 适用于既有女儿生产性能，又有女儿体型鉴定结果的国内后测公牛；CPI2 适用于仅有女儿生产性能的国内后测公牛；CPI3 适用于国外引进的有后裔测定成绩的验证公牛，包含的性状与 CPI1 相同，性状权重略有差异，且各性状育种值采用国际公牛组织（INTERBULL）发布的最新数据，反映我国奶牛育种目标。各指数计算公式分别为：

①CPI1 中的生产性状包括产奶量（Milk）、乳脂率（Fatpct）、乳蛋白率（Propct）和体细胞评分（SCS），体型性状包括体型总分（Type）、乳房（MS）和肢蹄（FL）。入选良补种公牛其估计育种值可靠性大于 50%。

计算公式如下：

$$CPI1 = 20 \times \left[\begin{array}{c} 30 \times \dfrac{Milk}{459} + 15 \times \dfrac{Fatpct}{0.60} + 25 \times \dfrac{Propct}{0.08} + 5 \times \\ \dfrac{Type}{5} + 10 \times \dfrac{MS}{5} + 5 \times \dfrac{FL}{5} - 10 \times \dfrac{SCS-3}{0.16} \end{array} \right]$$

②CPI2 中生产性状包括产奶量（Milk）、乳脂率（Fatpct）、乳蛋白率（Propct）和体细胞评分（SCS）。入选良补种公牛其估计育种值可靠性大于 50%。

计算公式如下：

$$CPI2 = 20 \times \left[30 \times \dfrac{Milk}{459} + 15 \times \dfrac{Fatpct}{0.16} + 25 \times \dfrac{Propct}{0.08} - 10 \times \dfrac{SCS-3}{0.16} \right]$$

③CPI3 与 CPI1 包括性状相同，计算公式如下：

$$CPI3 = 20 \times \begin{bmatrix} 30 \times \dfrac{Milk}{800} + 10 \times \dfrac{Fatpct}{0.3} + 20 \times \dfrac{Propct}{0.12} + 5 \times \\ \dfrac{Type}{5} + 15 \times \dfrac{MS}{5} + 10 \times \dfrac{FL}{5} - 10 \times \dfrac{SCS-3}{0.46} \end{bmatrix}$$

CPI 中育种目标性状数的增加，是在育种体系数据类型和数据总量持续增加、数据收集效率不断提高的前提下实现的，是我国奶牛遗传评定和遗传改良持续发展的过程。目前使用的选择指数包含了生产、功能和体型三大类性状，生产性状包括产奶量、乳脂率、乳蛋白率，功能性状包括体细胞评分，体型性状包括体型总分、乳房和肢蹄评分。其中，生产性状之所以仍然坚持使用产奶量、乳脂率、乳蛋白率这三个性状来选择，而不同于世界其他国家用乳脂量和乳蛋白量作为替代，主要是考虑到我国奶业对产奶量的重视，奶牛单产的提高仍然是国内奶牛育种的重点目标性状之一。

2.4.5 分子标记辅助选择（MAS）

随着分子遗传学、分子生物学技术和数量遗传学的发展，一种新型的选种方法——遗传标记辅助选择（MAS）已经诞生并逐渐成了研究的热点。所谓的 MAS 技术，就是在已知目标性状主效基因或数量性状座位（QTL）的前提下，利用与之紧密连锁的遗传标记信息为辅助进行选择的方法。20 世纪 80 年代前后，以 DNA 多态性为基础的分子遗传标记得到了大量的发掘和应用，使得高密度动物遗传图谱（Genetic Map）的构建、QTL 精细定位成为了可能，从而为 MAS 技术的应用奠定了基础。

2.4.5.1 种公牛的早期选择

奶牛是一种生产周期长、主要性状限性表现的家畜。种公牛在后代改良中起到一半以上作用，一头优秀验证公牛的培育周期需要 5～6 年的时间，需要花费大量人力物力。利用 MAS 技术对后备公牛进行早期选择，不仅可以减少进入后测的公牛头数，而且能够提高选种的准确性。一些奶业发达国家在分子水平上通过对候选基因和遗传标记基因的研究获得数量性状基因（QTL）图谱，来对后备青年公牛进行遗传标记辅助的早期选择（MAS）。然后，只有少数研究挖掘到一些有较大效应的 QTL，且其效应在不同品种、不同家系中不稳定。实践中只有少数国家（例如法国、以色列）在公牛预算中使用了 MAS。据有关专家预测，随着人类基因组图谱的完成，特别是当奶牛和主要家畜数量性状基因（QTL）图谱完成后，整个奶牛育种的体系将发生革命性改变，传统的种公牛后裔测定体系将与新的分子基因测定方法相结合，遗传评定的统计模型将再次变化。

2.4.5.2 遗传缺陷病的检测

从分子水平上讲，遗传缺陷的发生是由于 DNA 的碱基序列或染色体片断发生了变异，从而使其控制表达的功能物质如蛋白质的结构和功能发生了异常变化所致。据国外有关资料报道，牛的遗传缺陷达上百种，犊牛先天性缺陷的发病率为 0.2%～0.5%。据估计，美国每年出生大约 1.6 万头白细胞黏附缺陷病（BLAD）的荷斯坦牛，经济损失达 500 万美元。随着分子标记技术的发展，对种公牛是否携带某些隐性有害基因的分子检测技术已经广泛应用于种公牛的选择，利用小公牛的血液（或毛囊、精液）提取 DNA 测定，就可尽早判断某公牛是否携带隐性有害基因，从而大大降低种公牛扩散隐性有害基因的可能性。

目前，在北美荷斯坦牛系谱中标注的必须测定隐性有害基因有：

BK：犬状公牛症（Bull Dog）；

BL：牛白细胞粘连缺陷症（Bovine - Leukocyte - Adhesion - Deficiency，BLAD），正常基因表示为 TL（Tested free of BLAD）；

CV：脊椎畸形综合征（Complex Vertebral Malformation，CVM），正常基因表示为：TV（Tested free of CVM）；

DF：侏儒症（Dwarfism）；

DP：尿苷磷酸合成酶缺陷症（Deficiency of Uridine Monophosphate Synthase，DUMPS）；正常基因表示为 TD（Tested free of DUMPS）；

HL：无毛症（Hairless）；

IS：皮肤缺陷症（Imperfect Skin）；

MF：骡蹄症（Mule - Foot），正常基因表示为：TM（Tested free of Mule - Foot）；

RC：隐性红毛色基因携带者（Red - hair Color），正常基因表示为 TR（Tested free of Red - hair Color）。

在我国，农业部种畜品质监督检验测试中心等单位对奶牛部分遗传缺陷病也进行了研究并建立了检测体系，制定了检测标准，随着分子遗传学技术的发展，已有越来越多的遗传缺陷病致病位点被确定，分子遗传学检测方法会被开发出来并被应用到种牛的早期选择中（详见 2.5）。

2.4.6 基因组选择技术

随着分子生物学及分子遗传学检测技术的不断发展，可用的动物个体基因组遗传标记数量逐渐增加，各种生物基因组测序工作不断完成。因此，如何将这些大量的高密度标记信息应用于动物育种中，成为育种家研究的热点问题。标记辅助选择方法虽然应用了部分遗传标记信息，但该方法的推广应用受到很大限制。2001 年基因组选择（Genomic Selection，GS）的概念首次提出，在很大程度上实现了标记辅助选择的优势。这项新的育种技术正使全球奶牛遗传改良发生重大变革，多数主要奶业国家都已应用。

2.4.6.1 基因组选择的概念及优势

生物的遗传基础来自于细胞核内的染色体，由脱氧核糖核酸（DNA）构成，在 DNA 的双螺旋结构上，不同碱基（A/T/G/C）的核苷酸以不同的排列顺序在 DNA 的某一段落上构成某个功能片段，即是基因。不同的个体出现变异主要源于基因片段上核苷酸组合的变化。由多态、缺失、插入及交换几种变化方式组成，称之为"SNP 多态性"。基因组选择方法就是利用覆盖全基因组的高密度分子标记（SNP）进行标记辅助选择，可以追溯到大量影响不同数量性状的基因，从而实现对数量性状进行更准确的评定。基因组选择的优势：一是能够捕获全基因组的遗传变异；二是建立参考群估计出一套 SNP 效应值后，对于候选个体不依赖表型信息；三是与系谱选择相比，选择准确性更高；四是可以早期选择、大大缩短世代间隔；五是可准确评定一些难于测定或新定义的性状；六是降低育种成本；七是大幅度提高育种进展。

2.4.6.2 基因组选择的基本思路

在奶牛的基因组中存在大量遗传标记（SNP），在标记密度足够大的情况下，影响性状的所有基因都至少与一个标记紧密连锁，利用参考群信息通过对所有标记效应的估计，实现对全基因组所有基因效应的估计；利用已有标记效应估计值计算已进行 SNP 芯片分型候选个体的育种值，即基因组育种值（gEBV），然后根据 gEBV 并结合可能的系谱和后裔信息进行选择。

2.4.6.3 实现基因组选择的前提条件

2.4.6.3.1 低成本获得覆盖全基因组的高密度标记基因型　奶牛基因组中至少 4 500 万个 SNP（单核苷酸多态）标记，对 SNP 标记的高通量测定技术，即 SNP 芯片技术，已经开发出不同规格的奶牛商业化芯片，可以包含 2 900 个至 78 万个 SNP。

2.4.6.3.2 建立参考群体及基因组选择统计分析系统　选择具有可靠育种值的验证公牛或母牛，用 SNP 芯片测定每个个体的 SNP 基因型，利用估计 SNP 效应的统计分析系统获得一套 SNP 效应估计值，建立估计 gEBV 的统计分析系统。

2.4.6.4 世界基因组选择概况

2.4.6.4.1 北美基因组选择概况　美国于 2009 年 1 月首次公开发布了综合传统评定值和基因组育种值（GEBV）的公牛育种值 GPTA（Genomic Predicted Transmitting Ability），2010 年美国的参考公牛规模达到 9 300 头，2013 年基因组选择青年公牛销售冷冻精液数量超过 50%。在计算基因组育种值（GEBV）时采用了综合指数法对系谱信息和基因组预测信息进行加权，各性状基因组育种值的平均可靠性达 50% 以上，而仅仅利用系谱指数对青年公牛进行预测的平均可靠性仅为 27%。

加拿大于 2009 年 8 月首次公布其基因组选择遗传评估结果，青年公牛按照 35∶65 的权重比例综合考虑系谱信息与基因组预测信息，平均可靠性达 60%；验证公牛以 50∶50 的权重比例考虑其综合育种值与基因组育种值，平均可靠性达 90%。

2.4.6.4.2 欧洲基因组选择概况　从 2008 年开始，欧洲各国相继开始进行基因组选择计划。到 2010 年 3 月，包括德国、法国、荷兰、丹麦、瑞典、芬兰和挪威在内的 7 个国家共同建立了欧洲联合基因组选择体系（Euro Genomics），实现了资源共享。将基因组选择参考群体的规模扩大到 16 000 头，大幅提高了基因组选择的可靠性，扩大了欧洲在奶牛基因组选择领域的竞争优势。德国作为最早开展基因技术研究的国家之一，经过几年的发展，可靠性可达 70%。由于奶牛基因组选择技术的出现，每年后备公牛选择的范围从传统后裔测定的 1 000 头扩大到 1 万头，提高了选择强度，公牛选择的世代间隔也由 6 年降到 2 年，加速了奶牛遗传进展。

2.4.6.4.3 澳洲基因组选择概况　澳大利亚以及新西兰也是从 2008 年开始实行基因组选择计划，澳大利亚参考群体的规模较小，约为 2 000 头，故其基因组育种值可靠性较低，在 45%～54% 之间，而新西兰的基因组育种值的可靠性则为 50%～55%。

2.4.6.5 中国奶牛基因组选择研究现状

中国奶牛全基因组选择技术的研究主要由中国农业大学承担，2008 年获得"863"计划的支持，同时还得到农业部"948"项目等多个相关课题的资助。课题组吸取国外相关研究成果，建立了以验证公牛女儿为主的"参考群体"，进行了 SNP 效应估计方法的比较研究，使用 Illumina Bovine SNP50 芯片对个体进行 SNP 标记检测，改进了估计 SNP 标记遗传效应技术。2012 年中国奶牛基因组选择技术体系已经通过鉴定，并经农业部批准启动了实施方案。与此同时，中国农业大学和中国奶业协会遗传评估中心联合制定了中国奶牛基因组选择性能指数 GCPI（Genomic China Performance Index），包括产奶量、乳脂率、乳蛋白率、体细胞评分等生产性状和体型总分、乳房、肢蹄等体型性状。我国首次利用 GCPI 对 821 头青年公牛进行了基因组检测和遗传评定，并从中选出 362 头优秀青年公牛参加了 2012 年国家奶牛良种补充项目。截至 2015 年 12 月，全国有 28 家公牛站的 1 915 头公牛参与基因组检测和遗传评定，产奶量育种准确性达到 60%。GCPI 的建立和应用，表明我国奶牛育种技术已迈入世界先进行列。

基因组选择是改变我国奶牛育种落后现状的有效途径，由于不能套用国外的基因组育种值来选择我国的公牛，因此必须在国内研发，同时基因组选择工作的性质要求全国的统一研发与实施，切勿各行其是。基因组选择不能替代常规育种措施（后裔测定），而是与常规育种结合可最大程度提高奶牛基因组选择的准确性和效率。

2.5　奶牛体型线性鉴定

在奶牛遗传改良中，奶牛体型外貌性状虽然不具备生产性状那样大的经济意义，但是正确、适当、科学地评定奶牛体型外貌并将信息用于选种，可望获得健康长寿的个体，会给奶牛生产和管理带来益处。20 世纪 80 年代以来，欧美国家普遍推行"体型线性评定方法"，它是根据奶牛的生物学特性，选择那些对奶牛生产性能发挥和经济效益有明显作用，又可以通过育种手段改进的体型性状，作为评定的主要性状。对于体型性状的表现，按其生物学特性的变异范围，定出性状的最大值和最小值，然后以线性的尺度进行评分。线性评分方法尽可能消除人为因素影响，被誉为"功能型"鉴定方法。我国自 20 世纪 80 年代中期开展奶牛体型外貌线性评定法的研究和推广工作。奶牛育种科技工作者依据欧美国家现行的评分系统，建立了我国的体型线性评分体系，在各地培训了一批体型鉴定员。

目前我国对奶牛体型线性鉴定施行 9 分制评分方法。9 分制评分方法方便易行，每位鉴定员每年对自己所辖区域的牛群第一胎母牛进行体型鉴定；对所有参加全国种公牛联合后裔测定的公牛女儿，必须适时逐头进行鉴定；对其他胎次的母牛，若牛场要求，可同时进行鉴定。鉴定时间原则上应在被鉴定牛只产犊后 30～180 天进行，在挤奶前鉴定较为适宜。鉴定员在鉴定牛只时，必须公正，严格按照评分标准进行。目前由于受各种条件的制约，未进行不同区域间的对换鉴定，待条件成熟后，可逐步开展这项工作。鉴定员每次鉴定的牛只资料除牛场存留外，必须输入计算机，并上报全国奶牛数据处理中心。全国奶牛数据处理中心依据各地区鉴定员汇总的资料，计算出每头公牛各部位及总评分的估计育种值，并绘制其体型外貌柱形图，每半年公布一次。奶牛体型鉴定员依据全国数据处理中心所公布的全国公牛体型估计育种值和体型外貌柱形图，指导本地区制定奶牛选种选配计划，加速本地区奶牛的改良。中国农业大学张沅教授主持制定了《中国荷斯坦牛体型鉴定规程》行业标准（见附录），规定了中国荷斯坦牛的体型鉴定主要方法、鉴定性状和评分标准。线性评分系统的应用与推广促进了奶牛群体整体的改进与提高。

2.6 高产奶牛核心群选育及 MOET 育种体系的实施

2.6.1 高产奶牛核心群选育

奶牛育种工作的重点是通过本品种选育，不断提高现有奶牛品种的生产性能。开展高产核心母牛群的选育工作是奶牛育种的一项重要措施，要在品种登记的基础上，对奶牛的生产性能测定（DHI）和体型鉴定的数据信息进行遗传评定，并综合计算其育种价值，筛选出优秀的牛只进行良种登记和建立高产奶牛核心群。自中国黑白花奶牛品种育成后，项目选育了一批高产核心母牛群，为培育优秀种公牛和开展奶牛全群的遗传改进工作打下了良好的基础。"十五"和"十一五"国家科技部实施了奶业科技重大专项，对奶牛选育和高产奶牛核心群建立给予了大力支持，使我国奶牛遗传改良工作取得了显著成效和进展。

2.6.2 MOET 育种体系的实施

国内利用超数排卵和胚胎移植（MOET）技术开展奶牛育种工作取得突破性进展。"八五"期间，中国奶业协会和中国农业大学等单位承担的国家科技攻关专题"应用 MOET 技术选育高产黑白花奶牛的研究"，将胚胎生物工程技术的优势与核心群育种的特点相结合，建立了奶牛 MOET 核心群育种体系，其目的是利用 MOET 技术建立一个高产奶牛核心群。首先通过系统、可靠的生产性能测定和精确的遗传评定，选择优秀种子母牛，作为实施胚胎移植技术的供体母牛，由此使供体母牛每年获得一定数量的具有全同胞关系的后代。这样改变过去 AI 育种体系所必须实施的公牛后裔测定，而是在核心群中利用青年公牛的全同胞和半同胞姐妹的信息（即生产性能测定记录），采用特定的统计评定方法，进行青年公牛以及种母牛的遗传评定，由此可缩短核心种公牛的世代间隔，加快牛群的遗传进展，提高育种效益，在建立并实施中国荷斯坦牛 MOET 育种体系工作中，主要研究成果有：建立了奶牛 MOET 核心群育种规划系统，并编制相应的计算机软件，提出了群体内的动物模型 BULP 方法，制定了一套适合于实施高产奶牛 MOET 育种核心群方案的技术规程，建立了一套适合于实施 MOET 核心群育种方案的胚胎移植技术体系，通过 MOET 核心群育种方案，培育了一批优秀种公牛和种母牛，为加快我国奶牛群体遗传改良进程发挥了重要作用。

2.7 公牛后裔测定

2.7.1 青年公牛后裔测定

公牛后裔测定是奶牛育种中的最主要工作。长期以来，我国的奶牛育种工作均是各省、直辖市、自治区各自为政，彼此独立，公牛后裔测定也只在各省、直辖市、自治区内进行。1983 年以来，随着中国奶牛协会的成立，开始了由中国奶牛协会组织的跨省、直辖市、自治区的联合后裔测定，约 10 个省、直辖市的 50 个牛场参加。参加测定的青年公牛由各省、直辖市、自治区种公牛站选送，要求其父亲必须是经过后裔测定的验证公牛（其女儿平均头胎 305 天产奶量在 6 000 千克以上，乳脂率在 3.6％以上；其母亲的 305 天产奶量达到 8 000 千克以上，乳脂率在 3.5％以上），对外祖父的要求与父亲相同。在 1994 年前，每年组织一次，1994 年后，每年组织两次全国后裔测定。当时全国公牛后裔测定方案可用图 2-1 表示。

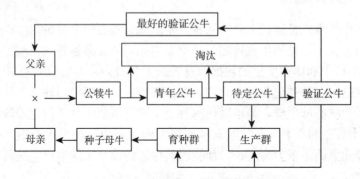

图 2-1　全国公牛后裔测定方案

截至 2011 年 11 月第 46 批后裔测定，全国累计参加测定的公牛达 1 466 头，经统计，有 34 个公牛站参加测定，后测冻精发放范围分布到 25 个省（直辖市、自治区），平均每年分配到 14 省（直辖市、自治区），其中 2006 年参测公牛最多达到 170 头。2012 年中国奶业协会组织了第 47 次全国青年公牛联合后裔测定后，后裔测定组织方式改变，鼓励以各省市种公牛站作为主体实施联合后裔测定，并且相继成立了"中国北方荷斯坦奶牛育种联盟"和"中国奶牛后裔测定香山联盟"。

在近三十年后裔测定的基础上，参考国外先进经验，中国农业大学张沅教授主持制定了"中国荷斯坦牛青年公牛后裔测定"技术规程，为后裔测定规范化提供了技术支持。

2.7.2　目前我国后裔测定体系建设

2.7.2.1　"北方联盟"联合后裔测定体系

中国北方荷斯坦牛育种联盟（以下简称"北方联盟"）于 2010 年 1 月成立，最初由山东奥克斯生物技术有限公司、黑龙江省博瑞遗传有限公司、河北品元畜禽育种有限公司、山西鑫源良种繁育有限公司、宁夏四正种牛育种有限公司等 5 家单位共同发起，原名"中国北方奶业主产区部分种公牛站荷斯坦牛联合后裔测定协作联盟"，签署合作协议旨在联合实施后裔测定、开展 DHI 测定、组建种子母牛群和开展种公牛自主培育等奶牛育种工作。2011 年河南省鼎元种牛育种有限公司加入联盟，成员增至 6 家。2013 年更名"中国北方荷斯坦牛育种联盟"，简称"北方联盟"。联盟的工作重点是提高我国北方部分奶业主产区奶牛良种覆盖率，加强自主选育种公牛的能力。紧紧围绕"自主培育优秀验证公牛"这一核心目标，联盟在加强体型鉴定管理、提高后测冻精发放效率、优化冻精分布、健全冻精使用奖励机制等方面做了大量的工作，为后裔测定的顺利开展和种公牛遗传评定工作提供了保障。

2.7.2.1.1　夯实 DHI 测定这一基础性工作　严格规范做好 DHI 测定工作，为种公牛遗传评定工作提供准确、翔实的数据支持。采取一系列措施，如建立荷斯坦牛登记卡片、规范牛耳号编写、统一牛只标识等，提高奶牛的系谱完整率。编制统一格式的记录簿，协助牛场建立健全系谱、配种、产犊、干奶等相关信息记录档案。对联盟所在省的规模化牛场进行生产性能测定，完整记录成母牛各泌乳期的各项资料，为国内公牛的有效评估、自主培育优秀种质提供了坚实的基础。

2.7.2.1.2　应用基因组选择技术早期优选后备公牛　引进应用国外成熟的基因组选择技术，进一步完善后备公牛评价技术体系。结合遗传缺陷检测、亲子鉴定技术，应用最新的基因组选择技术，淘汰有遗传缺陷、系谱记录错误和基因组综合选择指数排名后40％的个体，对后备公牛进行优选，以确保参测后裔测定的青年公牛具有较高的遗传品质。

2.7.2.1.3　强化联合后测冻精交换工作　规范确定青年公牛参加后测标准。联盟商讨制定了《中国北方后测联盟青年公牛后裔测定实施方案》，对青年公牛参加联合后裔测定的入选条件作出了严格的规定，具体规定如下：公牛编号为全国统一编号、具有三代以上系谱，系谱指数不低于1 000，年龄不大于20月龄；公牛母亲头胎产奶量不低于10 000千克、乳脂率不低于3.6％、乳蛋白率不低于3.0％，或头胎乳脂量不低于360千克、乳蛋白量不低于300千克。公牛个体生长发育正常，6月龄体重达到200千克以上，12月龄体重达到350千克以上。体质健壮，外貌结构匀称，无明显缺陷，经检疫合格者。公牛12～15月龄试采精，贮备冻精数量不少于600份，精液品质符合国家标准。

每年4、8、12月份集中开展青年公牛后测冻精交换工作。公牛冻精检测合格后，填写"交换公牛后测情况表"，连同冻精发到工作协调组，由工作协调组分发至各理事单位，各理事单位对收到的冻精再进行检测，填写"承担交换公牛后测情况表"。工作组依据后测公牛参测标准进行选择，同时负责制定公牛图册，根据等量互换的原则在各理事单位进行交换；各理事单位负责将交换的冻精在各自负责的生产性能测定场中分发，按要求督促加快后测冻精的试配工作；冻精使用后收集妊娠数据、女儿出生、女儿的生产性能测定数据，整理后上报到工作组。

严格冻精发放和后测牛场管理。每头公牛的冻精分发到不少于8个不同的牛场。联盟内每头公牛交换的后测试配冻精为300剂。对后测冻精的使用遵循随机交配的原则，在冻精分发后4个月完成试配。公牛女儿在15～18月龄时开始配种，不准任意淘汰、调出、出售，确保完成一个泌乳期。各理事单位组织后裔测定牛场开展生产性能测定，并在联盟内组织由专业育种技术人员实施的联合体型鉴定工作，同时记录相关数据。

2.7.2.1.4　切实做好联合后裔测定的监督工作　成立"后测工作监督小组"，联盟成员单位相互抽查，核实后测冻精使用记录的准确性。通过追溯后测场冻精接收、配种妊检、与配母牛分娩、女儿牛繁殖等原始繁殖档案，核查联盟女儿牛系谱的准确性，确保数据质量。此外，在联盟成员单位负责区域抽查5％的女儿，委托相关单位进行亲子鉴定，以保证联盟后测数据的真实性。

建立完善青年公牛后裔测定数据管理平台。对联盟交换冻精的使用情况进行详细的统计，主要包括理事单位后测完成情况汇总表、后测奶牛场完成情况汇总表和后测奶牛场后测冻精完成情况追踪表。通过这个数据管理平台，有关人员可以及时了解到联盟冻精在各省的分发情况和使用进度，进一步获取公牛女儿的分布信息。

2.7.2.1.5　完善后测场奖励机制，提高后测冻精使用的积极性　优化后测冻精使用奖励激励机制。各理事单位根据本省情况制定后裔测定奖励实施方案，根据配妊记录和女儿牛出生情况对使用后测冻精的牧场发放奖励。

2.7.2.2 "香山联盟"奶牛后裔测定体系

中国奶牛后裔测定香山联盟简称"香山联盟",成立于 2013 年 8 月 18 日,是由北京奶牛中心、上海奶牛育种中心有限公司、天津市奶牛发展中心、内蒙古天和荷斯坦牧业有限公司、新疆天山畜牧生物工程股份有限公司本着"公平公正、自愿参加"的原则共同发起,是非营利性的区域奶牛后裔测定联盟。联盟的管理与运行严格遵守国家有关规定,在农业部畜牧业司、全国畜牧总站、中国奶业协会的指导下开展后测工作。

2.7.2.2.1 联盟的管理机制 联盟采取理事会共商机制,理事会由成员单位主要负责人构成,并选举产生理事长作为联盟代表人。联盟理事会是决策机构,负责联盟各项重大事项的决策。联盟下设秘书处,由各成员单位指派联络员联合组成,负责联盟日常事务运行。秘书处秘书长由理事长单位指派,经理事会同意,负责秘书处管理工作。

2.7.2.2.2 联盟的工作任务 香山联盟的主要合作内容包括联合制定联盟成员内部青年公牛联合后裔测定的工作计划,组织会员开展相关工作。联盟成员单位按照计划开展青年公牛后裔测定冷冻精液的发放、试配跟踪、产犊跟踪及相关数据收集工作。同时,配合完成农业部、全国畜牧总站、中国奶业协会等领导部门交办的工作任务。收集整理成员单位的意见并向中国奶业协会等组织反映,共同争取上级部门在奶牛育种方面的政策、资金支持,联合开展奶牛育种技术攻关协作与技术交流。

2.7.2.2.3 联盟的合作模式及奖励后测机制 香山联盟组织的联合后裔测定完全采用"对等交换、对等承担"的合作模式。参加后测公牛由各联盟单位推荐,推荐公牛必须具备中国奶业协会(或中国农业大学)基因组遗传评估成绩,由秘书处组织评选。各联盟单位承担其他单位选送的公牛后测任务(每头公牛 100 支冻精)。各会员单位至少将每头公牛的后测冻精发放至 4 个牛场进行试配,获得后测冻精 4 个月内的使用率不低于 80%。

联盟首次会议决定联盟联合后测奖励办法如下:后测牧场使用试配冻精予以奖励。牧场遵循随机使用的原则,获取后测冻精 4 个月内,配种使用后测冻精,并在获取后测冻精 6 个月内,将相关数据报送至成员单位,奖励牧场繁殖人员 10 元/头;后测公牛健康的女儿应全部留群饲养,公牛女儿出生记录必须在精液分发后 18 个月内将记录报送至各成员单位,每条数据给予牧场统计人员奖励 5 元。公牛女儿头胎产犊后,应进行生产性能测定,收集到公牛女儿完整泌乳期 6 条以上的测定日数据,给予牧场管理人员奖励 25 元。各成员单位分别承担各自区域内联合后测的奖励经费,并按照联盟章程规定进行数据报送与结算。

2.7.2.2.4 联盟的数据管理 香山联盟对联合后测进行全程数据监控,以保证相关奖励办法和后测效果的落实。首先,联盟建立后测冻精使用登记表,收集包括使用场、配种母牛、冻精编号、配种日期、妊检日期和妊检结果在内的五项数据。同时,收集后测公牛所产女儿的编号、所在场、出生日期、出生重、是否在群等五项数据。联盟成员各自负责所在区域的数据整体与申报,由联盟秘书处统一汇总,并按年度进行汇报。联盟成员后测选用的牧场必须为农业部"奶牛生产性能测定项目"参测牧场,DHI 数据由所在省(直辖市、自治区)的 DHI 中心负责收集,并通过中国奶业协会奶牛数据中心 CNDHI 客户端及网络平台进行维护与管理。体型外貌鉴定由各成员单位分别组织,通过奶牛数据中心数据平台统一报送至中国奶业协会。通过以上数据管理办法，联盟实现从使用到配妊、从产犊到生产和鉴定的完整数据管理与监控流程，为联盟联合后测的实施效果起到重要保障。

2.7.2.2.5　联盟的运行现状　本着对等交换的原则，香山联盟成员已经完成首批 25 头公牛的后测冻精交换工作。作为新成立的奶牛育种联盟，成员单位涵盖了北京、上海等国内具有悠久历史的奶牛育种企业，同时覆盖了我国最主要的奶牛养殖省份内蒙古与新疆，联盟融合上市企业、合资企业等多种资源。在未来的发展规划中，充分发挥联盟领先全国的奶牛育种基础、技术和人才优势，利用开发成型的奶牛体型外貌鉴定手机客户端及云服务网络平台，重点推进自主知识产权的奶牛生产及育种信息平台的建设，努力建成国内领先、世界一流的奶牛良种繁育体系。

3 奶牛生产性能测定的概况

3.1 国外奶牛生产性能测定（DHI）发展现状

生产性能测定因能显著提高奶牛场牛群品质及经济效益，而被世界各国广泛采用。世界上奶牛业发达国家如荷兰、美国、加拿大、瑞典、日本等都是较早开展生产性能测定的国家。荷兰奶牛生产性能测定工作开始于 1852 年，是世界上最早开展奶牛生产性能测定的国家。美国从 1883 年就开始对个体牛产奶量进行记录。此后，1923 年美国 Babcock 研究所开始测定牛奶中的乳脂率，主要为了防止牛奶加水的行为，从而开启了乳成分测定的历史，其后随着育种及牛场生产管理的需要而逐渐开始蛋白率、体细胞数、尿素氮等指标的测定。在数据记录形式上，经历了手工记录、计算机记录和现在的网络平台记录等阶段。在数据利用上，美国生产性能测定的数据自 1928 年就开始用于公牛的遗传评定，在最初相当长的一段时间生产性能测定主要为育种及科研服务。加拿大产奶记录计划始于 1904 年，在整个上世纪中，由生产性能测定代理机构对全国奶牛生产者们提供全方位的服务；就行业部门来说，随着测定中心式管理和集中度的提高，生产性能测定中心由以前的 11 个合并为目前的 2 个。1953 年，美国、加拿大两国正式启动了"牛群遗传改良计划"（Dairy Herd Improvement Program），侧重于利用性能测定数据为奶牛场生产服务和促进奶业可持续发展，取得了巨大的经济效益和遗传改良，因而在北美"牛群遗传改良计划"（DHI）成为奶牛生产性能的代名词。以美国为例，1953 年奶牛头数为 2 169.10 万头，总奶量为 5 453.2 万吨，平均单产 2 524 千克；1967 年奶牛头数下降到 1 340 万头，单产约 4 015 千克；2004 年奶牛头数 899 万头，总奶量达到 7 502 万吨，平均单产达到 8 512 千克，最优牛群平均产奶量达 12 382 千克；2013 年 12 月底，美国奶牛存栏数为 922.1 万头，总奶量为 9 125.7 万吨，平均产奶量在 10 000 千克以上（有机牧场除外，平均单产 7 000 千克），最高一个牛场平均单产在 14 000 千克，体细胞数平均在 30 万以下，微生物平均 1 万以下，淘汰率在 40% 左右，并且牛奶的有效成分也不断提高。

3.1.1 主要国家奶牛生产性能测定情况

世界各国都积极采用 DHI 方案，参加生产性能测定的奶牛数越来越多。表 3-1 列举了 ICAR 公布的主要国家 DHI 测定的情况。

表 3-1 参加奶牛生产性能测定的主要国家情况（来源 ICAR）

国别	奶牛头数（头）	测定奶牛头数（头）	测定牛比例（%）	奶牛群数量（个）	测定牛群数量（个）	测定牛群比例（%）	测定群平均牛头数（头）	产奶量（千克）
美国	9 221 000	4 378 350	47.48	46 960	19 030	40.5	230.0	9 898

（续）

国别	奶牛头数（头）	测定奶牛头数（头）	测定牛比例（%）	奶牛群数量（个）	测定牛群数量（个）	测定牛群比例（%）	测定群平均牛头数（头）	产奶量（千克）
加拿大	960 600	704 309	73.30	12 529	12 529	76.2	75.2	8 923
英国	667 005	491 266	73.70		4 130		164.0	9 110
荷兰	1 393 265	1 393 265	89.70	15 776	15 776	85.3	88.3	8 217
瑞典	346 363	280 930	84.00	4 742	3 511	76	76.1	8 389
波兰	2 299 083	679 028	30.49	323 500	20 334	6，28	33，4	5 350
挪威	238 702	192 807	98.00	9 831	7 960	98	24.2	7 435
德国	4 267 611	3 681 146	87.80	79 537	53 154	66.8	69.3	7 400
法国		2 509 627	69.00		48 177	67	52.1	
丹麦	573 000	527 000	92.00	3 600	3 200	89	156.0	8 550
韩国	246 429	152 107	61.70	5 830	3 285	56.3	46.3	
新西兰	4 784 250	3 426 211	71.60	11 891	8 682	72.2	394.0	4 073

3.1.2　国外奶牛生产性能测定组织体系

北美地区是开展 DHI 最早的地区之一，形成了完善的 DHI 组织体系。加拿大奶牛生产性能测定（DHI）的实验室目前主要有加西集团 DHI 实验室和 Valacta 实验室。由加拿大农业和农产品部（http：//www.dairyinfo.gc.ca）资料：2013 年加拿大全国奶牛总数中成年母牛为 96 万头，注册的成年母牛 70.4 万头，加拿大全国在 DHI 登记的牛群百分率达到 73.3%。加拿大已经撤销了所有联邦政府和大多数省级对于性能测定的资金支持，因此，奶农需要直接支付所有服务的费用。

图 3-1 显示了美国 DHI 组成及运转情况，奶牛场将样品提供给实验室，实验室进行

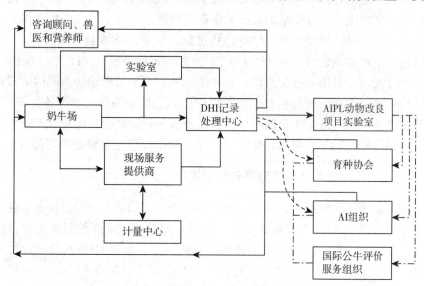

图 3-1　美国奶牛遗传改良概览图

检测并将数据提供给 DHI 记录处理中心，DHI 记录处理中心的数据可以反馈回牛场用于指导生产，可以提供给咨询顾问、兽医和营养师，还可以提供给动物改良项目实验室、育种协会、AI 组织和国际公牛评价服务组织。

美国奶牛 DHI 工作，由美国奶牛种群信息协会（Dairy Herd Information Association，DHIA；http：//www.dhia.org/）牵头运作，有 49 个实验室承担 DHI 测定。测定结果由 5 家数据处理中心负责进行详细的数据分析，并为奶牛场提供报告。其中美国威斯康星州 DHI 数据处理中心（AgSource），是全国最大的 DHI 数据处理中心，为 13 个 DHI 测定中心提供数据分析服务。

欧洲 DHI 实验室的仪器自动化程度高、检测设备数量多、检测质量的体系完善、服务及时是有目共睹的，DHI 测定为公牛站选育优秀公牛、为奶牛场指导生产作出了巨大的贡献。

荷兰 QLIP 检测公司是一家私营性质的第三方检测机构，在荷兰乳品管理局的监管下开展活动，主要开展农场审核、乳制品检验和认证及牛奶和乳制品分析三大项目。DHI 检测指标主要有脂肪、蛋白质、乳糖、尿素氮、酮体、体细胞数等，还可以根据需求进行其他测试如沙门氏菌、妊娠试验等。检测费用由奶农自己支付。

德国养牛业协作体系由德国养牛业综合协会（ADR）统一管理，下有产奶性能及奶质检测协会（DLQ）、肉牛育种协会（BDF）、德国荷斯坦协会（DHV，主要是黑白花荷斯坦牛，红白花荷斯坦牛，红牛，娟姗牛）、南德牛育种及人工授精组织协会（ASR，主要是德系西门塔尔牛，瑞士褐牛，德国黄牛）。DLQ 由德国农业监督委员会（LKV）、奶质检测实验室（MQD）以及数据处理中心（VIT）构成，主要服务于有意参加个体生产性能测定和质量检测的企业。LKV 有 16 家检测实验室，将数据集中后统一处理，下设奶质控制部、中心实验室和数据处理部门。奶质检测实验室（MQD）主要对牛、山羊、绵羊进行生产性能测定，测定项目主要有产奶量、乳成分（脂肪和蛋白）和体细胞；同时也对牛奶及奶制品质量进行检测，测定项目有微生物、乳成分、体细胞、冰点、抗生素和其他物理性状等，同时也对外提供培训、技术咨询、数据处理及个性化牛群管理服务（如动物健康、乳房健康管理、繁殖效率、牛群遗传进展、企业经济效益分析及建议等），由于测定数据可以用于育种值估计，政府给检测实验室一定的补贴。VIT 是一家协会性质的组织，由生产性能测定机构、登记组织、育种组织和人工授精组织四类机构组成，是现代化的数据处理中心，涉及领域包括农业和畜牧业。VIT 处理的数据有个体标识登记信息、生产性能测定数据、展览及拍卖信息、体型外貌及乳房健康状况、配种及产犊数据、育种值估计等，除奶牛外，VIT 也处理肉牛、马、羊、猪等的登记及性能测定信息。

3.1.3　国外牛奶样品采集与牛群基础资料收集情况

因为欧洲国家国土面积不大，所以一般全国仅 1～2 个 DHI 中心。分布于各奶牛主产区的奶样采样员（属于 DHI 实验室员工）会定期上门采样，采好的奶样通过快递运送到 DHI 实验室，其他如产量等数据在奶牛场通过电脑同步上传到 DHI 实验室，做到了高效率、高质量。DHI 实验室人员对奶样进行分析，根据奶牛场需求的不同，制成各种表式的牛群管理报告发送给奶牛场，帮助提升奶牛场的管理水平、调整日粮配方，降低成本、提高收益。

图 3-2 显示了荷兰牛奶样品的采集过程。可以发现荷兰注重采样的每一个环节，从储奶罐的清洁卫生到具有专业检查资质的运奶卡车驾驶员再到完善的追溯体系。采样瓶配有可重复使用的 13.56 兆赫兹 RFID 标签（图 3-3），从而将所有相关的采样数据与样品瓶关联，并且通过采用全球定位系统跟踪样本，确保精确还原牛奶供应的关键数据。

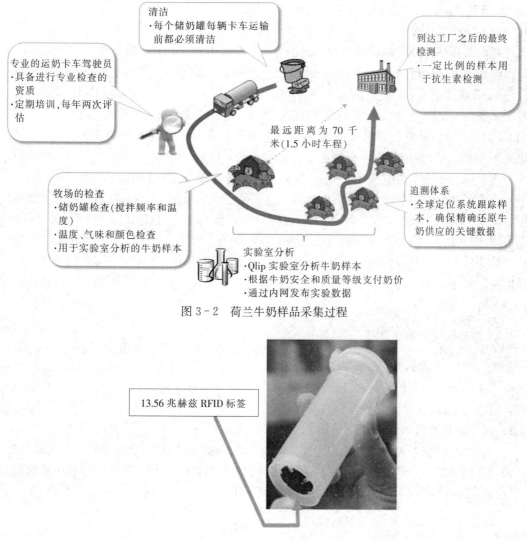

图 3-2 荷兰牛奶样品采集过程

图 3-3 配有可重复使用的 13.56 兆赫兹 RFID 标签的一次性采样瓶

为解决全天 3 次采样工作的劳动繁重性，国外早在 20 世纪 80 年代就研究制定了 1 次采样和 3 次采样（全天混合样）之间的校正系数，并不断优化，制定出了不同的采样方案。目前在美国和加拿大部分牛场使用全天 1 次采样方案，但实施 AM-PM 采样策略，既减轻了采样的工作量，又可获得较高的准确性。

由于美国、加拿大、荷兰等采用先进的自动化挤奶设备及计算机管理系统，牛群发情远程实时监控、奶牛繁殖信息化管理应用普遍（如美国 DC305 奶牛管理软件、以色列 afi-farm 系统），实现了牛群资料数字化管理，因此参测奶牛场基础数据收集自动化程度高，而且有效性、可靠性、准确性很高。

ICAR 奶牛产奶测定工作组于 2015 年对世界奶牛产奶性能趋势进行了调查，调查覆盖了世界上大多数重要的 ICAR 成员国所在的区域。调查发现国外多数 DHI 测定站采用的泌乳期总产奶量的计算方法主要是测定间隔法（TIM）和标准泌乳曲线插值法（IS-LC）。最常见的产奶量记录（采样）间隔为 4 周，其他常见的采样间隔分别是 5 周、8 周和 6 周。奶样采集方法主要有 6 种，其中 34% 的 DHI 测定站采用最常用的一天挤奶三次，选择一次采样但每月采样选取不同时间的方法（T），21% 的 DHI 测定站采用测定日一次采样但记录全天奶量的方法（Z），19% 的 DHI 测定站采用全天采样且等量混合法（E），17% 的 DHI 测定站采用全天采样且按产奶量加权的混合法（P），7% 的 DHI 测定站采用多次采样法（M），仅有 2% 的 DHI 测定站采用固定的一次采样法（C）。取样过程中 59% 的 DHI 测定站样品采集数量仅一个，30% 的 DHI 测定站对于每次挤奶都进行一次采样，仅有 11% 的 DHI 测定站在所有情形下都会采集 2 个样品。

产奶记录方法主要有技术员记录（38 个实验室/80 个调查总体）、养殖户记录（30/80）或两者结合（12/80）三种。产奶测定过程中通常采用有/无条形码的永久可视塑料耳标、RFID 耳标、金属耳标、烙号、RFID 瘤胃标、剪耳号等方法识别待测个体，其中永久可视塑料耳标占绝大多数（52 个实验室/80 个调查总体），其他辅助识别方式包括场内计步器等信号接收器或液氮冻号进行动物个体识别。通过计步器可以了解排奶速度、活动量监控、热量、体况评分、体重、乳头位置、乳汁导电性、单个乳区产奶量、反刍监控和体温等方面的内容。

3.1.4 DHI 认证体系

美国建立了比较完善的 DHI 认证体系。美国的 DHI 认证由质量认证服务公司（Quality Certification Services Inc.；http：//www. quality - certification. com/）组织实施，对参与 DHI 工作的五类机构进行审核认证。

3.1.4.1 现场服务体系审核

对提供现场服务的公司（联盟会员），按照现场服务审核指南（程序）进行审核认证，保证了全国的奶牛遗传评估程序中所有记录（数据）的准确性和一致性。主要由现场服务供应商、现场技术人员、检测监督人员（Field Service Providers，Field Technicians，Test Supervisors）组成。

3.1.4.2 DHI 实验室审核

DHI 实验室每两年审核一次；每月发布 1 次盲样监测报告。

3.1.4.3 计量中心审核

美国十分重视计量审核和计量技师的培训。执行"计量中心和技师的审核指南"，采用 ICAR&DHIA 核准的测量设备，包括流量计（Cow Meters）、量桶（Weigh Jars）和计量称（Scales）。计量技师培训包括以下内容：计量中心和技师审核程序（Auditing Procedures for Meter Centers & Technicians，ENICES）、计量师程序（Meter Technicians Procedures）、称量校准（calibration of scales）、便携式流量计维护与保养（care and Mainte-nance of Portable Meters）、计量校准指南（快速）。计量误差超过±3％的计量称、流量计就要维护或停止使用。

有38家计量中心负责流量计的校准与认证。计量技师的认证：有80个技师，必须参加计量技师培训学校（MTTS）培训和考核认证，认证期2年，负责对流量计、计量称进行审核认证。计量技师培训考试（Meter Technicians Training Exam）（EN）（ES），有60多道考试题，计量技师必须通过考核，才能持证上岗。

3.1.4.4 奶牛数据处理中心审核（Dairy Records Processing Centers）

数据处理中心咨询委员会（Processing Center Advisory Committee，PCAC），是DHIA/QCS下设的机构，由奶牛数据处理中心的成员构成，PCAC的职责是按照数据处理中心审核程序审查标准、审核数据，给审核咨询委员会提出整改意见。

3.1.4.5 设备的认证审核（Approved Devices）

审核批准的测量设备分为三类：主要包括流量计（Cow Meters）、量桶（Weigh Jars）和计量称（Scales），这些设备需要经过计量鉴定。关于流量计，美国DHIA只承认ICAR认证核准的设备，只有经认证的设备才可以用于牛群DHI测定。

3.1.5 国外DHI实验室的测定项目与功能扩展

各国DHI实验室测定项目各不一样。如美国共有49家DHI实验室，这些实验室除常规检测的牛奶中乳脂、乳蛋白、乳糖、体细胞检测项目外，其中31个实验室开展尿素氮检测，有11个实验室开展牛奶样品的ELISA检测，大部分实验室拥有PCR和微生物学检测服务，其中尿素氮检测、ELISA检测、PCR和微生物学服务都是单独收费项目。如APM Lab LCC（http：//www. adm/abs. com）提供牛奶检测和饲料检测等服务；牛奶检测指标包括：乳脂、乳蛋白、乳糖、体细胞、尿素氮、非脂固形物、总固形物。饲料检测包括：青贮饲料、干草、秸秆类等产品。病原实验室检测项目包括金色葡萄球菌、链球菌、支原体、大肠杆菌等。通过实验室检测确定乳房炎病原体，实验结果用于改进牛群健康管理，每头奶牛养殖成本可大大降低。Lancaster DHIA（http：//www. lancaster-dhia. com）包括DHIA实验室、微生物实验室、PCR实验室、牛奶妊娠检测实验室、饲料实验室，其中PCR实验室可以开展基于DNA的乳房炎致病菌检测，采用实时定量PCR技术，对15种乳房炎的致病菌和葡萄球菌、β-内酰胺酶青霉素抗性基因进行定性定量的检测。

ELISA检测主要是利用DHI的牛奶样品，检测奶牛副结核病［M‐paratuberculosis，MAP；又称牛副结核性肠炎、约翰氏病（Johne's disease）］。每月要发布奶牛副结核病（Johines，MAP）ELISA检测的未知样报告；另外也可以应用ELISA开展牛奶检测妊娠（Milk Pregnancy Test）。大部分妊娠损失发生在怀孕早期，在配种后35天，就能检测奶牛妊娠相关的糖蛋白（Pregnancy Associated Glycoproteins，PAGS）。牛奶ELISA妊娠检测，要比通过直肠触诊检查（palpation）、超声波检测和血清检测等方法能更有效地确定妊娠时间。

3.1.6 新技术研发及应用

美国积极研发应用 DHI 相关技术，如 Wisconsin‐Madison DHI 测定中心与威斯康星麦迪逊（Wisconsin‐Madison）大学动物科技学院联合研发 DHI 技术相关产品，开展体细胞与乳房炎动力学监测等，康奈尔（Cornell）大学开展了新型 DHI 标准物质的研发。其他测定中心也和当地大学等科研机构联合研发，旨在提高 DHI 测定工作的效率和为牛场服务的水平。DHI 测定中心和实验室的推广部门不断深入牛场，调研牛场的需求及 DHI 测定各个工作环节需要进一步解决的问题，将问题提供给科研机构设立研究课题，并获得能够解决实际问题的研究结果。根据奶牛场的需求，DHI 测定中心和研究机构研发出了牛群遗传分析、乳房健康分析和繁殖管理分析等多种类型的报告，并为牛场提供特制报告。目前国外养殖人员采用自动监测系统主要监测产奶量、活动量、乳房炎、乳成分、站立产热、采食行为、体温、体重、反刍等方面，这些方面的自动监控系统已经实践证明是有效的。牛奶样品还可以用于分析妊娠、酮类、乳房炎病原体、游离脂肪酸、疾病控制、红外光谱、不饱和脂肪酸、酪蛋白比例等新的项目。当前仅有少数 DHI 测定站使用在线分析仪的结果，随着人工数据传输工作难度加大，未来则更趋向于自动化利用越来越多的数据。

3.1.7 国外 DHI 的几点启示

3.1.7.1 奶牛场应采用先进的挤奶设施设备

采用自动挤奶设备、奶牛电子耳标及奶牛场管理系统，可提高奶牛基础数据自动化采集，尤其是可提高基础数据的有效性、可靠性、准确性，这对 DHI 的推广应用具有十分重要的意义。

3.1.7.2 DHI 测定中心要扩展 DHI 实验室功能

推进 ELISA 检测和 PCR 检测技术推广应用，推进饲料配方调整、奶样妊娠检测、乳房炎病原检测、酮病监测应用，使实验室的测定能力尽快适应奶牛场生产管理的需要。

3.1.7.3 奶牛后裔测定工作

DHI 测定中心要加强与种公牛站的协作配合，要把测定工作与后裔测定紧密结合起来。把工作重心放在后裔测定场，使 DHI 测定工作，更好地为奶牛后裔测定服务。进一步加大测定报告的解读服务力度，提高 DHI 检测测定对奶牛场管理的服务能力。

3.1.7.4 建立完善的 DHI 关键环节的质量管理与认可机制

进一步规范 DHI 检测的质量管理与认证，尤其要加强流量计、称量器具的校准服务，加强对 DHI 工作的指导、监督、审核，才能提高奶牛生产性能测定记录的精确性、可靠性和一致性，保障 DHI 检测工作公正、科学、准确和高效。

3.1.7.5 建立完善的区域性第三方 DHI 技术服务体系

提升技术服务人员的专业技能和服务水平，与国内外的 DHI 机构进行交流、引进新技术、新设备，对各区域的技术服务工作进行检查、评估、考核。

3.1.7.6 加强各层次的技术培训工作

不断加强奶牛场的采样技术培训与监督、推广一次或二次采样技术，推广第三方采样机制；加强基础数据收集等环节的培训与监督；不断加强 DHI 测定中心测定能力建设，进一步规范技术操作，加强测定仪器的校准、管理与维护，提高测定数据的准确性和可靠性。

3.1.7.7 加强解决 DHI 相关技术问题的科学研究

加快体细胞、尿素氮等新标准物质研发与应用；DHI 测定中心要深入牛场，调研奶牛场的需求及 DHI 测定各个工作环节需要进一步解决的问题，将问题提供给科研机构，联合科研院所研发 DHI 技术相关产品；要根据奶牛场的选种选配需求，联合科研院所可以在 DHI 网络化服务、后裔测定、基因组选择、牛群近交效应分析、繁殖管理分析、乳房健康和疾病防治方案等开展深入研究，以提高 DHI 测定工作的效率和为牛场服务的水平。

3.2　国内奶牛生产性能测定（DHI）发展现状

我国 DHI 引进吸收国外先进经验，经过 20 多年的发展，无论是参测奶牛的数量还是牛场的管理水平、牛群遗传水平及经济效益都有了很大的提高。

3.2.1　发展历程

早在 20 世纪 50 年代，我国的一批国营奶牛场就开始对奶牛的生长发育、生产性能、繁殖情况等进行记录分析，其后经过不断完善，初步建立了一套测定、登记制度，并具体应用于育种和饲养实践，曾在提高牛群产量和质量，特别是在培育中国荷斯坦奶牛的过程中发挥了重要作用。但是由于检测手段落后，记录项目较少，更重要的是缺乏全国统一的测定标准、组织机构和实施计划，因此未能形成体系，测定结果可比性差，一定程度上制约了育种工作的开展和牛群质量的持续改进。

我国奶牛生产性能测定（DHI）工作最早开始于 1990 年，是天津奶牛发展中心在"中日奶牛技术合作"项目的支持下率先开展的。1994 年，"中国—加拿大奶牛育种综合项目"正式启动，次年分别在西安、上海、杭州三地建立了牛奶监测中心，开始实施 DHI 测试，后来北京也加入其中。1999 年中国奶业协会成立了"全国生产性能测定工作委员会"专门负责组织开展全国范围内的奶牛生产性能测定工作。

进入 21 世纪后，我国政府非常重视奶业的发展，农业部有关司局对部分省市生产性能测定测试中心和中国奶业协会提供了大量支持，帮助其购买了乳成分分析检测仪器和体细胞计数器等相关设备。

2005 年中国奶业协会建立了中国奶牛数据中心，专门帮助各地实验室分析处理全国奶牛生产性能测定数据。2006 年国家奶牛良种补贴工程中，对全国 8 个省、直辖市的 9 万头奶牛参加生产性能测定给予国家财政专项补贴。中国奶业协会组织开发《中国荷斯坦牛生产性能测定信息处理系统 CNDHI》，免费发放到各地奶牛生产性能测定中心，用于数据的整理分析和上报，并为奶牛场提供详细的分析报告。2006 年为进一步落实奶牛生产性能测定工作的顺利开展，提高项目单位技术人员的测定技术、方法和人员操作水平，中国奶业协会与全国畜牧总站合作组织相关专家修订了全国统一的生产性能测定技术行业标准（如《NY/T 1450—2007 中国荷斯坦牛生产性能测定技术规范》）。为在全国范围内科学、公平、公正地开展奶牛生产性能测定奠定了基础。同年中国奶业协会和全国畜牧总站联合出版《中国荷斯坦奶牛生产性能测定科普手册》，宣传和推广了奶牛生产性能测定科普知识。

我国大规模开展 DHI 工作是从 2008 年开始。农业部为了在全国范围内推广奶牛生产性能测定工作，特设立奶牛生产性能测定专项资金，补贴测定牛只。从 2008 开始在全国重点区域开展奶牛生产性能测定项目，在补贴项目的带动下 DHI 工作得到了长足的发展。在国家专项资金的扶持下，农业部通过几年的努力取得了可喜的成绩，参测规模稳中有增，数据质量和牛场报告解读能力也有所提高。DHI 正在被越来越多的牧场和奶农所认识、认可和信赖，并将它作为管理奶牛场（合作社）的一个有效工具。

2015 年农业部根据《中国奶牛群体遗传改良计划（2008—2020 年）》规定，为加强奶牛生产性能测定工作的组织实施，实现 2020 年奶牛生产性能测定（Dairy Herd Improvement，简称 DHI）数量达到 100 万头的目标，更好地为奶牛群体遗传改良和饲养管理服务，制定了《奶牛生产性能测定工作办法》。

3.2.2 我国奶牛生产性能测定体系

我国奶牛生产性能测定体系的组成包括各级管理部门、标准物质制备实验室、各省奶牛生产性能测定中心及中国奶牛数据中心。

3.2.2.1 各级管理部门和分工

部门分工日益明确，农业部畜牧业司、省级畜牧兽医行政主管部门、全国畜牧总站、中国奶业协会、DHI 测定中心、参加测定奶牛场各司其职，协调配合，共同推进 DHI 工作。

农业部畜牧业司负责全国 DHI 工作的组织实施，制订实施方案，开展监督检查。

省级畜牧兽医主管部门负责本行政区域 DHI 工作的实施，组织相关任务和项目的申请、执行监督、总结等工作。

全国畜牧总站协助农业部畜牧业司开展 DHI 工作的实施管理，负责标准物质及盲样的生产、发放、比对工作，进行实验室考评，审核发布遗传评估结果等。

中国奶业协会负责 DHI 数据收集、整理和存储，对 DHI 数据进行核查、分析和质量考评，组织开展全国奶牛品种登记、体型外貌鉴定、遗传评估、技术培训等工作。

DHI 测定中心负责以本地区为主的奶牛生产性能测定工作，包括：使用 DHI 标准物质校准仪器设备，参加 DHI 检测能力比对，接受盲样检测核查，校准流量计，组织奶牛场开展品种登记、体型外貌鉴定，指导牛场样品采集、DHI 报告应用等技术服务及培训工作。

参加测定奶牛场负责本场的奶牛品种登记、建立完善系谱资料、饲养管理等养殖档案，按标准要求规范采集奶样，及时准确报送基础数据，应用 DHI 报告改进饲养管理，协助开展体型外貌鉴定、后裔测定等工作。

我国奶牛生产性能测定工作流程见图 3-4。

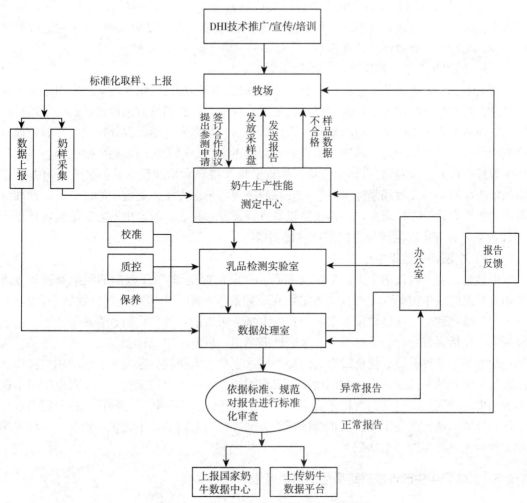

图 3-4 我国奶牛生产性能测定工作流程

3.2.2.2 标准物质制备实验室

全国畜牧总站建立了"全国奶牛生产性能测定标准物质制备实验室",为保证DHI测定数据的科学、准确提供了有力的保障和技术支撑。DHI标准物质的生产是奶牛生产性能测定体系的重要组成部分,也是保障整个DHI测定体系科学性和准确性的基础。使用DHI标准物质对DHI测定仪器定期校正,才能保证DHI测定数据的科学、准确,保证测定结果在全国甚至世界范围内具有可比性。该实验室于2004年经农业部批准立项,2006年开始建设,2011年5月完成了全部项目建设内容,顺利通过农业部组织的验收。实验室承担着为全国各地的DHI测定中心提供仪器校准标准品的任务,以满足我国DHI测定工作的需要。DHI标准物质的制备目前是一项公益性的事业,由国家财政提供支持,保证DHI标准物质制备实验室的正常运转和DHI标准物质的供应。实验室主要进行奶牛生产性能测定(DHI)标准物质的研制及生产,定期组织生产,制作出符合要求的DHI标准物质,发送到全国各地22家DHI测定实验室,既可以作为盲样进行检测,以对全国

DHI 实验室的仪器和人员的检测能力进行实验室间比对，并对检测质量检查监督，也可以作为乳成分标准物质，对各中心的测定仪器进行校准，以更好地保障 DHI 测定数据的溯源性、准确性、有效性和可比性。

3.2.2.3　奶牛生产性能测定中心（简称测定中心）

测定中心应包含办公室、检测实验室和数据处理室等部门。奶牛场对测定中心提出参测申请，双方签订合作协议，测定中心制定采样计划，向牧场发放采样盘，奶牛场进行标准化取样并上报基础数据，检测实验室检测结束后将数据发送给数据处理室，数据处理室依照标准、规范对报告进行标准化审查，如数据正常将数据上报国家奶牛数据中心（上传奶牛数据平台），并将报告反馈给牧场；如数据异常将异常情况反馈给办公室，由办公室协调检查检测环节及牧场采样等环节，查找原因提出解决方案。测定中心需要定期校准仪器，对实验室执行严格质控，并对仪器设备进行保养和核查。测定中心要经常对牧场进行 DHI 数据在管理中应用的技术推广，宣传和培训。

3.2.2.4　中国奶牛数据中心

中国奶业协会内设的中国奶牛数据中心，全面负责全国 DHI 数据的收集处理和分析工作，开发的《中国奶牛生产性能测定数据处理系统》和《中国奶牛育种数据平台》，实现了奶牛基础和生产性能数据采集、分析、上报、报告的自动化传输、管理等功能，应用模块主要包括系统管理、品种登记、生产性能测定、后裔测定、体型鉴定、遗传评估、选种选配、奶牛良种补贴、信息发布、内部数据共享等十大模块。通过平台数据用户可以在线进行奶牛的选种选配工作，在国内率先实现了奶牛场在线育种工作，用户可以实时掌握本场奶牛的情况，通过已有数据进行下一代牛只的预配方案，计算育种值，按照需要进行个体和群体的遗传改良工作。实现全国奶牛数据存储和处理的集中化统一管理，为广大奶业工作者提供翔实的数据基础。

3.2.3　我国奶牛生产性能测定项目的覆盖范围

北京、天津、河北、山西、内蒙古、辽宁、黑龙江、上海、江苏、山东、河南、广东、云南、陕西、宁夏、新疆、湖南、湖北 18 个省（自治区、直辖市）以及黑龙江农垦总局和新疆生产建设兵团共 20 个地区在国家 DHI 项目的支持下开展了大规模的测定工作。另外，安徽、四川、福建、青岛、洛阳等地区也分别筹建了测定中心，在项目外自行开展测定工作。截至 2015 年参加奶牛生产性能测定的奶牛场由 2008 年的 592 个增加到 1 292 个，参测奶牛头数由 24.5 万头增加到了 79 万头，每月为参测奶牛场提供 DHI 报告，对奶牛场和奶农加强饲养管理提供了科学指导。

3.2.4　我国奶牛生产性能测定中心的审核与认可

按照项目实施方案要求，2008 年 8 月组织有关专家对各项目区奶牛生产性能测定中心（实验室）进行了系统检查，确定了首批 18 个奶牛生产性能测定中心（实验室）具备奶牛生产性能测定资格，2009 年 11 月和 2010 年 5 月新增了昆明、山东、湖北和湖南四个实验室作为参加项目实验室，有力保证了 DHI 测定工作的持续开展。2015 年 6 月农业部畜牧业司印发《奶牛生产性能测定实验室现场评审程序（试行）》，规范了奶牛生产性能测定中心（实验室）的审核与认可，为将来各生产性能测定中心申报第三方检验检测机构奠定基础。

3.2.5 我国奶牛生产性能测定项目开展的主要工作

3.2.5.1 数据收集和分析

通过近几年工作的积累，中国奶业协会中国奶牛数据中心完成了多项数据的收集、整理和分析工作，建立和完善了中国荷斯坦牛品种登记、生产性能测定、体型外貌鉴定、奶牛繁殖记录及公牛育种值等多个专业数据库，奠定了我国坚实的奶牛育种数据基础，促进了行业的良性发展。

3.2.5.2 开展"一次采样"试点工作

为提高生产性能测定效率，组织北京、天津、上海、黑龙江、河北、河南、山东七个项目区的测定中心（实验室）联合进行"一次采样"的试点工作，选择部分测定工作开展较好的奶牛场，对1万头奶牛进行"一次采样"的数据采集工作，对采集的数据进行研究，寻找合理的校正系数，推动"一次采样"等奶牛生产性能测定的工作，逐步建立适合我国特点的奶牛生产性能测定技术和方法。

3.2.5.3 技术培训工作

为了提高奶牛场和奶农对奶牛生产性能测定的认识，通过测定科学指导奶牛生产，中国奶业协会和全国畜牧总站不断探索培训模式，从早期的集中培训的模式，逐渐改变到结合各项目区的实际需要和工作开展需要，联合各地方测定中心举办"全国奶牛生产性能测定技术培训班"和规模化奶牛场培训班。组织各地方测定中心（实验室）也展开了不同形式的培训和服务，有效地提高各地奶农对奶牛生产性能测定的认知度，对促进项目实施起到了很好的推动作用。根据目前各测定中心人员情况，对测定中心的技术人员进行集中培训，学习国外先进技术和经验，提高为牛场服务的能力。

3.2.5.4 技术服务

为提高技术服务质量，聘请中国农业大学、中国农业科学院北京畜牧兽医研究所等科研院所的多名专家，组建了全国奶牛生产性能测定技术服务专家组，各测定中心也分别组织项目区内有关专家成立了各自的技术服务组，形成了覆盖全国的奶牛生产性能测定技术服务网络，结合奶牛场实际生产情况，展开多种形式的技术支持和服务，出版了奶牛生产性能测定科普读物和《测奶养牛》（光盘），发放相关科普宣传卡片和《DHI报告解读手册》等。

3.2.5.5 提供全基因组检测基础群数据

为我国自主的荷斯坦牛全基因组检测工作，提供了详细完整的基础群信息和各项生产记录，确保了该项工作的顺利进行。从2012年开始向国家种公牛良种补充项目累计推荐经GCPI选择的优秀青年公牛724头。

3.2.6 我国奶牛生产性能测定工作的主要成效

3.2.6.1 经济效益

在我国开展奶牛生产性能测定以来，提高了奶牛生产水平，提高了奶牛单产，改善了生鲜乳质量，经济效益可观。据全国 DHI 数据统计，参测牛的生产水平和奶品质量远高于全国平均水平。奶牛场依据 DHI 报告，改进饲养管理技术，可直接提高泌乳期产奶量 200～400 千克。通过对从 2012—2014 年持续参加测定的 777 个参测奶牛场的 52.9 万头奶牛的测定日数据进行分析计算，每头牛胎次产量平均达到 7 542 千克，增加了 341 千克，按目前市场平均牛奶价格 2.8 元/千克计算，每头牛可增加直接经济效益达近 1 000元，按照 52 万头参测牛计算，直接经济效益增加了 5.2 亿元。

表 3-2　2006—2014 年 DHI 测定日平均指标

年度	日奶量（千克）	乳脂率（%）	乳蛋白率（%）	体细胞数（万/毫升）
2008	22.1	3.64	3.28	61.0
2009	22.6	3.70	3.25	60.4
2010	23.0	3.68	3.25	46.7
2011	24.1	3.66	3.28	43.5
2012	24.5	3.71	3.26	39.7
2013	24.3	3.77	3.28	41.4
2014	25.7	3.78	3.28	38.7

3.2.6.2　社会效益

通过实施奶牛生产性能测定，把先进的管理经验和实用配套新技术推广到奶牛场，极大地提高了奶牛的生产效率，增加了奶农收入，加快了奶农奔小康的步伐，社会效益十分显著。通过奶牛生产性能测定的实施，促进了我国奶牛养殖业逐步由数量扩张型向质量效益型转变，在保证产量不降低的前提下，减少了饲养头数，降低了对环境的压力，有利于实现可持续发展。DHI 在奶牛育种和牛群管理中的作用正被越来越多的牛场和奶农所认识，并在提高奶牛业效益中发挥积极作用。

3.2.7　我国奶牛生产性能测定工作的主要经验

加大测定中心仪器校准频率，确保数据准确性，确保 DHI 报告真实地反映牛群的实际情况，便于科学管理。

加强培训及技术服务力度，积极推广配套实用新技术，提高奶牛养殖人员整体技术水平，提高参测牛场经济效益，让牛场得到实惠。

加强各项目区测定中心之间的交流，取长补短，共同进步。

针对各项目区测定中心进行专项技术培训，提高服务能力。

加强与国内外奶业技术研究机构的交流，学习先进的技术和经验。

4 奶牛场生产性能测定管理与运行

参测奶牛场的基础条件、管理水平，直接影响 DHI 基础数据的有效性，只有提高 DHI 参测奶牛场的管理与技术水平，才能保证 DHI 基础数据有效性、可靠性，提高 DHI 报告的科学性、可靠性。

4.1 参测奶牛场的基本要求

4.1.1 选择 DHI 参测奶牛场的基本要求

对于 DHI 参测奶牛场，要有准入机制和退出机制，对于不具备必要条件的牧场，不得参加；对于参测阶段违反参测要求的奶牛场，数据严重偏离或弄虚作假的奶牛场，坚决给予停测或予以退出，否则，将给数据的完整性造成不利影响。

①牛场领导对 DHI 测定的重要性、必要性要有明确的认识，对参加 DHI 测定工作热心，有积极性和主动性。

②具有较为完善的系谱档案，参测奶牛必须来源清楚。系谱记录档案完整，并按照编号规则对牛只进行统一编号，育种技术体系完整。

③具有一定的生产规模，采用机械挤奶，并配有流量计或带搅拌和计量功能的采样装置。

④具有相适应的技术人员。须有经过专门培训的饲养、育种、信息管理人员和兽医技术人员，并有较强的责任心。采样员要求有高度的执行力、责任心和吃苦耐劳的精神。

⑤管理规范，牛只具有较为完善的养殖档案管理体系，日常生产记录信息全面、完整、规范，包括出生日期、生长发育、产奶、繁殖记录、饲料和投入品、疫病及防治记录等。

⑥具有稳定、可控的饲草、饲料等饲养条件。

⑦具有完善的消毒、防疫、卫生管理制度和基础设施。

4.1.2 参测牛场的加入流程

DHI 的具体工作由专门的检测中心来完成考察，奶牛场可自愿加入，双方达成协议后，即可开展。

4.1.2.1 参测奶牛场考察

DHI 测定中心，对申请参加测定的奶牛场，按照 DHI 参测奶牛场的要求实地考察，针对存在的问题提出整改要求，限期整改。

4.1.2.2 双方需签订 DHI 测定协议

为了明确 DHI 测定中心和参测牛场的责权利，双方要签订"DHI 测定协议"，DHI

检测中心要对参测奶牛场 DHI 测定结果数据保密，及时提供 DHI 报告，针对新参测的奶牛场，DHI 中心前六个月必须提供 DHI 管理报告及生产管理改进方案。参测奶牛场要做好奶样的采集，及时上传相应的奶牛记录数据和牛群更新信息。

4.1.3 参测奶牛场的人员配置

DHI 参测奶牛场需根据牧场实际情况，组织 DHI 工作小组。该小组由一名组长和数名采样员组成。组长负责协调与 DHI 测定中心的对接；管理牛场信息采集与上传；负责采样、送样的计划与实施；采样过程的监督，定期对测定工具的计量校准与记录；DHI 报告的解读与应用。采样员需经严格的采样培训，并获得由当地育种机构颁发的采样员资格证。

4.2 参测奶牛场的工作内容

4.2.1 DHI 参测奶牛场的信息收集

参测奶牛场要建立完善的奶牛档案，收集奶牛胎次、产犊日期、干奶日期、淘汰日期等数据。新加入 DHI 系统的奶牛场，应按照《奶牛生产性能测定技术规程》填写相应表格交给测定中心；已进入 DHI 管理系统的牛场，每月需把繁殖报表、干奶报表、产奶量报表上传到 DHI 测定中心。

4.2.1.1 建立完善的奶牛档案

牛只档案包括牛只编号、出生日期、来源、去向、图文（照相）、三代系谱、繁殖记录、生长发育记录、生产记录与外貌鉴定记录等。

4.2.1.1.1 牛只编号 参见附录牛只编号。

4.2.1.1.2 来源、去向与图片

①牛只来源分别为自繁与引入，引入的牛只应有原产地与引入日期的记录；

②去向应记录日期及目的地；

③档案中的图文记录应在牛犊出生后 3～5 个工作日内完成，可以用照相或数码成像完成。

4.2.1.1.3 系谱与牛标牌 系谱应记录奶牛三代血统家谱及其一生的产奶、繁殖、外貌等。包括父亲号、母亲号、祖父号、祖母号、外祖父和外祖母号。

牛标牌正面包括牛号、分娩日、日产量与等级；背面标注牛号、父号、分娩日、配种日与预产期。

4.2.1.2 参测奶牛的其他信息收集

参测奶牛需具备完整的资料，包括个体记录：牛号、初生重、出生日期、胎次、上次产犊日期、本次产犊日期；配种繁殖记录，包括：牛号、配次、配种日期、产犊日期、第几次发情、与配冻精号、胎次、精液量、活力、子宫及卵巢情况、妊检日期、预产日期和干奶日期等；怀孕天数、产犊情况（包括公犊、母犊、初生重、犊牛编号、难产度）等信息，进行详细登记造册。

4.2.1.3　采样与送样

4.2.1.3.1　采样前准备　清点所用的流量计数量，采样瓶数量，采样记录等。在采样记录表上填好牛场号、牛舍号、牛号等信息。

4.2.1.3.2　采样　每月采集一次泌乳牛个体奶样，且牛号与样品号要相对应。

①用特制的加有防腐剂的采样瓶对参加 DHI 的每头产奶牛每月取样一次。每头牛的采样量为不少于 40 毫升，三班次挤乳一般按 4∶3∶3（早、中、晚）比例取样到采样瓶，日两次挤奶者，早晚的比例为 6∶4。每班次采样后应充分混匀"流量计中的乳样"，再"按比例将流量计中的"乳样倒入采样瓶；将乳样从流量计中取出后，应把流量计中的剩余乳样完全倒空；每完成一次采样，应确保采样瓶中的防腐剂完全溶解，并与乳样混匀。

②每次采样后，立即将奶样保存在 0～5℃ 环境中，防止夏季腐败和冬季结冰。

③奶样从开始采集到送达检验室的时间：奶样的保存保证在 0～5℃ 的环境中，一周之内必须到达 DHI 测试中心（有些牧场采样工作就需要几天的时间）。

④采样时使用专用样品瓶。

⑤采样时注意保持奶样的清洁，勿让粪、尿等杂物污染奶样。

DHI 采样流程见图 4-1。

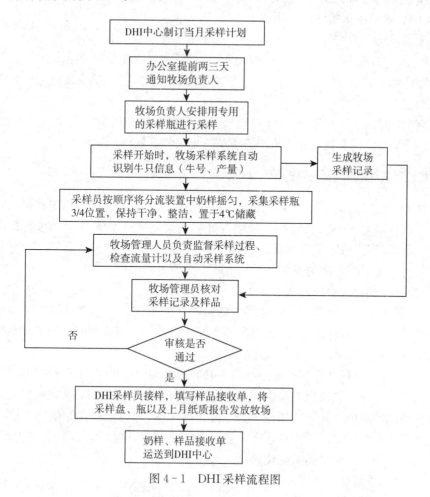

图 4-1　DHI 采样流程图

4.2.1.3.3 样品送检要求

①送奶样的同时，连同采样记录表一起送交检测室。（或以邮件形式同时间发往 DHI 中心）

②采样后，将样品瓶按顺序排在专用筐中，把顺序号、牛号填写在采样记录表中。

③凡采样牛只大于 50 头以上的，所用的专用筐需编上顺序号，并在相应的记录表上注明。

④严格按照计划日期送样。

参测奶牛场按日期，分批将参测奶样标注清楚，及时送至奶牛 DHI 测定中心，或者 DHI 测定中心派专职采样员定期（原则上每月一次）到各牛场取样，收集奶量与基础资料，将资料和奶样一起送至 DHI 测定中心。DHI 测定中心负责对奶样进行乳成分和体细胞等指标的检测，并把测试结果用计算机处理，最终得出 DHI 报告。如果奶牛场有传真机或互联网，则可在测试完成的当天或第二天获得 DHI 报告。

4.2.1.3.4 日产乳量测定 开始挤乳前 15 分钟检查安装好流量计，安装时注意流量计的进乳口和出乳口，确保流量计倾斜角度在 ±5℃，以保证读数准确。每次挤乳结束后，读取流量计中牛乳的刻度数值，将每天各次挤奶的读数相加即为该牛只的日产乳量。

4.2.1.4 DHI 参测牛场的注意事项

①每头测试奶牛的编号要保持唯一性，且牛号与样品号要相对应。

②首次采样时间应以母牛产犊 6 天以后为宜，而且要全群连续测定。

③测定产奶量，若是机械挤奶，通过流量计测定，应注意正确安装流量计，正确记录牛号与产奶量。

④要有专职测奶员，第三方或场内专人，要经过遴选、培训，至少 2 人，1 人测量，1 人记录，相互监督、审核。要逐步推行由第三方采样、送样的制度。

4.2.2 测定流量计的安装与调试

流量计的精确度决定了牧场牛群测试记录的正确性。只有对所有测定计量工具定期进行校准，才能保证测定的精确度和准确性。每年至少完成一次流量计、称量器具等的校准，计量工具应具有 ±1% 以内的精度。

逐步推行有第三方参加的流量计、称量等工具的校准工作。

4.2.2.1 流量计安装与操作方法

4.2.2.1.1 计量 奶牛挤奶时，奶通过进奶管进入流量计，一小部分奶通过喷嘴进入校准过的计量瓶，其余的奶则通过出奶管进入奶罐。当一头牛挤完奶时，读取计量瓶中奶的刻度，一定要读奶的刻度，不要读泡沫的刻度。

4.2.2.1.2 取样 流量计底部有一个阀门，共有 3 个阀门位置。阀门横平的是挤奶位置；阀门朝上的是清空和清洗位置；阀门朝下的是搅拌和取样位置。当一头奶牛挤完奶时，看一下计量瓶中奶的刻度，如果奶超过一半，需搅拌 10 秒钟再取样，如果奶不到一半则只需搅拌 5 秒钟再取样。取样时推高带有弹簧的金属推杆，从阀门出口取出搅拌好的奶样。计量和挤奶时，阀门必须放到挤奶位置。

图 4-2 展示了新西兰 TRU-TEST 流量计的三种样式。

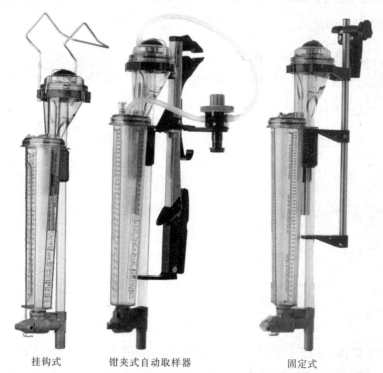

挂钩式　　　　钳夹式自动取样器　　　　固定式

图4-2　新西兰 TRU-TEST 流量计（北京鑫塔兴农科技有限公司提供）

4.2.2.1.3　流量计的维护

①流量计的安装：流量计必须垂直悬挂。流量计长颈瓶的刻度应该在1米远处清晰可读。流量计的安装方法见图4-3。

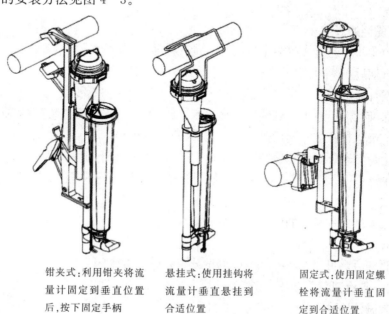

钳夹式:利用钳夹将流　　　悬挂式:使用挂钩将　　　固定式:使用固定螺
量计固定到垂直位置　　　流量计垂直悬挂到　　　栓将流量计垂直固
后,按下固定手柄　　　　　合适位置　　　　　　定到合适位置

图4-3　流量计安装图

所有流量计在使用中必须垂直安装,尽量靠近挤奶机

②读取：流量计的读取方法见图4-4。

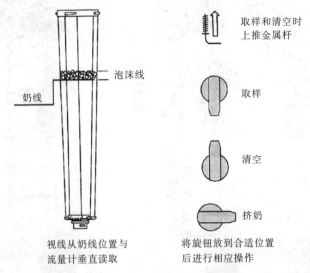

图4-4　流量计读取示意图

③流量计的清洗：流量计内部由牧场每班挤奶完毕按照规范程序清洗。用温水和生产商推荐浓度的洗液清洗流量计的外部。最后一遍用温水冲洗。

④流量计橡胶部件的更换：为了预防漏气、测量不准确和细菌污染，流量计所有橡胶部件至少每年更换一次。

⑤流量计润滑：将流量计拆开，清洗并给取样阀、清洗阀和垫片涂抹食品级硅润滑剂。

4.2.2.2　流量计的调试

流量计至少每年进行一次通水检测。流量计检测后会贴上标有检测时间的标签。该流量计应在此日期后12个月内再次检测。对每只流量计都应进行测试。

机械流量计通水测试步骤（注意：每个流量计需要大概90秒。）

①为确保准确性，通水测试装置必须检查。将16.0千克水用该装置在50千帕压力下提高1.6米。确保打开进气阀后迅速从真空升压至50千帕。

②在流量计上安装试验测试装置（图4-5）。检查流量计的垂直性（±0.5度）。

③在流量计中注入16升检测液（一般用自来水，按照平常卫生清洗要求），接近进水阀。

④查看流量计长颈瓶上的读数。结果应当在16.0～17.0千克（16.5%±3%）。

⑤放空流量计。

⑥全部放空后，关闭真空泵，拆掉测试装置，打开进水阀。

4.2.2.3　进一步检测

如果有流量计的读数异常，需进行以下检查：

①检查在流量计的这些部位是否有漏气：阀盖O型环、奶量瓶垫圈、进水阀和流量计底部的取样头。

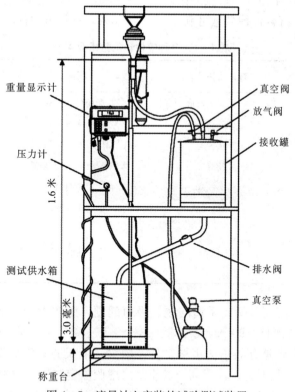

图 4-5 流量计上安装的试验测试装置

②检查流量计阀盖和取样头是否有破损和异物（如毛发、沙粒）。如有必要，需替换零部件或清除杂物。

③重复检测：如果在此之后流量计的读数仍没有回落到 16.0～17.0 千克的范围，须拆开检查，再重装，重新检测。

4.2.2.4　维修

如果流量计仍不能正常工作，请将该故障流量计送回服务中心进行维修。

4.2.2.5　检测修护后的流量计

流量计的计量喷嘴更换后，为使流量计能够精确使用必须对该流量计进行上述的检测。

4.2.2.6　调试日期标注

流量计调试完毕后，必须将标有"检测时间"的标签贴在流量计上，以确认该流量计已经检测完毕同时显示其检测日期。年份不同标签颜色不同，围绕年份的圆周上是月份。标签需贴在流量计顶部，检测月份朝上。下一次检测必须在该日期之后的 12 个月内进行。

4.2.3　参测牛场常见的问题

近几年，参加 DHI 测定的牛场积极性提高，参测牛只数量上升较快。2012 年全国 DHI 参测牛场 1 072 个，参测牛只 537 025 头，测定记录 3 703 641 条，合格数据量

2 521 919条，合格率为 68.1%；按照国内公牛育种值计算数据筛选标准符合育种利用的数据量 728 520 条，符合育种数据可利用率为 19.6%。育种值估计的数据要求见表 4-1。

表 4-1　育种值估计的数据要求

项目	育种值估计条件	项目	育种值估计条件
胎次	1、2、3胎	日产奶量（千克）	5～80
泌乳天数（天）	5～305	乳脂率（%）	1.4～6.2
测定间隔（天）	≤70	乳蛋白率（%）	2.0～5.0
1胎月龄（月）	22～38	体细胞数（1 000/毫升）	0～6 000
2胎月龄（月）	34～50	首次测定日（天）	≤90
3胎月龄（月）	46～63	女儿分布群数	≥3
记录条数（条）	≥3	其他	系谱齐全，编号唯一，出生日期、分娩日期和测定日期记录完整

　　这些数据的主要问题包括：系谱问题、极值问题、胎次大于3胎、泌乳天数＞305、测定天数＞70天、首测日＞90天、群体数＜3个、记录数＜3条等。有效数据和育种可利用数据低的原因，主要是有的参测牛场责任心缺失，上报的基础数据不齐全、采样不规范，导致 DHI 测定的数据有效性不高，甚至造成虚假测定结果，导致 DHI 报告的错误解读，没有对指导科学地选种选配，改进饲养管理、平衡饲料配方，改进经营管理，有效地防治相关疾病起到积极作用。导致育种数据利用率低的原因如下：

　　一是对 DHI 测定的理解认识还不到位，有的牧场管理者或操作工认为，DHI 测定是育种公司的事情，是为试配公牛作后裔鉴定用的，与牧场关系不大；有的牧场，对参加 DHI 测定后会给自己的牛场带来什么样的变化认识不足，因此，对 DHI 测定工作重视不够。需要让他们充分了解 DHI 测定对牛场有什么作用，牛场的管理人员怎样读懂并利用 DHI 报告才是最关键的。

　　二是有的奶牛场编号不规范，系谱信息不全，上报数据中出现了大量的不规范数据。有的是按照自己的方法编的，没有根据中国奶业协会统一规定进行标识，在 DHI 测试中经常出现有样无编号，样品编号重复的情况，给测试工作带来较大的麻烦。有的奶牛编号混乱，如有的牛场编号：汉字 0、\、字母、空格等开头，有的只有父号，其他不明、不详。有的进口牛，错把细管号作为牛号。如种公牛 LANGS - TWIN - B MANAGER - ET，登记号：USAM60727476，细管号（NAAB. NO.）：29HO11198，其错误编号有几种情况，见表 4-2。

表 4-2　牛只编号示例

INTERBULL ID	USAM000060727476
协会登记号	60727476
NAAB. NO.	029HO11198

（续）

INTERBULL ID	USAM000060727476
错	29h011198
错	29ho11198
错	11198
错	1198

三是有些牧场奶牛的系谱资料不完整，记录不全面，无初生日期、无父无母等；有的奶牛血统来源不明，奶牛买进卖出频繁，又缺少记录；而有的参测奶牛场特别是小区在数据收集整理方面普遍存在系谱不全；少数牛场只有本身的出生日期，有的仅有父亲的牛号；尤其是每月新测定的牛（头胎牛）普遍缺少相应的档案资料；有的牧场有系谱资料，但不能及时准确地更新。这样 DHI 测定中心就无法为该牛场的奶牛群建立完整的档案资料，由于奶牛场奶牛的资料记录不全就会导致 DHI 无效的测定记录，那么 DHI 报告也就不能真实反应奶牛场的生产情况。部分牛场档案资料中记录的公牛号不全面，导致公牛信息缺失。牛场在制订选种选配计划时，又会因为公牛信息的缺失，不能控制近交系数，更谈不上改良牛群遗传品质了。

四是有的牛场繁殖信息资料不准确，有的对奶牛的年龄、胎次、泌乳天数等信息记录得不准确、不全面，如有的泌乳天数达到 1 000 多天；有的奶牛场，对奶牛发情、妊娠鉴定判定技术落后，判定不准，或由于饲养员和技术员责任性不强，对奶牛配种、产犊、干奶牛资料记录不准确或不完整，DHI 测定数据的有效性大打折扣，就无法形成可靠的DHI 报告。

五是采样和产奶量记录不规范，亟须统一标准。一头牛每月一次采样约 40 毫升来衡量其一个月的产奶水平，采样影响会很大。采样的不规范，不认真按操作要求采样，造成测定数据的失真，导致乳成分测定不准确，产奶量错误、乳脂率过高、过低等，如有的在收集奶样时不摇匀，结果测出的乳脂率不是特别高（7％以上）就是特别的低（2.0％以下）。有的不能连续测定，或测定间隔过长，导致有些数据不规范，尤其是间断参测，或测两个月，停一两个月，造成数据的有效性大打折扣。有的牛场测试采样时嫌麻烦，或以几头牛的奶样，分装后代替全群牛奶样，造成虚假测定数据，导致 DHI 报告的错误解读。

六是有的牛场产犊间隔在 450 天左右，有的牛甚至在 500 天以上，主要是繁殖病较多。造成繁殖病的原因，主要是产犊时的卫生状况、分娩时的处理不当，产后护理跟不上，特别是营养和管理跟不上，母牛的子宫不能在产后的两个月内尽快复位，炎症和子宫内膜炎较多，影响了发情配种。另外。子宫炎、卵巢囊肿、胎衣滞留、肢蹄病、真胃位移以及跛行（色括蹄叶炎、腐蹄病和趾间纤维乳头瘤等引起）、乳热症、乳腺炎等均影响繁殖力。患子宫炎、卵巢囊肿、胎衣滞留、乏情以及流产的奶牛，产犊间隔延长，会在 400天以上。尤其是患乳腺炎奶牛，如果配种后 3 周内发病，受胎率下降50％。患酮病的母牛产后至首次配种的间隔时间会延长。产奶量高、乳蛋白率低（<2.6％）的高产牛，产后首次配种的间隔时间延长 59 天，配种指数增加。另外，还有精液品质差、输精技术不

规范等问题。

七是 DHI 报告对生产的指导作用不明显。有的 DHI 测定中心出具的《DHI 报告》对奶牛场存在的问题针对性不强、或措施可操作性不强。有的奶牛场的生产管理者不会解读 DHI 报告，DHI 报告并不能清楚地告知生产管理者这里或那里出现了问题，而是需要他们通过分析后才能了解自己牛场的生产现状，这里的"分析"要求生产管理者不仅要有扎实的专业理论知识，同时还要有长期从事 DHI 测定工作的丰富经验，对于大多数奶牛场来说，DHI 报告解读这方面的专业人才还是很少的，导致 DHI 报告对奶牛场的生产指导作用不大。

4.2.4 DHI 参测奶牛场的考核体系

要建立健全 DHI 参测牛场的考核体系，对于 DHI 参测牛场，要有一定的激励机制，以利于 DHI 测定的推广。主要从以下几个方面考核：

①机构设置是否完善，人员配置是否合理、满足 DHI 检测的需要。

②牛号是否规范。

③基础信息资料是否完善、准确、可靠。

④采样、送样是否规范；送测牛号是否间断及其比例。

⑤测定工具是否定期校准。

⑥对上报的基础数据是否有审核，对采样、送样过程有监督管理和记录。

⑦DHI 报告对生产是否有明显的指导作用。

⑧是否对 DHI 技术员、采样员定期开展专门培训。

5 奶牛生产性能测定实验室设计与建设

奶牛生产性能测定实验室的设计与建设，首先要明确实验室的定位，以及实验室要达到一个什么样的水准和等级。实验室建设之前，需要进行大量前期调研工作，既要明晰自身的需求和未来的发展方向，又要广泛地考察相关单位已建成的实验室，学习其经验和教训。其次，要做好实验室规划，包括实验室工艺规划和实验室建筑设计，实验室建筑设计包括功能布局与内部面积、高度、建筑外观等。

5.1 奶牛生产性能测定实验室的建设

实验室建设流程包括：可行性研究、规划设计（工艺设计、土建设计、仪器设备与配套设施配置）、土建工程施工、实验室装修与配套工程施工、工程验收、仪器设备安装调试与试运行、实验室人员培训（测定技能、安全和维护保养培训）。

DHI 实验室建设项目的可行性研究及报告编写是实验室建设的关键，需要深入调研项目建设的必要性和可行性、市场分析及前景预测、项目主要技术经济指标、建设单位基本情况等资料。可行性研究报告主要内容包括：项目概述（项目摘要、可行性研究报告编写依据、项目主要技术经济指标）、项目建设的意义和必要性（项目建设的必要性、项目建设的可行性）、市场分析及前景预测、项目承担单位基本情况（单位性质、人员配置、固定资产状况、现有能力和仪器设备情况）、项目选址及建设条件（项目地址选择原则、建设项目地理位置）、工艺技术方案（项目技术来源及技术水平、工艺技术方案、设备选型方案、安全卫生）、项目建设目标（项目建设指导思想、项目建设目标）、项目建设内容（建筑工程、设备购置）、投资估算和资金筹措（投资估算、资金筹措及使用计划）、项目建设期限与实施进度计划（进度安排说明、项目实施进度）、环境保护（项目对环境的影响、污染源的处理方案）、项目管理与运行（项目建设组织管理、项目生产经营管理）、社会经济效益分析及风险评价（财务评价、社会效益）、可行性研究结论及建议（项目可行性研究结论、建议）。

5.1.1 选址原则

场址选择应符合国家相关法律法规、当地土地利用规划和村镇建设规划。场址选择应满足建设工程需要的水文地质条件和工程地质条件。

选址应地势高燥、通风干燥，最近居民点常年主导风向的下风向处或侧风向处。

场址位置应选在未发生过畜禽传染病，距离畜禽养殖场及畜禽屠宰加工、交易场所3 000米以上的地方。禁止与种畜场（如种公牛站、奶牛良种场等）合建一处。

场址应水源充足稳定、水质良好，并且要有贮存、净化水的设施，排水畅通。

场址电力应供应充足，电源电压稳定。交通便利，机动车可通达。

改造的实验室也要尽可能符合以上条件要求。

5.1.2 设计指导思想

在实验室设计时应严格遵守我国现行的有关法律法规、政策规范。认真贯彻"符合国情、技术先进、经济实用、着眼发展"的建设原则，从当地奶牛养殖发展对DHI需求的角度出发，在保证实验室DHI检测能力的前提下，强化对养殖场的服务职能，包括饲养管理、提供选种选配方案、奶牛常见病诊断和治疗等功能。

实验室设计与承建单位应选择具有一定规模、有合法资质的企业，必须严格考察其设计、生产和施工能力，最好实地考察其已完工的项目。设计单位的设计人员应认真负责、专业全面、经验丰富、队伍稳定。承建单位要有良好的信誉度，承担过类似的建设项目，以便于保证施工质量。设计图纸完成后，最好请第三方机构和权威专家进行详细审核，以避免出现不合理的设计和重大缺陷。根据实验室检测工作需求，保证其工艺先进、合理、可靠、灵活。

5.1.3 功能设置与工艺流程

DHI实验室建设流程中首先进行的是实验室工艺设计，然后再按照工艺设计要求进行实验室的土建设计。有的实验室在土建设计阶段考虑不周，没有充分考虑到实验室工艺对建筑的特殊要求，给实验室使用带来困难。因此，要求建设单位咨询专业的实验室设计方，在项目的土建设计阶段，就及时介入，如有可能最好带设计师一起参观其他单位的DHI实验室以加深其认识。

5.1.3.1 功能设置

DHI实验室的基本功能是对奶牛生产性能的测定，包括乳成分和体细胞数的测定，形成DHI测试基本数据及管理报告，用于种公牛选育和对牧场的管理指导。

根据奶业发展的需要和经济条件，有的地区DHI实验室除了常规乳品安全评价检测项目外，还增加了对ELISA与妊娠诊断、疫病监测、乳房炎病原微生物鉴定、饲料分析、遗传缺陷基因检测等扩展功能，详见第九章。

5.1.3.2 工艺流程

工艺流程的确定必须以功能设置作为前提，不同的功能设置有不同的工艺流程。DHI实验室的基本工艺流程包括：准备工作、奶样采集、奶样运输与保存、奶样的接收、奶样成分的测定、奶样体细胞数（SCC）测定、测定数据保存与数据处理、DHI报告形成等。

5.1.3.2.1 牛只基本信息采集系统 完成对牛只特征数据、系谱、生长发育记录、繁殖记录等信息的采集工作。参加DHI测定的奶牛场（区）按照奶牛生产性能测定技术规程要求的项目和记录格式的要求完成信息的采集，由DHI测定中心对采集数据的完整性、可靠性进行审核。

5.1.3.2.2 乳样采集系统 针对不同挤奶设备制定乳样的采集技术规程，建立分区负责的乳样采集队伍，每月1次到参加DHI测定的奶牛场（区）采集乳样。日产奶量测定和乳样采集由奶牛养殖场（区）人员在采样员的监督下进行，也可以由DHI测定中心培训合格的采样员进行，采集的乳样由采样员负责在规定的时间内送往实验室。

5.1.3.2.3　乳成分及 SCC 测定系统　在 DHI 测定实验室，采用乳成分-SCC 测定仪开展测定工作，进行牛只乳成分（乳脂肪、乳蛋白、乳糖等）、体细胞数测定工作。体细胞数这一指标可反映牛群乳房健康状况。

5.1.3.2.4　品种及体型外貌鉴定系统　按照中国荷斯坦牛品种标准和奶牛体型外貌线性鉴定技术规程，由培训合格的鉴定员负责建立鉴定牛只的档案并传送到 DHI 测定中心。

5.1.3.2.5　DHI 数据处理系统　在 DHI 测定中心设置专用服务器，安装奶牛育种资料管理软件，建立牛只档案数据库，建立 DHI 测定网络平台，利用公共网络建立服务器与参加 DHI 测定的牛场（区）、DHI 测定分站、采样员、牛只鉴定员的网络连接。各类人员通过网络可以查询到权限范围内的牛只 DHI 测定信息。DHI 测定结果通过网络、DHI 测定报告和年度良种登记册进行反馈和发布，通过网络可以查询到牛只基本信息、牛只种用价值评定结果、最新牛只育种值排序，DHI 测定报告的测定结果、305 天产奶量、峰值日产奶量、泌乳天数等数据。年度良种登记册分类发布良种登记和核心群登记牛只的基本信息、种用价值信息等。

5.1.3.2.6　流量计定期校准　DHI 测定中心还应对参加 DHI 测定的牛场（区）的流量计进行定期校正，根据流量计清洗校正要求，及时更换不准确的流量计。

5.1.3.2.7　DHI 实验室的工艺流程　包括：样品的接收、样品的编号登记、检测任务的下达、各项目的检测、数据的审核、报告的编制和发放。

　　①样品的接收：与委托检测方确认检测合同和样品。

　　②样品的登记编号：对所有样品实行唯一性编号和登记，形成样品标识卡。以防止样品的丢失和混淆。

　　③检测任务的下达：将样品信息及检测要求，包括检测方法、检测时间等下发给检测部门，以明确检测任务。

　　④项目检测：有能力的检测员按照规定的检测方法和操作规范对项目实施检测。

　　⑤数据的审核：检测数据经校对人进行确认。

　　⑥报告的编制和发放：报告编制人按照合同信息及检测记录对检测报告进行编制，报告再经审核人和批准人审批后发放。

5.1.3.3　实验室设置

DHI 实验室基本功能、建设可参考《NY/T 2443—2013 种畜禽性能测定中心建设标准　奶牛》。DHI 测定实验室负责牛只的乳成分测试分析，数据处理室负责数据收集、分析和 DHI 报告分析工作，服务部负责到参加测定的牛场利用 DHI 报告现场解决奶牛群出现的问题。除此之外，还需要配置：洗涤消毒室、接样室、样品冷藏库、前期准备室、检测室、天平室、试剂储存室、档案资料室、办公与数据处理室、自动流量计校准室等。

扩展实验室，可以增加牛奶尿素氮测定室、ELISA 实验室、微生物检测室、乳品常规质量安全检测室、饲料及毒素理化实验室、分子检测实验室等辅助场所，以提高对奶牛场的综合服务能力。

5.1.4 平面布局与土建工程设计

DHI测定实验室主要涉及的系统工程包括实验室装修工程、给水排水系统、强电弱电系统、空调系统、洁净系统、消防系统、生物安全系统、通风排风系统、污水废液处理系统、管道系统、实验台与仪器设备、软件管理系统等等，同时还要考虑环保、安全、可持续发展等诸多因素，因此，是一个复杂的系统工程。实验室平面布局是实验室土建工程设计的基础，只有按照功能分区和工作流程的需求，做好相应的平面布局规划，尽量优化整合，才能确保后续的水、电、通风等合理配置空间。

5.1.4.1 平面布局设计

在做平面布局设计的时候，首要考虑的因素就是"安全"。实验室是最易发生爆炸、火灾、毒气泄露等的场所，应尽量保持实验室的通风流畅、逃生通道畅通。根据实验室功能进行合理的布局，原则上是方便、实用、功能区划分明显。

①布局应全面满足DHI工作流程及工艺的要求，除了布局的优化和仪器设备的摆放位置的设计外，还应充分考虑到人员流动与物品流动的方向是否符合工作要求。

②避免实验人员频繁跑动，前处理室应该和仪器室在同一楼层。

③与乳品质量安全检测实验室联建时，要注意功能分区、共用设备的协调布局。

④微生物室应合理布局洁净区、半洁净区、污染区，以避免交叉污染。

⑤气相色谱仪、气质联用仪等仪器应和气瓶室在同一楼层。

⑥平面布局设计阶段还应尽可能地详细考虑工作和发展的需求，充分考虑奶牛养殖发展趋势。

⑦满足消防安全要求，为了在工作发生危险时易于疏散，实验台间的过道应全部通向走廊，安全通道在疏散、撤离、逃生时应顺畅无阻。

⑧实验台与实验台通道划分标准（通道间隔用L表示）：一边可站人操作，L＞500毫米；一边可坐人操作，L＞800毫米；两边可坐人，中间可过人，L＞1 500毫米；两边可坐人，中间可过人可过仪器，L＞1 800毫米。

⑨验室走廊净宽宜为2.5～3.0米，实验楼顶端应设有安全门、逃生楼梯并要求保持顺畅，防止发生危急情况时，出现通道堵塞现象。

5.1.4.2 土建设计

①要对实验室进行整体的平面规划，防止功能分区过于简单或不合理。DHI准备室面积不能太小，要能满足洗涤、装箱等需要。

②充分考虑仪器的使用情况，如洗涤池等不应设置在测定室，因为洗涤过程导致室内湿度较大，对精密仪器设备有影响。

③考虑特殊房间功能，如冷藏室、专用仪器恒温恒湿室等。

④净层高度不能过低，以免影响空调、消防、电器等管线布局，实验室建筑层高宜为3.7～4.0米为宜，净高宜为2.7～2.8米，有恒温恒湿、洁净度要求的实验室净高宜为2.5～2.7米（不包括吊顶）。

⑤DHI基本功能实验室根据测定数量和发展的需要，确定各房间的面积：

A. 洗涤消毒室：30～40米^2；

B. 接样室：10～20 米²；

C. 样品冷藏库：15～30 米²；

D. 样品前处理室：20～40 米²；

E. 检测室：30～40 米²/台；

F. 办公与数据处理室：40～80 米²；

G. 试剂储存室：10～15 米²；

H. 档案资料室：20～40 米²；

I. 库房：20～40 米²；

J. 更衣间：15～20 米²；

K. 流量计清洗校准室：20～30 米²；

L. 废物贮存室：20～40 米²；

扩展功能按需要配置。

⑥实验室地面：由于 DHI 实验室与养殖场联系紧密，为了防止病原微生物的繁殖传播，在地面、墙壁、门窗等设计上要注意结构与材质的选择。实验室地面应能做到耐酸碱、防腐蚀、防滑，最好能够做到没有任何的缝隙。地面与墙壁四角应尽量空闲，简洁，易打理，通风流畅，防止死角。传统的木质地板有不防滑、不防火、不抗酸碱、不耐用等缺点，复合地板，不防水是其最大缺点，其他性能都还可以的，大理石等瓷砖地板太坚硬冰冷，不防滑，有一定的辐射也是很大的缺点。

A. 瓷砖地板：很多地方的实验室地面选用质量好的瓷砖，耐用美观，其实最好选用防滑瓷砖，容易搞卫生而且不易打滑。

B. PVC 地板：优势在于它是真正的环保无毒、无甲醛的新型环保地板材料，材质轻薄，却十分的耐用，有着传统地板所没有的防滑、防火阻燃、抗菌、耐用、耐磨、吸音降噪、耐酸碱、抗腐蚀的性能。PVC 地板还可以做到无缝连接，但选材不当，会发生容易着色，不易清洗的现象。

C. 自流坪：是用无溶剂环氧树脂加优质固化剂和导电粉制成，与水混合而成的液态物质，倒入地面后，这种物质可根据地面的高低不平顺势流动，对地面进行自动找平，并很快干燥，固化后的地面会形成光滑、平整、无缝的新基层。除找平功能之外，自流坪还可以防潮、抗菌，达到表面光滑、美观、镜面效果；耐酸、碱、盐、油类腐蚀，特别是耐强碱性能好；耐磨、耐压、耐冲击、有一定弹性。

⑦墙面：可以在离地面 1.2～1.5 米的墙面做墙裙，便于清洁，如瓷砖墙裙、油漆墙裙等。有条件的实验室，可以采用彩钢板内墙，以便于冲洗清洁、消毒。墙面色彩的选用应该与地面、平顶、实验台等的色彩协调。

⑧顶棚：大多数采用吊顶，顶棚应采用小方格的扣板形式，而不应采用大块的整体结构，这样便于施工和后期维护。有条件的实验室，可以采用彩钢板顶棚，以便于保持清洁美观。

⑨门：通常实验室门向房间内开，有气体瓶等爆炸危险的房间门应外开，冷藏室应采用保温门。实验室双门宽以 1.1～1.5 米（不对称对开门）为宜，单门宽以 0.8～0.9 米为宜。安装有洁净系统的，彩钢门应注意密封效果。

⑩窗：实验室的窗应为部分开启，在一般情况下窗扇是关闭的，用空气调节系统进行换气，当检修、停电时则可以开启部分窗扇进行自然通风。窗扇可以开启，但又要防止灰尘从窗缝进入，在寒冷地区或空调要求的房间采用双层窗。微生物室洁净要求高，应采用固定窗，避免灰尘进入室内。采用彩钢板装修的一般采用固定窗。

5.1.4.3　消防系统

DHI实验室是一个特殊环境，对消防的要求相对于普通的办公楼来说要提高等级。要根据检测的工艺要求、储存药品和试剂的种类、实验室建筑物特点等，采用不同的消防措施来保障实验室的消防安全。检测室由于有仪器设备，要配备二氧化碳灭火器，办公室等可配备干粉灭火器。有条件的单位可以配置烟感系统、温感系统、特种气体感应报警系统、自动喷淋灭火装置。但对于精密仪器室和无菌室、配电室、不间断电源室而言，其消防就不能采用自动喷淋灭火装置，可采用自动气体灭火装置，以避免自动喷淋装置损坏仪器设备。

实验室设备需要专用气体供应的，气瓶室的安全性必须得到保障，必须采用防爆门、泄爆窗、气体泄漏感应报警装置以确保无安全隐患。

5.1.4.4　给水排水系统

为保证水质稳定，建议采用纯水发生器。为了避免二次污染，可采用感应式水龙头。热水器可采用内置式的即热式电热水器。

由于DHI奶样含防腐剂，排水系统的管道应耐酸碱、耐腐蚀和有机试剂对材质的侵蚀，要根据污水的性质、流量、排放规律并结合室外排水条件而确定方案，最好采用PPR（三型聚丙烯）或其他材质，而不建议用普通的PVC管材，因为PPR管具有重量轻、耐腐蚀、不结垢、使用寿命长等特点。下水道要合理布局，应防止管道堵塞、渗漏，应设置滤网、设置存水弯等。

5.1.4.5　配电系统

DHI实验室配电系统与普通建筑有很大区别，要根据实验仪器和设备的具体要求配置，因为实验室仪器设备对电路的要求比较复杂，并不是通常人们所认为的那样，只要满足最大电压和最大功率的要求就可以了。

①有些仪器设备对电路都有特殊的要求（如静电接地、断电保护、等电位连接等）。

②为了保证电力的可靠保障，保护重要仪器和数据，应考虑不间断电源或双线路设计，不间断电源的容量应符合实际所需并保证一定可扩增区间以满足未来发展的所需。

③对配电系统的设计，不但要考虑现有的仪器设备情况，同时也要考虑实验室未来几年的发展规划，充分考虑配电系统的预留问题及日后的电路维护等问题。

④所有电器电路均应采用防爆型，还应考虑防雷、防静电。

⑤墙上的插座应充分考虑需求，例如样品室应留足冰箱的插座、门口应预留自动鞋套机的插座、走廊两侧也应考虑到分布一些插座用于消毒、清洗等设备使用。

5.1.4.6　弱电系统

实验室的弱电系统主要包括门禁、电话、网络、监控等。

①门禁　应设在每层实验室的主入口处或其他需要控制出入的地方。

②电话　要预留电话线，方便工作时接打电话，无菌室内外由于隔音效果较好，应预

设对讲电话，便于沟通。

③网络　仪器室应预留足够多的网络接口，以方便仪器台安装时连接到台面网络接口，网络接口应与墙插并列，高度应恰好高过实验台，这样方便日后使用。

④监控　实验室大门、楼道顶端或其他需要控制出入的地方可选择安装监控设备。

5.1.4.7　空调系统

空调系统不仅仅是控制实验室的温湿度，同时还应与实验室通风系统配合，潮湿地区还要配置除湿设备，才能真正有效地保证实验室的温湿度和房间压差，保障人员和精密仪器有一个良好的工作环境。实验室采用中央空调则一定要能够进行分区域、分时段的模块式管理，以避免加班时因不能正常使用空调而影响仪器的使用。中央空调管线的布局应结合实验室通排风管道的设计，避免施工的时候交错重叠，影响层高。极端天气情况下，应能确保测定室、样品室、精密仪器室等对温度要求高的区域保持24小时的恒定温度调节。

5.1.4.8　实验室供风排风系统

供风排风系统完善与否，直接对实验室环境、检测人员的身体健康、检测设备的运行维护等方面有重要影响。实验室房间的压差、换气次数等都是需要关注的问题。

①样品室和试剂室应考虑有通排风设备，以免样品带来的异味影响环境。

②应设计新风系统，新风系统可以有组织地对室内进行全面的进、排风控制，使室内空气流动通畅，最好使用通风换气效果更佳的空气净化系统。

③新风口散流器应采用可以调节方向的活动百叶设计，以避免冬夏季节外界冷热空气直接吹向操作者。

5.1.4.9　应急设施与生物安全系统

5.1.4.9.1　应急设施　可以在楼道安装紧急喷淋系统，在实验台安装洗眼器，这是在有毒有害危险作业环境下使用的应急救援必备设施。当现场作业者的眼睛或者身体接触有毒有害以及具有其他腐蚀性化学物质的时候，这些设备能够对眼睛和身体进行紧急冲洗或者喷淋，目的是避免化学物质对人体造成进一步伤害。建议准备室、实验室台面安装洗眼器。楼道可以安装复合式洗眼器，直接安装在地面上使用，它是配备喷淋系统和洗眼系统的紧急救护用品。当化学品喷溅到工作人员服装或者身体上的时候，可以使用复合式洗眼器的喷淋系统进行冲洗，冲洗时间至少大于15分钟。当有害物质喷溅到工作人员眼部、面部、脖子或者手臂等部位时，可以使用复合式洗眼器的洗眼系统进行冲洗，冲洗时间至少大于15分钟。

5.1.4.9.2　生物安全系统　实验室生物安全是指实验室所采取的避免危险因子造成实验室人员暴露、向实验室外扩散并导致危害的综合措施。这些综合措施包括规范的实验室设计建造、实验室设备的配置、个人防护装备的使用、严格遵从标准化的工作操作程序和管理规程等。通过采取这些综合措施以达到保护实验室工作人员不受实验对象的伤害、保护样品不交叉污染、保护周围环境不受污染的目的。

根据所操作微生物的不同危害等级，需要相应的实验室设施、安全设备以及实验操作和技术，而这些不同水平的实验室设施、安全设备以及实验操作和技术就构成了不同等级的生物安全水平。《GB 19489—2004实验室生物安全通用要求》、《病原微生物实验室生物安全管理条例》（以下简称《条例》）以及WTO《实验室生物安全手册》（第3版）等均将生物安全水平分成四个级别，一级防护水平最低，四级防护水平最高。以 BSL－1、BSL－2、BSL－3、BSL－4 表示实验室的相应生物安全防护水平，以 ABSL－1、ABSL－2、ABSL－3、ABSL－4 表示动物实验室的相应生物安全防护水平。

实验室生物安全设施包括实验室选址、建筑结构和装修、空调通风和净化、给水排水和气体供应、电气和自控、消防等方面。具体来讲包括实验室是否需要在环境与功能上与普通流动环境隔离；是否需要房间能够密闭消毒；是否需要向内的气流还是通过建筑系统的设备或是通过 HEPA 过滤排风的通风；是否需要双门入口、气锁、带淋浴的气锁、缓冲间、带淋浴的缓冲间、污水处理、生物安全柜；高压灭菌器是在现场还是在实验室内；是否需用人员安全监控条件包括观察窗、闭路电视、双向通讯设备等。

5.1.4.9.3 消毒设备 为了防止人畜共患病的传播，DHI 实验室要配置较高等级的消毒设施，如大门消毒池，各类消毒器具等。

①喷淋式消毒器：用于运送 DHI 奶样的车辆、奶样筐的消毒。

②移动式紫外消毒器：用于场地、楼道定期消毒。

③紫外消毒灯：用于实验室定期消毒。

④高压灭菌箱（锅）：用于器具的定期消毒。

5.1.4.10 危险废物处置系统

（1）实验有害废弃物的种类

实验室产生的所有危险废物（参照《国家危险废物名录》），包括：

①危险废液：指检测过程所产生符合有害检测废弃物认定标准及认为有危害安全与健康的废液。包括：溴化乙锭、废酸、废碱、有机废液等。

②固体危险废物：包括废弃的温度计、湿度计等含水银的检测器材，过期的化学试剂，废弃及破损的盛装化学药品器皿等有害固体废弃物，检测中的乳胶手套，实验残渣等。

③废气：检测过程中产生的酸性、碱性或有机气体等有害废气。

④废水：检测过程中产生的废水。

（2）危险废物的处置

必须严格按照《中华人民共和国固体废物污染环境防治法》制定危险废物管理计划，并向所在地县级以上地方人民政府环境保护行政主管部门申报危险废物的种类、产生量、流向、贮存、处置等有关资料。危险废物管理计划应当报产生危险废物的单位所在地县级以上地方人民政府环境保护行政主管部门备案。

危险废液、固体危险废物必须集中收集，规范标识，分类存放，不得擅自倾倒、堆放，找有资质的回收处理公司进行处理。废气必须经过气体回收处置装置处理后排放，处置装置要求和排放限值必须满足《GB 16297—2012 大气污染物综合排放标准》的规定。废水必须经过废水处置装置处理后排放，排放必须满足《GB 8978—1996 污水综合排放标准》的最高允许排放浓度。

对于不处置的实验室，由所在地县级以上地方人民政府环境保护行政主管部门责令限期改正；逾期不处置或者处置不符合国家有关规定的，由所在地县级以上地方人民政府环境保护行政主管部门指定单位按照国家有关规定代为处置，处置费用由产生危险废物的单位承担。

5.1.4.11　实验室室内装修与家具的选择

　　为了便于参观检查，参观走廊两侧或大型仪器室可采用落地玻璃幕墙设计，这样更加通透明亮，利于管理。实验室家具的选择应考虑能充分满足工作的需要，合理搭配柜体、台面、地面、顶棚，主要涉及台面材质、柜体材质与结构、颜色搭配等。例如仪器室应采用理化板台面、准备室可采用耐酸碱的陶瓷板台面等。台柜的材料主要分为板木、全钢、钢木、铝木四种。每个房间台柜的布局、种类、数量也要充分考量，吊柜可以使实验室有限的空间得到充分的利用，边台、中央台、高柜、吊柜等应搭配得当，避免造成日后工作的不便，还要注意电脑位置合理安排，以避免将来使用的不便。根据人体学，坐式操作实验台高度为750～850毫米，站式操作高度850～920毫米。

5.1.4.12　实验室建设涉及的常用标准规范

　　GB 19489—2004　实验室生物安全通用要求

　　GB/T 3325—2008　金属家具通用技术条件

　　WS 233—2002　微生物和生物医学实验室生物安全通用准则

　　GB 50019—2003　采暖通风与空气调节设计规范

　　GB 50346—2004　生物安全实验室建筑技术规范

　　GB 50243—2002　通风与空调工程施工质量验收规范

　　GB 16912—1997　氧气及相关气体安全技术规范

　　GB 50073—2001　洁净厂房设计规范

　　GB 50052—1995　供配电系统设计规范

　　JGJ 71—1990　洁净室施工及验收规范

　　GB 50054—1995　低压配电设计规范

　　ISO14644　洁净室与受控环境

　　GB 50034—2004　建筑照明设计标准

　　GB 50057—1994　建筑物防雷设计规范

　　SN/T 1193—2003　基因检验实验室技术要求

　　GBJ 14—1987　室外排水设计规范

　　GB/T 3324—2008　木家具通用技术条件

　　CJ 343—2010　污水排入城镇下水道水质标准

　　NYT 2443—2013　种畜禽性能测定中心建设标准　奶牛

5.2　仪器设备配置

5.2.1　仪器设备配置

5.2.1.1　选型原则

　　①设备选用以仪器设备产品性能、质量为前提，应充分考虑检测指标的必要性、准确性、检测效率等具体情况，主要设备的选择要体现技术先进性、可靠和经济实用性，最好能够达到国际先进水平。

②仪器设备的选择应根据 DHI 测定的特点和需要，既要参照发达国家同类机构的条件与情况，做到起点高、高标准，又要具有前瞻性，尽量采用标准化、通用化和系列化设备，并引进必要的技术软件。

③符合政府和专门机构发布的技术标准要求。

④充分利用现有的仪器设备和设施条件，不搞重复建设，按照节约资金、提高档次的原则进行补充。

⑤仪器设备的选择应立足国内，凡国内能够生产、技术可靠的设备，应尽可能购置国内产品，节省投资费用，降低购置成本。

⑥为了满足 DHI 测定工作的需要，通过对国内外仪器设备的考察，在初步确定仪器的型号后应货比三家，择优选择。

5.2.1.2 基本检测功能设备及辅助设备选型

DHI 实验室根据基本功能主要应配置的设备包括采样设备、检测设备、网络设备、办公设备等。可以参考《NYT 2443—2013 种畜禽性能测定中心建设标准　奶牛》。

5.2.1.2.1 采样设备

①奶样箱、奶瓶架、奶样瓶若干。

②样品运输设备：用于样品采集后的运输，需配置车载冷藏装置，冷藏体积不小于 200 升；可选配箱式冷藏运输车 1 辆，加装冷藏设备，温度范围 2～6℃，体积 800～3 000 升。

③样品冷藏柜，2 台，容量 1 000 升以上；可选配样品冷藏库，1 间，面积：15～50 米^2，制冷量：3～6 匹。

④流量计及自动流量计校准仪

流量计材质：Polyulphon 材质，耐腐蚀性，耐热配备性，质地坚固透明。

流量计自身最好配备样品取样功能。

产品需通过国际畜牧业计量协会（ICAR）认证。

世界著名流量计包括以下几种，具体参数见表 5-1。

表 5-1　世界著名流量计及其参数

制造商及产地	设备	控制单元	计量手册	自动校准
A B Manus ［瑞典］	Manuflow 2 Manuflow 21	Multiflow		有
	Opticflow	IMC		有
Afimilk ［以色列］	Afiflo 2000			
	DataFlo［Fullwood］		有	有
	Afiflo 9000			有
	Full Flow MM85/MM95		有	有
Agro - Vertriebsgese- llschaft GmbH ［德国］	Favorit Typ International	AF9		

（续）

制造商及产地	设备	控制单元	计量手册	自动校准
Boumatic International ［美国］	Perfection 3000 Smart Control Perfection Metrix 3000	Provantage TouchPoint ViewPoint	有	有
DeLaval AB ［瑞典］	Delpro MU480 Flo－Master 2000 MM15 Flo－Master Pro	Delpro MU480 Alpro	有 有 有	有 有 有
Foss Electric Co. ［丹麦］	Milko－Scope MK II		有	有
GEA Farm Techno- logies GmbH ［德国］	Metatron MB	Dematron 75/ Metatron S21	有	有
Germania ［美国］	Essential Afi－Lite［Afimilk］			有
Labor－und Mess- gerate GmbH ［德国］	Pulsameter 2	Free Way ［MELOTTE］/ MAS Deluxe ［ITEC］/Milk Point Vision M37 ［PANAZOO］		有
Surge ［美国］	DairyManager	InFarmation	有	有
Tru－Test Ltd. ［新西兰］	Electronic Milk Meter ［EMM］/SB Auto Sampler/SBEzi－ Test/WB Pull－Out［HI］		有	有
Waikato Milking Systems NZ Ltd ［新西兰］	MKV/SpeedSampler		有	有

5.2.1.2.2 测定设备及配套设施

①乳成分及体细胞联机分析仪，1台。

检测速度为 200～600 个/小时。

检测指标包括乳脂肪、乳蛋白、乳糖、非脂乳固体、总固形物、pH、冰点、体细胞数等，通过 IDF 或 ICAR 认证，应满足 NY/T 1450 中规定的仪器设备要求。

②电子天平，1～2台。

量程为0～220克，可读性为0.1毫克。

③电热恒温水浴锅，2台。

带循环装置，使各部分温度均衡。

控温范围：室温＋8～100℃。

最小分辨率：0.1℃。

恒温波动度：±1℃。

④电热鼓风干燥箱，2台。

控温范围：室温～200℃。

最小分辨率：0.1℃。

恒温波动度：±1℃。

⑤洗涤槽，2～6个。

⑥冰箱（柜），1～2台。

⑦纯水发生仪，1台。

产水量0.8～1.2升/分钟。

可生成纯水与超纯水两种水质。

含双波长石英紫外灯。

5.2.1.2.3　容量器具　量筒（25毫升、100毫升、500毫升）。

5.2.1.2.4　网络设备

①数据处理服务器1套，计算机2台。

②DHI数据电脑保密系统及内部运转网络，1套。

③奶牛DHI报告自动分析软件，1套。

以奶牛生产性能测定（DHI）数据为基础，通过计算数据库中的所有数据，对泌乳牛及后备牛生产性能进行运算，推算出奶牛矩阵式动态标准体系。

根据奶牛当次DHI检测数据，对照矩阵式动态标准体系，对泌乳牛生产性能进行量化评分，找到存在的问题，生成DHI报告。

④网络安全设施和软件，1套。

5.2.1.2.5　办公设备

①计算机，若干台，包括不间断电源。

②打印机，若干台。

③传真机，1台。

④扫描仪，1台。

⑤空调，若干，壁挂式、立式或中央空调；南方，必要时配置除湿机1～2台。

5.2.1.2.6　清洗消毒设备

①超声波清洗仪，1～3台。

频率45～80千赫兹，可调。

温度范围1～80℃，可调。

时间1～480分钟，可调。

②喷淋式消毒器或移动式紫外消毒器 2 套。

5.2.1.2.7 废弃样品收集处理装置 1 套，容积不小于 300 升。

5.2.1.3 扩展功能的设备设施

5.2.1.3.1 常规法乳成分检测设备

①凯氏定氮仪：普通样品测试为 3～8 分钟/个，范围为 0.1～280 毫克。

②脂肪测定仪：测量范围为 0.1%～100%，溶剂为 70～90 毫升，温度 0～285℃。

③消化炉。

④离心机。

5.2.1.3.2 生物显微镜 1 台，用于校正样品中体细胞数，放大倍数不小于 400 倍。

5.2.1.3.3 牛奶尿素氮分析仪 1 套。

检测范围：0～50 毫克/分升。

精确度：CV<5%。

5.2.1.3.4 抗生素检测设备

①液相色谱分析仪，1 套，用于样品抗生素等的分析。

泵流速范围：0.01～10.00 毫升/分钟，流速精度：0.1% RSD，全流程耐压：6 000psi[*]。

紫外可见光检测器波长范围：190～700 纳米；带宽：5 纳米；波长准确度：±1 纳米；波长重现性：0.1 纳米；线性范围：<5% at 2.5AU；基线漂移：$1×10^{-4}$ AU/小时；基线噪声：$4×10^{-6}$ AU；最小检测浓度：萘 $2.7×10^{-10}$ 克/毫升。

②可选配抗生素测定仪，1 台。

波长范围：400～750 纳米。

测量范围：0～3.500A。

干涉滤光片标准配置：405 纳米，451 纳米，490 纳米，630 纳米。

分辨率：0.001A。

准确度：±0.5%。

线性误差：±1.0%。

重复性：≤0.5%。

稳定性：≤0.005A/小时。

测试速度：≤25 秒（单波长）；≤40 秒（双波长）。

5.2.1.3.5 微量元素检测设备 原子吸收仪，1 台。

5.2.1.3.6 微生物实验室配套设备 1 套。

①超净工作台。

②生化培养箱。

③高压灭菌锅。

④菌落计数器各 1 台。

⑤可选配细菌总数测定仪，1 台，分析能力：65、130、200 样品/小时，分析时间：9

---

[*] psi（磅/英寸²）为非许用单位，1psi=6.895 千帕。

分钟/样品，样品量：大约4.5毫升，样品温度：2～42℃。

⑥可选配荧光快速微生物鉴定/药敏分析系统。

⑦可选配全自动菌落成像计数分析系统，1台，其具体参数如下：

反射光源：54组环形白光LED灯。

LED透射光源：2组高通量LED灯；背景视野：暗色或明亮。

成像装置：带定焦透镜的CMOS镜头。

图像视野：97毫米×97毫米。

最小菌落大小：0.06毫米。

图像采集：真彩色，每像素24位。

图像分辨率：1 536×1 536像素。

电源：100/240伏交流电，50/60赫兹。

功率：40瓦。

工作温度：5～40℃。

工作相对湿度：10%～90%。

体积（W×H×D）：18厘米×36厘米×22厘米。

5.2.1.3.7 饲料成分及毒素测定设备

①常规营养成分测定设备：凯氏定氮仪、脂肪测定仪、原子吸收分光光度计、黄曲霉毒素测定仪等。

②可选配饲料快速检测仪，2台，具体参数如下：

波长范围：400～1 100纳米（Model 6500）；1 100～2 500纳米。

扫描速度：1.8次/秒。

噪声：1 100～2 500纳米小于$2×10^{-5}$AU。

检测器：硫化铅1 100～2 500纳米，硅400～1 100纳米。

工作温度：15～32℃。

5.2.1.3.8 酶联免疫检测仪 1台，用于妊娠检测、病源检测、抗生素检测。具体参数如下：

测量系统：8光道检测。

测量范围：0.000～4.000Abs；波长范围：400～800纳米。

分辨率：0.001A；准确度，±0.005A。

重复性：≤0.5%。

稳定性：±0.002Abs。

线性度：±0.5%。

5.2.1.3.9 气相色谱分析仪 1台，用于检测奶中的脂肪酸、黄曲霉毒素、残留兽药农药、瘦肉精等。

5.2.1.3.10 PCR扩增仪 2台。

样品容量：96×0.2毫升PCR管或者1×96孔PCR板8×12。

模块温控范围：4～99℃。

温控模式：三种温控模式——快速，标准，安全。

温度均一性（20～72℃）：±0.3℃。

模块温控准确度：±0.2℃。

温度均一性（90℃）：±0.4℃。

升温速率：4℃/秒。

降温速率：3℃/秒。

电源：230 伏，50～60 赫兹。

功率：950 瓦。

5.2.1.3.11　实时荧光定量 PCR 仪　2 台。

激发光源：石英卤钨灯。

检测器：扫描光电倍增管（PMT）。

多重检测：4 个光学通道，并提供用户选择的滤光系统。

加热系统：Peltier 的热循环加热模块。

内置芯片在断电或连接中断时自动保存数据。

样品量：96 孔高通量平台，反应体系 10～100 微升。

动力学范围：10 个数量级。

激发光范围：350～750 纳米。

发射光范围：350～700 纳米。

温度均一性：＋/－0.25℃。

温度精确性：＋/－0.25℃。

升降温速率：2.5℃/秒。

5.2.1.3.12　冷冻台式高速离心机　2 台。

最大相对离心力：定角转头 64 400×g。

水平转头：12 400×g。

最高转速：定角转头 30 000 转/分钟。

水平转头：12 200 转/分钟。

转头最大容量：定角转头 510 毫升。

水平转头：40 毫升。

速度设置：数字式，100 转/分钟步进。

速度显示：数字式，1 转/分钟步进。

温度范围：－20～40℃

最大热量输出：1.58 千瓦，5 400BTU*/小时。

最大噪声输出：≤65 分贝。

制冷系统：非 CFC 冷冻剂（R134A）。

驱动系统：无碳刷感应电机。

5.2.1.3.13　凝胶成像系统　用于 DNA 检测，1 套。

①硬件规格：

最大样品：28×36 厘米；

---

* BTU 为非许用单位，1BTU=1 055.056 焦。

最大图像面积：26 厘米×35 厘米；

激发光源：标准为 EPI 白光和反紫外线（302 纳米）；

探测器：冷却 CCD；

相机冷却温度：-30℃或可调；

图像分辨率：4 百万。

像素大小：6.45×6.45 微米。

像素密度（灰度值）：65 535。

大小：36 厘米×60 厘米×96 厘米。

②工作范围：

电压：110/115/230 伏。

温度：10～28℃。

湿度：<70%。

5.2.1.3.14　电泳仪　用于 DNA 检测。

5.2.1.3.15　奶样瓶传送设备　1 套。

全自动进样传送。

可按照测定指标自动分组。

奶样瓶使用后自动粉碎，可回收利用。

可进行条形码扫描。

5.2.1.3.16　乳成分分析仪全自动上样系统　需要特殊测定的奶样可以被特定地挑选出来，并存放在单独的传送带上。

如图 5-1。

图 5-1　需要进行特殊检测的奶样被放在单独的传送带

使用过的奶样瓶被清空后自动粉碎，如图 5-2。

可自动扫描条形码，如图 5-3，可与乳成分分析仪检测速度相匹配。

图 5-2　使用过的奶样瓶在清空后被粉碎，用于回收利用

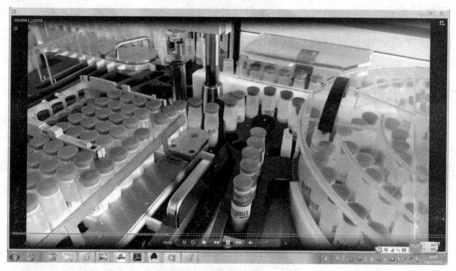

图 5-3　自动扫描条形码

6 奶牛生产性能测定实验室技术操作

实验室检测是奶牛生产性能测定工作最基础也是最核心的环节，实验室操作的规范程度、技术和管理水平的提高是测定数据准确可靠的重要保障。DHI测定数据是牛场进行科学管理的重要依据，也是我国奶牛育种特别是青年牛后裔测定成绩的重要数据来源，因此测定数据的准确性、可靠性和有效性至关重要。

奶牛生产性能测定实验室技术操作主要包括样品采集与运输、实验室检测、仪器常见故障及处理、实验室质量控制等四部分。

6.1 样品采集与运输

6.1.1 采样前准备

办公室应于每月中旬提前安排好下个月采样日程，于采样前2～3天通知牧场采样时间，保证其测试周期在25～33天之内，并与牧场负责人或采样人员取得联系，确保采样瓶按时送往或寄往牧场。每个采样瓶需添加防腐剂（保证所采奶样在15℃的情况下可至少保存3天，在2～7℃冷藏条件下可至少保存一周）。

6.1.2 采样

采样工作最好由第三方、专业的采样员完成；也可以由牧场的技术人员完成，但必须固定人员，定期进行培训、考核和监督，以保证采样的准确性和公正性。具体操作见4.2.1.3采样与送样。

6.1.3 样品的保存与运输

采样完成后，应及时将样品降温，装入可制冷的冷藏箱（或者使用泡沫保温箱，箱内放置冰袋等防止升温），尽快安全送达测定实验室，运输过程中需尽量保持低温，不能过度摇晃。

6.2 实验室检测

6.2.1 奶样检查

奶样到达实验室后，应作以下检查：奶样账单和各类牛群资料报表是否齐全；奶样状态是否正常（异物、腐败或打翻），一般样品损坏比例超过10%以上，将重新安排采样，奶样标识是否清晰明确；奶样账单编号与样品箱是否一致。若相关资料不全或有误，实验室应尽快联系牧场，确保数据准确无误。可根据样品检查情况对该牛场的奶样采集情况进行评分，作为牛场DHI工作考核的依据。

填写接样单并作为原始记录保存。

6.2.2 测定前准备

6.2.2.1 试剂准备及仪器外观检查

检查仪器所需试剂是否充足、是否在保质期内；检查仪器周边环境，轨道、探头等是否正常，是否有水渍杂物等影响正常运行。

配制检测所需试剂：

6.2.2.1.1 FOSS仪器

①Zero Liquid solution（调零液）。

S-6060浓缩液袋有10毫升和5毫升两种规格，在10升的蒸馏水/去离子水中加入1袋10毫升或2袋5毫升的S-6060，充分搅拌。

注意：配好后的调零液使用期限为1周。

②Rinse solution（清洗液）。

在10升的蒸馏水/去离子水中加入2袋S-470，充分搅拌。

注意：配好后的清洗液使用期限为1周。

③Foss Clean Kit（强力清洗液）。

取0.5克的FossClean Buffer，加入到500毫升去离子水中，搅拌或超声溶解，然后加入10毫升液体的酶制剂FossClean混合均匀，放入冰箱冷藏保存，7天内可以使用，使用时需要加热到40℃。

④FTIR Equalizer（平衡液）。

不需要配制，使用前需要放入冰箱冷藏冷却，开封后马上使用。平时也可以保存在冷藏冰箱中。

⑤DYE（染液）。

不需要配制，可直接购买到成品液体包装袋。打开仪器盖子及染液袋的盖子，旋转把手至释放位置（Release）使旧染液袋脱离，插入新染液袋并确认其正确插入，回转把手至操作位置（Operate）。做好染液更换记录并存档。

⑥Stock solution（基础液）。

Buffer/diluents（缓冲/稀释）液和rinsing/sheath（清洗/封闭）液都是用基础液再配制的。溶液可按不同的剂量配制。

500毫升Fossomatic Clean加入加热至60℃的蒸馏水中，定容到5升。

气密，避光，室温（<25℃下）可保存16周。

⑦Buffer/diluents solution（缓冲/稀释液）。

将一袋（354克）Fossomatic Buffer先溶解于1升的Stock solution基础液中，再注入适量蒸馏水（视容器大小），可在40～60℃水浴内加速溶解，最后加入蒸馏水定容到10升，混匀。

若购买的Fossomatic Buffer是88.5克包装，各种溶液量按比例减少。

Buffer/diluents（缓冲/稀释液）最长可保存3周。

⑧Rinsing/sheath Liquid/Blank solution（清洗/封闭/空白）液。

将 250 毫升 Stock solution 基础液溶于蒸馏水中，定容到 50 升，再加入 5 克 NaCl。

50 升溶液大约可测 5 000 样品，但最长使用时间不可超过 3 周。

如果用量少，可按等比例递减。

6.2.2.1.2　Bentley 仪器

① 染液/缓冲液（配 10 升可测 3 000 个样品）。

为了加速试剂溶解，建议使用加热和机械搅拌（50℃）。

往 10 升容器中倒入 3 升去离子水或蒸馏水。

用镊子夹一片 Glocount™ 染色片（250 毫克溴化乙啶）放入水中，搅拌直到溶解。

加入一包（约 85 克）缓冲粉，加入 10 毫升的 Triton X‑100，混合直到所有固体都溶解。

再加 7 升去离子或蒸馏水后彻底混合。

②清洗液/携带液（2%）。

在 FCM 流式细胞计数仪中，工作液被当成携带液使用并且被用作清洗液在 FTS、FCM 两台仪器中使用。在室温储存，需在一个月内用完。在每升去离子或蒸馏水中，加入 20 毫升的 RBS35 浓缩液。大量配制时，按比例相应增加 RBS35 和水的量。FCM 每天工作 8 小时，需耗费大约 4 升携带液。

6.2.2.2　奶样预热

按照恒温水浴锅的操作规程，控制温度在 42℃，（用经过检定的温度计来校验水浴锅的温度），将重复性检查样品、控制样、待测奶样（需预检查奶样是否适合仪器检测，有明显异物、变质等需剔除，避免损坏仪器，同时需填写异常奶样记录表，保存备查）放置于水浴锅中预热至（40±1)℃保持 10～15 分钟，不超过 20 分钟，待检。实验室检测流程见图 6‑1。

6.2.3　样品检测

6.2.3.1　FOSS 仪器

6.2.3.1.1　开机　开启 UPS，依次打开电脑、乳成分测定仪、体细胞计数仪的主机电源。

6.2.3.1.2　进入操作界面　在电脑完全启动后，双击 Start Foss Integrator 快捷方式，打开软件。单击对话框中 continue 键，进入系统。在系统对话框中输入密码，单击 ok 键，进入操作界面。

6.2.3.1.3　预热　在软件操作界面的工具栏中单击 online 键联机，进行仪器预热直到各个温度报警消失，这个过程根据环境的不同大概需要 1～3 小时。

6.2.3.1.4　进入待机状态　单击工具栏中 standby 键，使仪器进入待机状态。

6.2.3.1.5　设置及运行清洗程序　在左侧菜单中选择 New Job‑Rinse，将清洗程序加载到运行列表中，单击工具栏中运行键，完成每一步清洗，每个清洗程序至少进行 2 次。

6.2.3.1.6　进行零点检查　从左侧菜单中找到 Zero‑setting（调零），添加到工作任务，单击运行键进行调零。调零结果显示无色（默认仪器设定调零限值未做改动的前提下）或

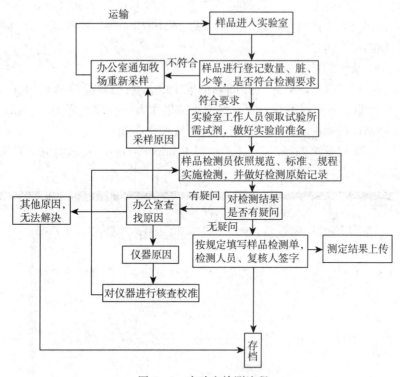

图 6-1　实验室检测流程

者不大于 0.03%，表示结果可接受。如果调零结果显示红色，不能直接点击接受，必须再次运行清洗程序，直到调零结果显示无色。填写零点检查记录表。

6.2.3.1.7　进行重复性核查　将已经预热好的重复性检查样品（可以是生奶样品，放置在一个烧杯中搅拌均匀，连续测定 10 次以上；也可以用 6 个控制样作为重复性检查样品，每个样品测定 3 次，将重复性核查和控制样检查合二为一）放置在轨道上，设置工作名称为 repeatability check，两种样品重复性检查的设置如下：①Job type 使用 Normal 程序，Total 输入 10，勾选 "Manual sample handling" 和 "Same sample"，开始测定；或者 Job type 使用 Repeatability 程序，Total 输入 1，测定次数设置为 10～20 次（Repeatability 程序一般默认每个样品测定 3 次，可在 Window-Settings-Job Settings 修改 Repeatability 的测定次数，最大可达到 20 次）。②Job type 使用 Repeatability 程序，Total 输入 6，默认每个样品测定 3 次，开始测定即可。

　　另外，IDF 128-2 中规定，DHI 实验室每周要做一次 20 个不同牛奶样品的重复性检查，且要求每个样品检测两次。

　　对重复性检查结果的判定按照本书 6.2.5.1 中 6.2.5.1.1 重复性核查的规定来进行，如果重复性检查结果超限，请检查样品的质量及均匀性，加强预处理，加热与搅拌，增加重复测试的数量。如果问题还存在，请寻求技术支持。

　　重复性检查必须每天都进行，并填写重复性检查记录表。

6.2.3.1.8　进行控制样检查　在检测工作开始前，必须先进行控制样检测，比较仪器数值与该批控制样标准值的差值是否在许可范围内；在检测过程中每隔 100～200 个样品使用 2 瓶控制样；在全天工作结束后也要使用 2 瓶控制样检查仪器的稳定性，以保证全天的检测结果都在控制范围内。

控制样的制作及使用见本书 6.4.3.6 中 6.4.3.6.1。

控制样在制作完成后，需要按等距间隔抽取 10% 左右的样品检测均匀性（样品数在 10 个以上），可按照以下步骤进行设置，将检测结果作为该批控制样的标准值，以便在检测过程中进行控制样自动检查的程序设置。具体操作程序如下：

①在 Window 下拉菜单选择 Setting，找到 Product setting 双击打开，首先复制一个程序，在程序上点击鼠标右键，选择 copy。

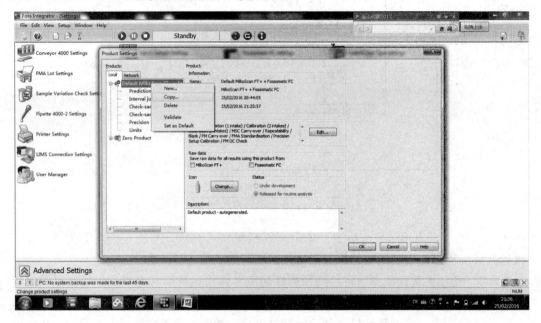

②并命名为 Check Sample。

③单击 Edit，打开 Select job type 窗口。

④这里只选择 Check sample 1，其他均不选，并点击 OK。

⑤打开 Prediction models，选择要监控的指标，例如这里选择 protein，Fat，cells，而且应该和平时测样的预测模型相同。例如，测样时用的是 Fat A，这里也应该选择 Fat A。

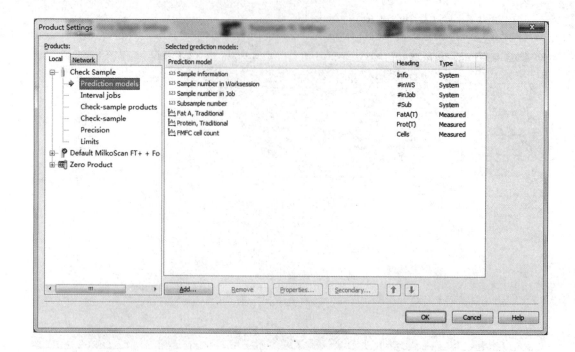

⑥然后打开 Limits，点击 Add，把这些指标加进来，OK 确定。

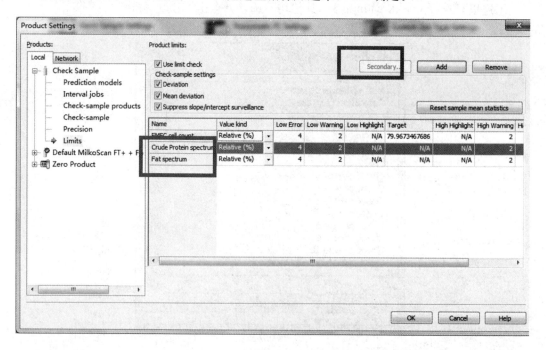

⑦测样程序，选择 Check Sample，Job type 选择 check – sample definition 1，输入要检测的控制样的个数，每个样默认测定次数是 3 次。

⑧将选取的控制样按规定程序预热后进行测量，完成后单击 Yes。

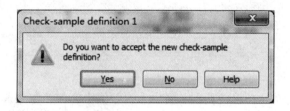

⑨然后到 Limit 界面（下图），可以对报警限进行设置（±0.04%）。

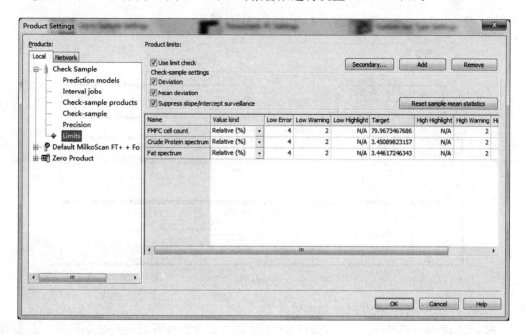

⑩然后到 Check－sample products 界面，在♯1 里选择 Check Sample。在测样过程中，在样品架上放上有金属环的控制样（可以自己在样品瓶上缠绕金属胶带使用），系统会自动识别成监控样品进行测试，此结果不会计入到测样所建工作的结果中。

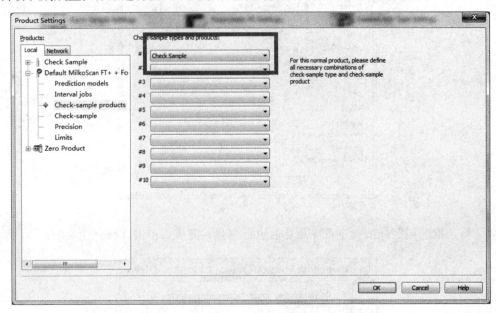

美国规定：控制样检查时，乳脂乳蛋白允许差值±0.05，如果漂移＞±0.03，需进行零点重置（即重新运行调零程序，对调零结果直接接受），并做好控制样检查和零点重置的记录。美国控制样测定记录表样式如图 6-2 所示。

控制样测定记录

实验室：_____ 日　期：_____
仪器编号：_____ 技术员：_____

乳脂	乳蛋白		体细胞数	−7%	+7%

*乳脂乳蛋白允许差值±0.05，如果漂移>±0.03，需零点重置。/

时间	乳脂	乳蛋白	SCC Red	SCC Blue	操作员：_____
					说明：零点重置：（是/否）____
调零计数					
差　值					

时间	乳脂	乳蛋白	SCC Red	SCC Blue	操作员：_____
					说明：零点重置：（是/否）____
调零计数					
差　值					

图 6-2　控制样测定记录

6.2.3.1.9　关于测样之间清洗和调零的设置

对于 MilkoScan FT＋，可以设置测样之间自动清洗，也可以设置自动调零。一般每测 100 个样品进行 Rinse 清洗步骤，每测 200 个样品进行 Purge 清洗步骤并调零。对于 Fossmatic FC，仪器每测定一个样品，都会自动清洗一下流路，这已经固化在程序中，不需要额外设置。

FT＋设置步骤如下：

①选择 Rinse（注意，测样之间清洗选择 Rinse，不要选择 Purge），选择 Pause before this job，点击 Add to Joblist。

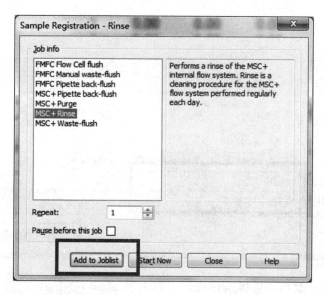

②选中这个程序，点击鼠标右键，选择 save job sequence。

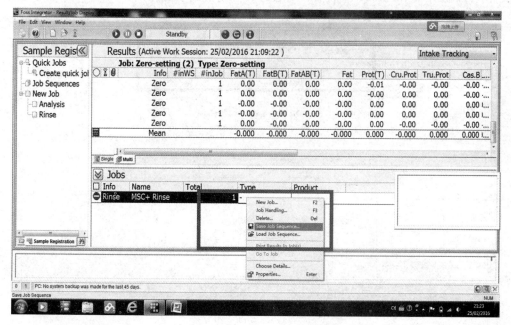

③命名并保存。

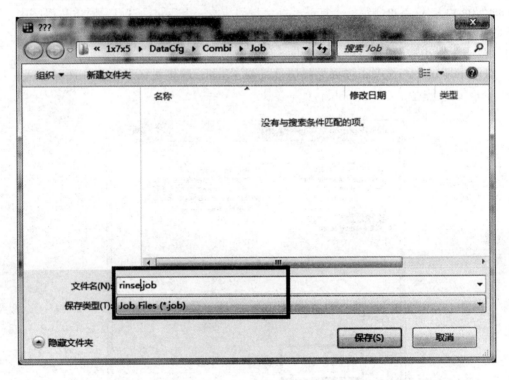

④选择 window 菜单，选择 setting，并双击 product setting，点击 Interval Jobs，选择 Interval Job A，填写希望多少个样品清洗一次，默认为 100，并把 Enabled 打上对勾。

也可以在 Interval Job B 里设置调零程序，和清洗的步骤相同。

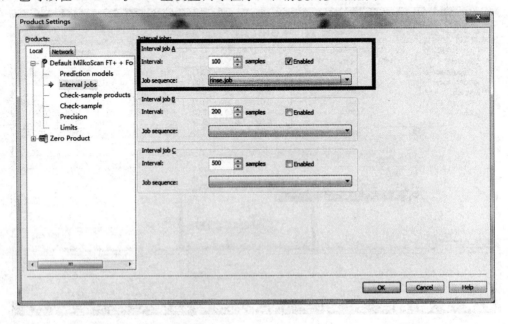

6.2.3.1.10 **进行样品测定** 将预热好的待检样品取出混匀，至少上下颠倒 9 次，水平振摇 6 次，使样品充分混合均匀，按顺序放入样品轨道上。在左侧菜单栏双击 Analysis 打开窗口，输入名称，数量，测样方式等信息（样品信息要与接样单和样品检测顺序相对应），点击 add to joblist。单击 start 运行键，进行检测。检测过程中要注意：①自动清洗、调零及控制样检查操作结果，应做相应处理并记录，②异常样品及异常检测结果，做相应处理并记录，如剔除样品、重新检测等，需要及时向主管汇报征求处理意见。

6.2.3.1.11 **检测结果保存及上传** 检测工作结束后，将检测结果建档保存，文件夹命名要能准确反映该批样品的属性，至少要标明牛场名称或编号、样品批次或起止牛号（同一牛场的样品量太多，必须要多台仪器或多天检测）、检测日期等，保证不会造成混淆不清，并按照中国奶业协会要求的格式使用规定软件上传。

6.2.3.1.12 **工作结束后清洗** 请参照 6.2.6.1；如果需要强力清洗，请参照 6.2.6.1。
建议先清洗乳成分仪器再清洗体细胞仪器。

6.2.3.1.13 **关机** 清洗结束后单击 Stop，使仪器进入 Stop 状态。单击 Offline 中断电脑与仪器的连接。关闭仪器及电脑电源，关闭 UPS。如果第二天有样品需要检测可以关闭软件，但保持 MilkoScan 开机状态。

6.2.3.1.14 拿掉传送轨道的上盖。用湿布清洁轨道表面、取样器部分和周围的其他部件。把盖子放回去。

6.2.3.1.15 处理检测后的样品，清理废液桶。对环境有危害的废液需要单独收集，存放在规定位置，专人管理并填写相关记录；最后集中交由无害化处理公司进行处理。

6.2.3.2 Bentley（本特利）仪器

6.2.3.2.1 **开启电源** 开启 FTS 和 FCM 主机身后开关，机器正面 POWER 旁红灯闪烁。

6.2.3.2.2 **开启计算机** 开启计算机和显示器，等待计算机进入 WINDOWS 界面，机器预热。

6.2.3.2.3 **进入测试工作站** 双击应用程序 $\boxed{\text{Bentley FTS FCM}}$，机器自检两分钟，弹出用户名与密码窗口，用户名为 lab，密码为 lab。进入 $\boxed{\text{Bentley LIM Software}}$ 对话框，机器将预热近 15 分钟，等待相应的温度全部达到标准，此时可水浴加热蒸馏水与清洗液。检查所有的图标显示是否正常，绿色打对勾为正常，红色为正在预热（$\boxed{\text{Cell}}$、$\boxed{\text{Base}}$、$\boxed{\text{Homo}}$、$\boxed{\text{Rsvt}}$、$\boxed{\text{Duct}}$、$\boxed{\text{RH}}$、$\boxed{\text{RSI}}$、$\boxed{\text{CNTR}}$、$\boxed{\text{Shealth}}$、$\boxed{\text{Dye}}$ 温度值图标全部画对勾，旁边显示具体温度，$\boxed{\text{Bath}}$ 可以不画对勾）

6.2.3.2.4 **试剂准备** 检查试剂是否备足：包括乳成分测定仪的调零液（蒸馏水）、体细胞测定仪的染色液（DYE），清洗液（WS）。检查机身后"In"，"Hi out"，"Low out"，"out"接口是否与机器连接完好，检查出水管另一端是否连接出水口。

6.2.3.2.5 **清洗仪器** 用 250 毫升的 40℃ 左右的清洗液清洗，将空气排出系统，检查有没有漏液，确保仪器软件和硬件运行正常，排出任何残留物和杂质。
用烧杯将适量清洗液放在吸样管下端（洗液经过 42℃ 水浴加热），将清洗液加热到

40℃左右，点击图标 Routine （程序左下角），点击图标 Continuous Purge 自动清洗，当烧杯中清洗液用完，机器可自行停止清洗工作（点击 Cancel 随时终止清洗程序）。再用蒸馏水进行同样操作。每测 200 次样品清洗一次。

6.2.3.2.6　彻底清洗　将一空瓶放在吸样管下端，在 Bentley LIM Software 对话框点击图标 Routine ，再点击图标 Back flush ，待喷出完毕后将废液倒掉。

用烧杯将适量清洗液放在吸样管下端（洗液经过 42℃水浴加热），点击图标 Routine （程序左下角），点击图标 Continuous Purge 自动清洗，用蒸馏水进行同样操作。

6.2.3.2.7　调零操作　本特利（Bentley）仪器不需要任何调零液，用蒸馏水即可实现调零。在 Main 对话框下，点击图标 Zero ，机器进行自动调零操作。（如果未调零成功，可点击图标 Zero 进行多次调零工作，直至结果满意为止）。在 Bentley LIM Software 对话框下点击右侧 Zero History 可以查看历史记录。

在吸管下的烧杯里放 150 毫升加热到 40℃的蒸馏水，最少清洗 10 次，调零，测 10 个水样，确保结果都在 0.01 范围内，一般都是 0 值。

6.2.3.2.8　质控活动

①准备工作：每天开始检测前的准备工作包括仪器检查、零值检查、重复性、准确性检查等。

A. 水浴加热，温度设定为 42℃，奶样、清洗液、蒸馏水等都加热到 40℃。

B. 检查外部容器，需要时加上适量的调零用的水、携带液、染液等。

C. 打开所有要测的仪器（建议成分仪常开）。

D. 需要时启动仪器（体细胞有自动苏醒功能）。

E. 等待 15 分钟，让仪器、激光完成预热，体细胞能自动完成这个程序。

②零值检查：成分的零值必须小于 0.03，体细胞的零值应符合仪器厂家的标准，如果零值不正常，应该在清洗后重新测定，重新设定零值应该加以记录，仪器的软件会自动记录。重复性测试。

③重复性核查：在吸管下放置 150 毫升预热到（40±1）℃的新鲜生奶样品，连续测定 10 次以上。

④控制样检查：在加热的水浴中放 6 个控制样，每个控制样测定 3 次。

⑤当前面的准备工作都顺利完成后开始检测，样品放置在加热的水浴中，必须控制水浴的温度，以保证样品在一定的时间内加热温度在 40～42℃之间，样品在水浴中不应超过 20 分钟。

A. 每天测定样品之前，在检测过程中每隔 100～200 个样品，完成一天工作之后，均需要进行控制样测定；

B. 进行"6.2.3.2.9 定义测定任务""6.2.3.2.10 自动测定"；

C. 控制样数量为 2；

D. 每个控制样检测次数为 3 次；

E. 每2～4小时应该用500毫升的清洗液彻底清洗仪器，每小时进行零值检查。

每小时检测一次控制样，如果控制样结果异常，应该在清洗后重新测定，如果控制样结果仍不能接受，应该关机检查。只有控制样的结果正常，所测定的样品的检测结果才有效。

6.2.3.2.9 定义测定任务

在 Main 对话框点击图标 Batch 建立一个批次，进入 Batch/Group Identifications 对话框。

在 Identification 下输入批次名称 MC 。

在 Samples 下输入样品数量 SL 。

在 Batch date 下输入待测样品批次日期 RQ 。

在 Lab Date 下输入实验室日期 RQ 。

在 Batch Type 下选择样品检测类型为 Normal 。

在 Number of repeats 下选择每个样品的检测次数 CS 。

点击 Using the FTIR ， Using the Somacount ， Autosample Rack Advance 前方空白方框，使其画勾。

点击 OK ，退出 Batch/Group Identifications 对话框，退出后来到 Main 对话框。

6.2.3.2.10 自动测定
点击相应名称批次文件，将样品放在测样轨道，点击图标 Automatic 进行自动测样。测样完成后必须点击图标 sampler ，再点击图标 Eject 使样品移到轨道尽头，切勿自行拿下（原因详见"6.2.3.2.11 样品轨道操作"）。每天的工作完成后，都要进行彻底清洗。

6.2.3.2.11 样品轨道操作
在 Main 对话框，点击图标 sampler ，进入 Sampler interface 对话框。

点击图标 Eject 使样品移到轨道尽头。

点击图标 Next 使测定样品时进入下一个样品的测定。

点击图标 Advance 弹出窗口输入数字决定从一排样品中的第几个样品开始测定，点击图标 OK。

点击图标 Reload 可使样品移回轨道初始端。

点击图标 Sample 可移动单——一个空瓶到吸样管下端。

6.2.3.2.12 休眠状态
完成工作后，24小时之内还会使用机器，可将机器进入休眠状态。在仪器吸管下放置40℃的清洗液，最少用500毫升的清洗液彻底清洗，在吸管下放置40℃的蒸馏水，最少用100毫升的水冲洗管路，将清洗液彻底冲洗干净，仪器进入待机状态。在 Bentley LIM Software 对话框点击图标 Routine ，点击图标 Standby ，15分钟仪器进入休眠状态，之后关闭显示器，机器成功进入休眠状态。

下次开启时，先打开显示器，在 Standby 对话框点击图标 Ready ，机器照常开启。

6.2.3.2.13　关机　在长时间不用仪器的时候（周末），在 Bentley LIM Software 对话框点击 X ，点击 YES 退出测试工作站，退到 WINDOWS 桌面。

右键点击屏幕右下角图标 Min FTIR ，弹出 show main form ， Exit application 对话框，点击 Exit application 。彻底关闭测试程序。

在 WINDOWS 桌面点击图标 start ，点击图标 turn off computer ，点击 turn off 。

关闭显示器，关闭 FTS 和 FCM 开关。

6.2.4　未知样检查及仪器校准（定标）操作

6.2.4.1　未知样检查

当标准物质制备实验室的未知样到达后，一旦签收要立即冷藏。根据样品分析的一般程序来检测乳成分 12 个样品，体细胞 5 个样品，每个样品检测 2 次。打印乳脂肪、乳蛋白、乳糖、体细胞的分析结果，计算两次检测结果的平均值作为结果。

建议：在未知样检测前，运行清洗、调零、重复性核查、残留核查、均质效率核查等程序，所有性能正常再进行未知样检测，这样才能避免因仪器异常导致未知样检查结果的偏差。

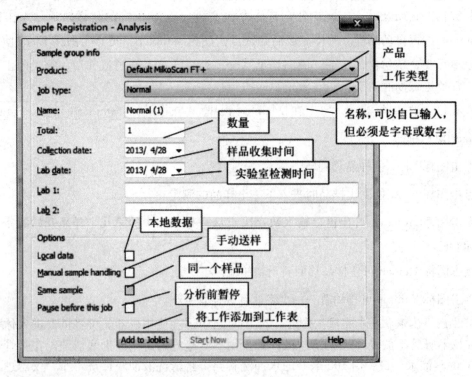

进入中国奶牛数据中心网站输入用户名和密码登录中国荷斯坦牛育种数据网络平台，

将结果键入"未知样数据"保存。

实验室应及时登录 DHI 未知样检测与管理平台，查看本月的未知样检查分析结果，下载打印相关图表并作为实验室质量控制记录予以保存，分析仪器状况并采取相应措施。DHI 未知样检测与管理平台说明请参阅本书"7.2 奶牛生产性能测定未知样及校准数据处理"。

美国未知样检测程序要求：乳成分设备未知样检测结果的平均差值不超过±0.04%，差值的标准差不超过 0.06%，滚动平均差值不能超过 0.02%。体细胞设备平均百分比差异在 5% 之内，标准偏差在 10% 以内，滚动平均差值不能超过 5%。如果前 4 次未知样检测结果中有 3 次超出规定标准，则该实验室需要停业整顿。

6.2.4.2　FOSS FT＋乳成分分析仪校准（定标）操作

6.2.4.2.1　仪器标准化程序（在每次仪器校准前进行）

①前期准备：

A. 开机预热至仪器达到稳定状态。

B. 运行仪器的清洗，至达到规定要求。

C. 将标准平衡液（FTIR Equalizer）从冰箱中取出后放置于轨道上。

②仪器标准化程序操作：

A. "Standby"状态下，在操作界面左边框"Sample Registration"中找到"New Job"，单击选择"Analysis"，打开"Sample Registration - Analysis"窗口。

B. 在窗口中"Sample group info"下"Job type"选择"MSC＋ Standardisation"。

C. 点击"Start Now"后，开始。

D. 点击"OK"，接受结果。

E. 仪器标准化结束后，运行一次 Purge 清洗程序，再运行一次调零程序后即可进行校准操作。

6.2.4.2.2　校准程序

①前期准备：

A. 开机预热至仪器达到稳定状态。

B. 样品放置 42℃水浴中预热至（40±1）℃，保持 10～15 分钟，最长不超过 20 分钟。

C. 运行仪器的清洗、调零程序，至达到规定要求。

D. 运行仪器标准化程序。

E. 预热好的样品至少进行上下颠倒 9 次，水平振摇 6 次，使样品充分混合均匀，放置于轨道上进行测定。

②标准样品仪器值测定：

A. "Standby"状态下，在操作界面左边框"Sample Registration"中找到"New Job"，单击选择"Analysis"，打开"Sample Registration - Analysis"窗口。

B. 在窗口中"Sample group info"下"Job type"选择"Calibration（3 intakes）"，"Total"后文本框中填写待测标准样品数量。

C. 点击"Add to joblist"后，开始测样，测完在弹出对话框输入文件名＊＊并保存文件，例如文件名命名为 CAL 年年月月日日。

③定标样品参考值输入：

A. 在工具栏上找到"Window"下"6 Calibration"，打开"Open Sampleset"对话框，选择上一步保存的＊＊（如 CAL 年年月月日日）文件打开，在表格中将乳脂、乳蛋白、乳糖的参考值按照样品编号依次输入到表格中的"Fat（％）""Prot（％）""Lact（％）"（不同仪器此处标示不完全相同）。

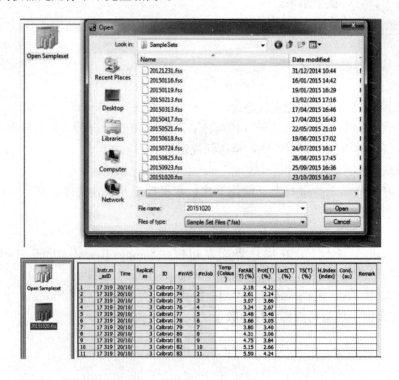

B. 输入后点右键选择 close，会提示保存，选择保存。

④运行仪器校准程序：

A. 在工具栏上找到"Window"下"3 Settings"，打开"Product settings"对话框，点击正在运行中的仪器模块"MilkScan FT+"（根据自己仪器中设定的名称不同），单击"Prediction Models"。

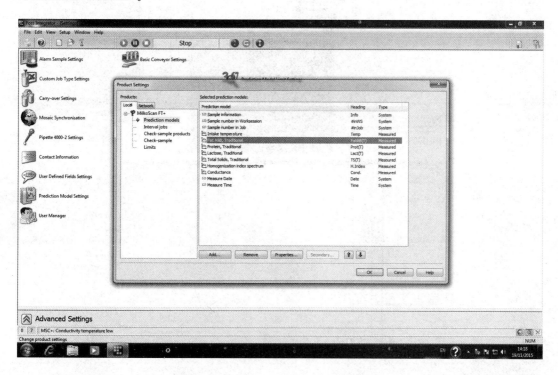

B. 在右侧"Selected prediction models："中找到"Fat，Traditional"（不同仪器标示不相同），双击打开"Fat，Traditional Properties"窗口，单击"Slope/Intercept"。

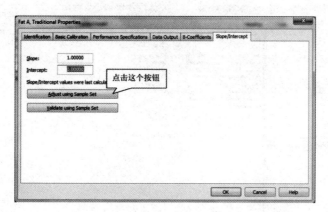

C. 点击"Sample Set"按钮，选择"Open …"，打开步骤 3.2 中保存的文件，会跳出"Select Reference Component"对话框，双击"FatAB（T）"。

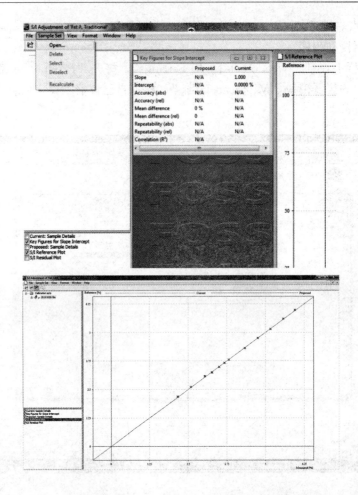

D. 在 "Key Figures for Slope Intercept" 复选框前打对勾，观察精确度 "Accuracy （abs）" 值和 "Correlation （R^2）" 值。

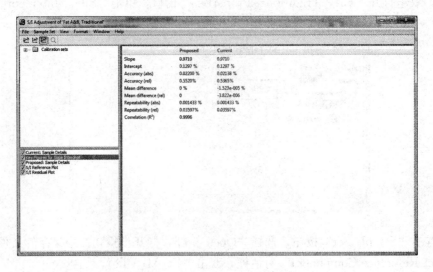

E. 校准结果判定：首先观察准确度"Accuracy（abs）"值，一般情况下，"Accuracy（abs）"值范围应在该成分值的 1% 以内〔如脂肪含量为 3.4%，则 Accuracy（abs）0.034% 以内，依次核查每个校准点的 Accuracy（abs）值〕；然后观察"Correlation（R^2）"值是否接近 1，R^2 值应不小于 0.999 0。〔注意：不能为了满足"Correlation（R^2）"达到 0.999 0 以上而轻易删除数据点，这样会影响不同实验室间测定数据的可比性。〕

F. 如不符合要求，在"S/I Reference Plot"复选框前打对勾，在曲线图中找到⊗显示点的样品编号〔仪器判别标准是：如果该样品的预测误差大于 2～2.5 倍的 Accuracy（abs），则在此数据前显示⊗〕，在对输入值、标准物质的质量、仪器工作状态是否正常等进行认真检查后，再检查该数据点的预测偏差是否明显大于该成分浓度的 1%。如果经以上确认后确实为"出局点"，可将此样品在"Calibrational sets"列表下剔除。如 #8 样品需要剔除，则在左侧列表中找到并点击 #8，然后右键选择"Deselect"剔除。

从样品集合中删除不合格样品的最大数目不能超过样品集合样品数目的 15%，例如 12 个样品的集合，最大删除的不合格样品个数为 1.8 个，即最多删除 1 个数据点；如果多于 15% 的数据点的误差大于对应浓度的 1%，则需要补充新的样品来弥补样品集合，直到满足要求。

G. 点击 OK 保存。

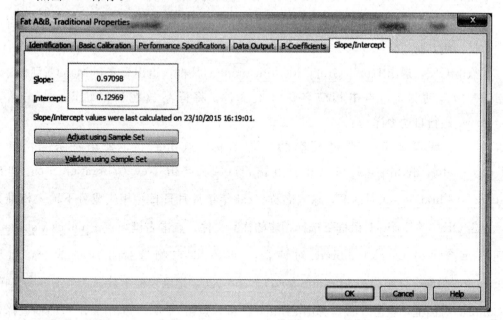

H. 再次打开"Fat，Traditional Properties"窗口，单击"Slope/Intercept"，检查斜率、截距是否已经改变，数据发生变化说明校准成功。

乳蛋白、乳糖的校准与乳脂肪一致，相应选择 Prot、Lact 即可。

⑤校准结束：校准结束后，仪器即可用于 DHI 样品测定。

最好再复测一次该套标准物质，看仪器检测值是否与参考值无限接近。

6.2.4.3　Bentley NexGen－500型仪器校准（定标）操作

6.2.4.3.1　校准前核查　校准前建议做均质效率核查，残留核查，零点核查和重复性核查，以确保仪器工作正常。

6.2.4.3.2　自动清洗仪器　在校准之前用烧杯将适量清洗液放在吸样管下端（洗液经过42℃水浴加热），点击图标 Routine （程序左下角），点击图标 Continuous Purge 自动清洗。随后点击图标 Zero ，机器进行自动调零操作。

6.2.4.3.3　将校准样品进行测定

①在 Main 对话框点击图标 Batch 建立一个批次，进入 Batch/Group Identifications 对话框。

②在 Identification 下输入批次名称（CAL 年年月月日日）。

③在 Samples 下输入样品数量。

④在 Batch date 下输入待测样品批次日期。

⑤在 Lab Date 下输入实验室日期。

⑥在 Batch Type 下选择样品检测类型为 Normal 。

⑦在 Number of repeats 下选择每个样品的检测次数为 3 次。

⑧点击 Using the FTIR ， Using the Somacount ， Autosample Rack Advance 前方空白方框，使其画勾。

⑨点击 OK ，退出 Batch/Group Identifications 对话框，退出后来到 Main 对话框。

⑩开始自动测定，点击相应名称批次文件，将样品放在测样轨道，点击图标 Automatic 进行自动测样。

6.2.4.3.4　数据记录　选择校准的文件名称，点击右键，弹出任务条，点击 reference date ，弹出 New 对话框。点击 Tools ，点击 New Calibration Set ，弹出 Name of calibration set 对话框，输入名称（cal 年年月月日日）相应成分下输入校准数值，点击 OK 。在 Main 对话框下选择相应的样品文件，点击右键，点击 Quick Calibrate 快速校准。弹出 Quick Calibrate 对话框，在 Field 右侧选择相应的成分，出现 Regression 画面，标题为 Calibration for Fat （n＝X），记录表格中数据。点击 Save ，弹出 Confirm 对话框，点击 Yes 。弹出 Print 对话框，点击 Save ，弹出 Save 对话框选择要存入的文件夹（C：\ jiaozhun）（在 Filename 下输入文件名称，在 Save as type 选择保存文件的类型），输入批次名称，用 RTF 类型进行保存，点击 Save 进行保存。点击 Close 再点击 Close 退出。

6.2.4.3.5　保存记录　将校准核查文件保存在校准文件夹中。

6.2.4.3.6 结果不符合的响应（如果适用）：

如果在许可范围之内，不用采取任何措施；

如果超出了许可范围，再运行一次校准核查；

如果仍然超出许可范围，仪器操作人员应向 Bentley 公司技术代表咨询。

校准是对仪器的调整，其结果的准确性取决于输入的一定的范围内的参考值。校准的目的是为了使仪器的检测值更接近测量的实际结果。仪器产生的数据代表了所测量的响应值，例如电压、计数等。通过校准，就将这些测量值转化成为更具有意义的数据来代表牛奶成分的结果。

6.2.5 仪器性能核查

6.2.5.1 乳成分分析仪的性能核查

6.2.5.1.1 重复性核查

新鲜的生奶预热到（40±1）℃，至少连续检测 10 次。

乳成分检测中，剔除第一次检测结果来去除残留影响，剩下结果中最高的值和最低的值之间不超过 0.04％则认为是合格。［FOSS 仪器默认的重复性检查的限定值为：CV（变异系数）＜ 0.5％ 脂肪、蛋白、乳糖、乳固体；SD（标准差）＜ 1.5 毫克/分升尿素氮。］

重复性检查必须每天都进行，当遇到问题时也必须进行检测。另外，IDF 128－2 规定：每周还要做一次 20 个不同牛奶样品，每个样品检测两次的重复性检查。

6.2.5.1.2 均质效率核查

①FOSS 仪器：

A. 将生鲜乳放入烧杯中，烧杯放入水浴锅中，温度预热到（40±1）℃，保持 10～15 分钟，搅拌均匀。

B. 将预热后的生鲜乳放置在吸液管下，手动测定 4 次，清空废液。

C. 将 Discharge Tube（废液管）断开，收集 20 个手动测量样在一个干净的烧杯（烧瓶）中。

D. 重新连接 Discharge Tube，清洗仪器一次，将收集到的奶样升温到（40±1）℃保持 10～15 分钟，搅拌均匀，手动测量 6 个样品。

E. 将最先测量的 20 个样品中最后 5 个脂肪数据和 6 次重新测定中最后 5 个读数输入仪器均质效率工作表。通过比对原始样品检测最后 5 次结果的平均值与搅拌后样品检测最后 5 次结果的平均值，其绝对差值不超过误差许可值。也可以用（$A_1－A_2$）＜（A_2 × 1.43％）计算。

· 如果在许可范围内（IN），不用采取任何措施；

· 如果超出许可范围（OUT），再运行一次均质核查；

· 如果仍然是 OUT，管理员需要清洗均质器和膜阀片，再运行一次均质核查。

· 如果仍然是 OUT，管理人员应咨询仪器工程师。均质器更换或维修后需要再次进行校准检测。

表 6-1 仪器均质效率工作表

仪器均质效率工作表
每月校准前进行

实验室：		仪器编号：	
仪器操作员：		日期：	
生鲜奶第一次测定		生鲜奶重新测定	
1 2 3 4 5		1 2 3 4 5	
平均值一（A_1）		平均值二（A_2）	
			状态 （IN or OUT）
A_1-A_2 许可误差值		确认误差是正确的	

脂肪含量	误差许可值
2.50	0.035 8
2.60	0.037 2
2.70	0.038 6
2.80	0.040 0
2.90	0.041 5
3.00	0.042 9
3.10	0.044 3
3.20	0.045 8
3.30	0.047 2
3.40	0.048 6
3.50	0.050 1
3.60	0.051 5
3.70	0.052 9
3.80	0.054 3
3.90	0.055 8
4.00	0.057 2
4.10	0.058 6
4.20	0.060 1
4.30	0.061 5
4.40	0.062 9
4.50	0.064 4
4.60	0.065 8
4.70	0.067 2
4.80	0.068 6
4.90	0.070 1
5.00	0.071 5

②Bentley 仪器：

A. 预热 150～200 毫升的新鲜生奶样品，测 5 次以冲洗管路（即扔掉前 5 次测试流出的奶样），继续检测 15 次，同时在废液管处收集排出的牛奶（即连续测试 15 次的牛奶排出废液），计算脂肪的平均值，作为原始样品的值。加热废液管处收集的牛奶，重新测定 5 次，计算脂肪的平均值，作为废液的值。

B. 原始样品的脂肪平均值和废液的脂肪平均值差别应该小于废液值的 1.43% 倍，例如：原始样品值＝3.25，废液值＝3.29，差值 0.04，计算 3.29×0.014 3＝0.047，通过。即（废液值－原始样品值）＜废液值×1.43%。

C. 结果不符合的响应（如果适用）：

如果在许可范围内，不用采取任何措施；

如果超出许可范围，再运行一次均质核查；

如果仍然超出许可范围，仪器操作人员需要维护均质阀。可通过均质效率识别坏的均质阀，如果结果没有任何差别，但脂肪的重复性非常差，说明均质阀有问题。如果牛奶通过一个好的均质阀，第二次均质不会改变均质效率。如果牛奶通过一个不好的均质阀，只能部分的均质样品，第二次均质会导致脂肪值的变化，从而导致均质效率的改变。清洗或更换均质阀后，再运行一次均质核查。

如果仍然超出许可范围，仪器操作人员应向仪器公司技术代表咨询。

美国要求均质效率必须每周核查一次，国内现阶段推荐每 2～4 周一次。

6.2.5.1.3　残留核查

①准备 10 瓶去离子水和 10 瓶生鲜乳（乳成分含量范围在 2%～6%）。

②将上述水样和奶样按水-水-奶-奶-水-水-奶-奶-水-水-奶-水-奶-水-水-奶-奶-水-奶-奶的次序放置在样品架上。

③ 将水样和奶样放置在水浴锅中升温到（40±1）℃。

④ 操作仪器进行样品测定，可以使用 Carry-over 程序进行测定，仪器自动计算残留 C_0。

⑤ 残留核查结果判定：

·若 C_0 值小于等于 1% 则不用采取任何措施。

·若 C_0 值大于 1%，则再运行一次残留核查；如果仍然大于 1%，管理员需要清洗管道、连接软管和取样器，更换干燥剂，用热的洗涤液清洗几遍，再运行一次残留核查；如果仍然大于 1%，管理人员应咨询仪器工程师。

美国要求残留核查必须每周核查一次，国内现阶段推荐每 2～4 周一次。

6.2.5.1.4　未知样核查

①当校准样品到达后，一旦签收立即冷藏，并按照样品分析的一般程序来进行未知样的检测。

②打印脂肪、蛋白和乳糖检测结果，并上报有关部门，并上传到未知样管理平台。

③收到参考值以后，在未知样核查记录表中输入该校准样品的参考值和仪器检测值，检查未知样数据的正确性，或者到未知样管理平台上查阅该次的未知样核查结果。

·如果在许可范围内（IN），可以不采取任何措施，但为了保证下一个月能够顺利通过未知样检查，建议进行校准；

· 如果超出许可范围（OUT），应使用标准物质制备实验室提供的参考值进行仪器校准。建议每2～4周进行一次定标校准。

6.2.5.2 体细胞分析仪的性能核查（FOSS）

6.2.5.2.1 重复性核查 使用新鲜的生乳并且体细胞值在200 000～800 000个/毫升的样品进行至少10次连续的测试。检测结果的平均值与每个样品之间差异应该在平均值的7%以内。

重复性核查必须每天都进行。当遇到问题时必须进行重复性核查。

6.2.5.2.2 残留核查

①准备10瓶去离子水和5瓶生鲜乳（体细胞数范围在750 000个/毫升以上）。

②将上述水样和奶样按奶-水-水-奶-水-水-奶-水-水-奶-水-水-奶-水-水的次序放置在样品架上。

③将水样和奶样放置在水浴锅中升温到（40±1）℃。

④操作仪器进行样品测定，FOSS仪器也可以使用FC Carry-over程序进行测定，仪器自动计算残留C_0。Bentley FCM可以分别对红区和蓝区进行检测。C_0值小于1%则不用采取任何措施。

6.2.5.2.3 仪器计数检验 仪器可以定期使用Fossmatic Adjustment Samples（FMA样品）来检验仪器计数的等级水平。建议每月进行一次。FMA样品可以检测仪器的状态是否良好，FMA样品里面的物质是模拟体细胞的一些微粒，很容易被染色，每一盒样品都会有一张光盘。点击Add...就可以把光盘里的内容导入，导入后当运行FMA Check程序时，软件就会自动把测量结果和光盘里的结果进行对比，如果不在范围内，将会产生一个报警。

进行FMA检测前需打开电脑FMA Lot Setting，检查光盘信息是否已经录入系统，如果没有需录入。在测样前把FMA样品摇匀，至少摇晃20次，打开job type选择运行FMA Check程序检测样品，运行程序得到结果，判定结果是否合格，出现黄色标记为不合格，可与FMA样品瓶上的标准值范围比对进行原始数据记录。

6.2.6 仪器维护管理

6.2.6.1 乳成分分析仪的维护

FOSS仪器的维护程序如下：

6.2.6.1.1 每天检测工作结束后的维护 每天保持仪器干净并处在干燥的环境中，内部流路中和废液桶里的废液要立即清理干净。

①把仪器设定到Stand-by状态。

②把分析结果传输到安全位置。

③放一杯加热到40℃的清洗液或者水在取样器下面进行10次测定。

④运行三次以上的各项清洗程序。

各类清洗程序及作用如下（其中FMFC代表体细胞仪，MSC代表乳成分分析仪）：

A. FMFC Flow Cell Flush

作用：清洗Flow Cell，在开始Flow Cell Flush之前先准备一杯40℃的清洗液（可以是S-470清洗液）放在取样器下面。Flow Cell Flush用于在关机前或任何Flow Cell需要清洗时（如DC值超范围时）。

B. FMFC Manual waste-flush

作用：清洗体细胞废液管，在开始前准备100毫升50～70℃的清洗液（可以是S-470清洗液）放在取样器下面，此清洗用于排废管路堵塞时，如通往废液桶的管路堵塞时。

C. FMFC Pipette back flush

作用：反冲洗体细胞取样管，运行前放一个空瓶在取样器下面，运行时仪器会泵出清洗液反冲洗取样管，液体会流到空瓶里。

D. MSC+ Pipette back flush

作用：反冲洗乳成分分析仪取样管，运行前放一个空瓶在取样器下面，运行时仪器会泵出清洗液反冲洗取样管，液体会流到空瓶里。

E. MSC+Purge

作用：清洗乳成分分析仪内部流路系统，Purge是普通清洗的扩充，比Rinse多清洗一次取样管，需要在取样管下放置清洗液，用于流路系统的排气或者加强清洗强度时使用。

F. MSC+ Rinse

作用：清洗乳成分分析仪内部流路系统，Rinse是普通清洗，强度比Purge小，仪器运行时要经常运行普通清洗。

G. MSC+Waste flush

作用：MSC+排废系统清洗，运行前准备500毫升热的清洗液，将一段管子一端放在清洗液里，另一端连到废液收集杯（仪器前面火柴盒大小的小白盒）处。

⑤把仪器状态设定到Stop状态，仪器将进行一个清洗程序。

⑥关闭软件，但保持MilkoScan开机状态。

⑦拿掉传送轨道的上盖。用湿布清洁轨道表面、取样器部分和周围的其他部件。

⑧把盖子放回去。

6.2.6.1.2　定期运行强力清洗程序　按要求配制强力清洗液。仪器在STOP状态进入Window选项的Diagnostics，右键乳成分部分（FT+为例是右键Mikoscan FT+ active），点soak，将配好的强力清洗液放在取样管下start。结束后可关机，保持一夜以后正常开机清洗。建议每周进行一次。

6.2.6.1.3　取样器过滤器的检查　过滤器的作用是阻止样品中的杂质被吸入仪器中，过滤器在测样时会自动清洗，但是还需要每天检查一下是否已经清洗干净，必要时可以用刷子清洁。

依据样品的成分和清洗液的质量，过滤器可能会沉积一些物质，是自动清洗无法去掉的。这可以导致样品吸入阻力增大，高压泵会报警，样品量也会减少。如果手动清洗不掉则需要更换。

例如报警："pressure stroke power low"就是高压泵吸样错误的一个报警。这就表明在高压泵和取样器间吸样阻力增大，首先要检查的就是取样器过滤器。

6.2.6.1.4　硅胶干燥剂检查　观察室干燥剂盒和干涉仪干燥剂需要每周检查。干燥剂的作用是阻止空气中的水汽进入光学传输空间的，保持这个空间的空气稳定。所以干燥剂盒要正确安装，每次打开更换后需要至少 6 小时才能达到光学传输空间的空气稳定。

干燥剂盒有水汽指示颜色，如果是蓝色的，则表明干燥剂正常不需要更换，如果变为粉色则需要更换。

干涉仪的干燥剂可以重复使用，当指示纸片变为粉色时可以把里面的硅胶倒出然后在烘箱里 120℃ 干燥 12 小时，也可以用微波加热几分钟。

注意：不能把整个干燥剂盒放入烘箱，因为外壳有的部分最多可以加热到 55℃。

6.2.6.1.5　蠕动泵管更换　乳成分分析仪有两个蠕动泵，分别是吸取清洗液，调零液和排废液用的。建议每 20 万个样品或者三个月更换一次。

注意：在更换时做好标记，防止安装错误造成仪器故障。

图 6-3　蠕动泵

6.2.6.1.6　注射器活塞更换　建议每 4～6 个月更换一次。

针筒：一般不需要更换。

活塞：染色剂活塞寿命 4 个月，样品注射器活塞 6 个月，测量注射器活塞 6 个月。

注意：更换前需要戴手套。

6.2.6.2　体细胞分析仪的维护

6.2.6.2.1　FOSS 仪器

①工作结束后清洗：参见 6.2.6.1。

②染液流路清洗：如果关机时间长于 7 天或

图 6-4　注射器活塞

仪器需要拆机运输前，需要清洗仪器染液流路，建议每月清洗一次。

A. 首先把仪器设定到"Stop"状态；

B. 在诊断界面（Diagnostics layer）在 Fossomatic FC 点鼠标右键选择额外清洗（Extended Rinse）；

C. 自动清洗清空程序开始运行，所有流路尤其是有染液的流路会进行清洗；

D. 清洗染液流路系统需要把染液更换为清洗液，也可以把清洗液装进用完的染液袋子；

E. 为了防止 buffer 液进入流路，把 buffer 吸液管放入 rinse/sheath 液桶；

F. 染液混合腔将进行 3 次清洗。

6.2.6.2.2 Bentley 仪器 如出现以下问题时:

①测水的值不是 0:

首先检查水的值是否重复性好,虽然不是 0;

如果蛋白质的值持续升高,说明样品室有残留,应该清洗仪器;

观察泵吸样是否正常;

检查主菜单上方图标 center burst (CNTR) 的值是否超过 10 000,超过则表示正常,反之不正常。

②测奶的值是 0:

检查是否误操作,测完奶后做了归零;

检查样品是否进了样品室;

检查主菜单上方图标 center burst (CNTR) 的值是否超过 10 000,超过则表示正常,反之不正常。

检查吸样量:从泵出来应该有 7.5 毫升/样,其中 5 毫升进废液管,2.5 毫升进样品室,从废液管出来的应该是 5 毫升/样,从样品室出来是应该有 2.5 毫升/样。

③如果仪器发生堵塞:

如果泵有吸样的声音,但样品没有吸进仪器,检查均质阀。

如果泵吸样正常,检查泵出来的吸样量,泵每吸一次是抽取 0.5 毫升,一般设置的是一个样品泵先吸取 10 次排到废液管,用于冲洗管路,这样就避免了上个样品的残留。然后吸取 5 次进入样品室,总共吸取 7.5 毫升。如果进样管堵塞了,就会使均质阀压力上升,泵吸入样的量下降。

如果泵的吸样量正常,说明进样管正常,然后检查样品室,如果样品室损坏,更换样品室,如果样品室正常,检查进样品室的管路。

④如果发生死机:

观察是否属于程序忙,如果属于程序忙,等待程序执行完命令;

如果程序停滞没有反应,退出程序,并关闭仪器,然后手动重新启动。

6.3 仪器常见故障及排除 (FOSS)

6.3.1 Accumulator normal timeout (成分)

原因是蓄能器 (accumulator) 液体未充满。

①重新做 1 次 purge;

②强力清洗;

③调整蓄能器 sensor。

6.3.2 DC Valve out of limit

一般比较黏稠的牛奶或者变质的牛奶会出现这个报警。

①确认样品是否有问题;

②多做几遍 Flow cell clean;

③强力清洗。

6.3.3 Int . RS empty

清洗调零液空。

①检查清洗液调零液桶是否有液体；

②检查蠕动泵管是否需要更换，更换时需用力拉一拉再安装。

6.3.4 Low / High concentrate waste container full

排废 Sensor 故障。

①如果确实没有排掉，更换蠕动泵管；

②如果里面没液体报警，拿试管刷清洁排废缸。

图 6 - 5　排废缸

6.3.5 在线过滤器有奶垢

在线过滤器的孔径是 flow cell 的 1/2 而且在自动清洗时会有清洗液反冲洗，但是有时候还是会有奶垢。可以拿注射器用去离子水冲洗。

图 6 - 6　在线过滤器

6.3.6 在测样过程中报警样品瓶空

如果有很多样品报空，则需要校正取样器高度及感应 Sensor。

附 FOSS 及 Bentley 仪器报警信息及处理

附表 1 FOSS 仪器常见报警信息、解释及处理
MilkoScan FT＋ （6000）

错误编号 (Error)	报警信息 (Text)	解释 (Explanation)	处理 (Operator action)
MSC003500	Accumulator full too soon	H30 _ V1 阀关闭时 accumulator 已经充满，意味着样品无法进入 accumulator	检查 H30 V1 阀功能。清洗系统，如果错误仍存在，联系 FOSS
MSC003501	Accumulator fill timeout	Accumulator 充满时间超过 360 毫秒，正常充满时间 90～110 毫秒	检查 H30 V1 阀和压力。清洗系统，如果错误仍存在，联系 FOSS
MSC003502	Accumulator leak	在 cuvette 开始充液前（CUV _ V2 阀打开），accumulator 离开充满位置	检查 CUV V1 - V2 - V3 和压力阀是否泄漏。如果错误仍存在，联系 FOSS
MSC003503	Accumulator normal timeout	accumulator 正常时间（释放时间）小于 2.5 秒	检查 cuvette 过滤器。清洗系统，如果错误仍存在，联系 FOSS
MSC003504	Rinse container low	清洗液桶传感器显示桶空	注满液体后还有问题，检查服务程序中传感器调节
MSC003505	Zero container low	调零液桶传感器显示桶空	注满液体后还有问题，检查服务程序中传感器调节
MSC003506	Waste container high	废液桶传感器探测到液体	倒空桶后还有问题，检查服务程序中传感器调节
MSC003507	Waste container full	"waste container high" 信号被激活 10 分钟，没有任何动作	倒空废液桶，检查服务程序中传感器调节
MSC003508	H - pump stroke - timeout	正常时间内没有接收到 H - pump 作动信号	联系 FOSS
MSC003509	Scanning too slow	干涉器扫描长于预期。可能由于扫描中机械影响	重启软件。还有问题，联系 FOSS
MSC003510	SPARE1 _ ERR	泵第二次启动时超时	联系 FOSS

（续）

错误编号 （Error）	报警信息 （Text）	解释（Explanation）	处理（Operator action）
MSC003511	+6V low	6V 供给电压小于 5.5 伏	关闭仪器，10 秒后再开启。还有问题，联系 FOSS
MSC003512	+6V high	6V 供给电压大于 6.4 伏	关闭仪器，10 秒后再开启。还有问题，联系 FOSS
MSC003513	+24V low	24V 供给电压小于 23 伏	关闭仪器，10 秒后再开启。还有问题，联系 FOSS
MSC003514	+24V high	24V 供给电压大于 25 伏	关闭仪器，10 秒后再开启。还有问题，联系 FOSS
MSC003515	+15V low	15V 供给电压小于 14 伏	关闭仪器，10 秒后再开启。还有问题，联系 FOSS
MSC003516	+15V high	15V 供给电压大于 16 伏	关闭仪器，10 秒后再开启。还有问题，联系 FOSS
MSC003517	−15V low	−15V 供给电压低于−14 伏	关闭仪器，10 秒后再开启。还有问题，联系 FOSS
MSC003518	−15V high	−15V 供给电压高于−16 伏	关闭仪器，10 秒后再开启。还有问题，联系 FOSS
MSC003519	Cuvette temperature low	Cuvette 温度低于 44.80℃	检查样品温度
MSC003520	Cuvette temperature high	Cuvette 温度高于 45.20℃	检查样品温度。清洗超过 4 次，会引起这个错误，所以等 Cuvette 温度下降
MSC003521	IR source temperature low	IR source 温度低于 42.00℃	启动时的正常警告。检查状态温度。温度如果不上升，联系 FOSS
MSC003522	IR source temperature high	IR source 温度高于 44.00℃	检查状态温度。如果温度不下降，联系 FOSS
MSC003523	IR box temperature low	IR box 温度低于 43.00℃	检查状态温度。如果温度不上升，联系 FOSS
MSC003524	IR box temperature high	IR box 温度高于 45.00℃	检查状态温度。如果温度不下降，联系 FOSS
MSC003525	Homogeniser temperature low	homogeniser 温度低于 39.00℃	检查样品温度，检查状态温度。如果温度不上升，联系 FOSS
MSC003526	Homogeniser temperature high	homogeniser 温度高于 43.00℃	检查样品温度，检查状态温度。如果温度不下降，联系 FOSS

（续）

错误编号 （Error）	报警信息 （Text）	解释（Explanation）	处理（Operator action）
MSC003527	Scan length error	最大扫描长度小于 9 492。干涉仪在端点前没有需要的空间使扫描达到最大扫描长度	重启软件。还有问题，联系 FOSS
MSC003528	Peak position error	峰值不存在于峰值窗口里，意味着干涉仪没有达到最大扫描长度	重启软件。还有问题，联系 FOSS
MSC003529	Alignment error	新的扫描无法和累积的扫描对齐	重启软件。还有问题，联系 FOSS
MSC003530	Mirror movement error	扫描仪检测到镜子速度超范围。平均值和标准偏差被检查	重启软件。还有问题，联系 FOSS。仪器受到摇晃，也会出现这种问题
MSC003531	IR peak lost	IR-peak 峰值低于 10 000。干涉仪在端点间移动，在此寻找峰值	重启软件。还有问题，联系 FOSS
MSC003532	Measurement postponed	由于干扰，测量中断（通常震动），中断后会继续测量	测量中出现晃动的正常报警。还有问题，重启软件，联系 FOSS
MSC003533	Mirror direction error	干涉仪接口问题	重启软件。还有问题，联系 FOSS
MSC003534	IR peak high	IR-peak 峰值高于 32 758	重启软件。还有问题，联系 FOSS
MSC003535	INTERNAL _ SCAN _ 1	扫描图形超出范围	重启软件。还有问题，联系 FOSS
MSC003536	INTERNAL _ SCAN _ 2	正常测量中干涉仪的同步问题（should newer occur）	重启软件。还有问题，联系 FOSS
MSC003537	30 bar homogeniser temperature low	30 bar homogeniser 温度低于 44.25℃	检查样品温度，检查状态温度。如果温度不上升，联系 FOSS
MSC003538	30 bar homogeniser temperature high	30 bar homogeniser 温度高于 45.75℃	检查样品温度，检查状态温度。如果温度不下降，联系 FOSS
MSC003539	Cabinet temperature low	cabinet 机箱温度低于 14.0℃	联系 FOSS
MSC003540	Cabinet temperature high	cabinet 机箱温度高于 38.5℃	室温过高，检查室温是否低于 25℃。还有问题，联系 FOSS

（续）

错误编号 （Error）	报警信息 （Text）	解释（Explanation）	处理（Operator action）
MSC003541	Sample heater ref temperature low	样品加热器参比温度低于15.0℃	联系 FOSS
MSC003542	Sample heater ref temperature high	样品加热器参比温度高于37.0℃	联系 FOSS
MSC003543	Rinse/zero heater ref temperature low	rinse/zero 加热器参比温度低于15.0℃	联系 FOSS
MSC003544	Rinse/zero heater ref temperature high	rinse/zero 加热器参比温度高于37.0℃	联系 FOSS
MSC003545	Sample heater in temperature low	样品加热器输入温度低于16.0℃	检查样品温度
MSC003546	Sample heater in temperature high	样品加热器输入温度高于44.0℃	检查样品温度
MSC003547	Sample heater out temperature low	样品加热器输出温度低于43.9℃	检查样品温度，检查状态温度。如果温度不上升，联系 FOSS
MSC003548	Sample heater out temperature high	样品加热器输出温度高于45.9℃	检查样品温度，检查状态温度。如果温度不下降，联系 FOSS
MSC003549	Driver error for Input selector V1 or V2	Input selector 上 V1 或 V2 阀驱动器错误（开路、短路、超温）	检查 Input selector V1 & V2 连接
MSC003550	Driver error for Input selector V3 or V4	Input selector 上 V3 或 V4 阀驱动器错误（开路、短路、超温）	检查 Input selector V3 & V4 连接
MSC003551	Rinse/zero heater temperature low	rinse/zero 加热器温度低于37.5℃	联系 FOSS
MSC003552	Rinse/zero heater temperature high	rinse/zero 加热器温度高于43.5℃	清洗系统，还有问题，联系 FOSS
MSC003553	CH1 _ LOW _ REF _ L		联系 FOSS
MSC003554	CH1 _ LOW _ REF _ H		联系 FOSS
MSC003555	CH2 _ HIGH _ REF _ L		联系 FOSS
MSC003556	CH2 _ HIGH _ REF _ H		联系 FOSS
MSC003557	Ambient temperature low	环境温度低于10℃	
MSC003558	Ambient temperature high	环境温度高于37℃	
MSC003559	Rinse container empty	检测到"Rinse low"持续10分钟	注满液体后还有问题，检查服务程序中传感器调节

（续）

错误编号 （Error）	报警信息 （Text）	解释（Explanation）	处理（Operator action）
MSC003560	Zero container empty	检测到"Zero low"持续 10 分钟	注满液体后还有问题，检查服务程序中传感器调节
MSC003561	SPARE2 _ ERR		
MSC003562	Driver error for input selector V5 or V6	Input selector 上 V5 或 V6 阀驱动器错误（开路、短路、超温）	检查 Input selector V5 & V6 连接
MSC003563	Driver error for input selector V7 or Flash alarm	Input selector 上 V7 阀或 Flash alarm 驱动错误（开路、短路、超温）	检查 Input selector V7 & flash alarm 连接
MSC003564	Driver error for cuvette V3 or Hpump V1	cuvette unit 上 V3 阀或 HPU 上 V1 阀驱动错误（开路、短路、超温）	检查 Cuvette V3 & H - Pump V1 连接
MSC003565	Driver error for cuvette V1 or V2	cuvette unit 上 V1 阀或 V2 阀驱动错误（开路、短路、超温）	检查 Cuvette V1 & V2 连接
MSC003566	Driver error for 30 bar V1	30 bar homogeniser 均质器上 V1 阀驱动错误（开路、短路、超温）	检查 30 bar homogeniser V1 阀连接
MSC003567	No waste container?	"waste high" 或 "waste full" 时，传感器从废液桶拿走	将传感器放置于空废液桶，重置这个信息
MSC003568	Sample heater cutoff	样品加热器安全开关激活，加热器被切断	清洗系统，还有问题，联系 FOSS
MSC003569	Rinse/zero heater cutoff	rinse/zero 加热器安全开关激活，加热器被切断	清洗系统，还有问题，联系 FOSS
MSC003570	FPGA Error	control PCB 不能下载代码到 fpga	去诊断窗口，选择 MilkoScan 属性，解除，检查强制下载区域，在此激活。还有问题，联系 FOSS
MSC003571	IR source current low	IR source 电流低于 3.3 安	联系 FOSS
MSC003572	IR source current high	IR source 电流高于 3.8 安	联系 FOSS
MSC003573	Cuvette open circuit	电流低于 30 毫安，功率是 1 000	联系 FOSS
MSC003574	Cuvette short circuit	电流高于 270 毫安，功率是 0	联系 FOSS
MSC003575	IR box open curcuit	电流低于 50 毫安，功率是 1 000	联系 FOSS
MSC003576	IR box short curcuit	电流高于 800 毫安，功率是 0	联系 FOSS

（续）

错误编号 （Error）	报警信息 （Text）	解释（Explanation）	处理（Operator action）
MSC003577	Non volatile memory：Adjustment data lost	非易失性存储器中一些数据损坏	在服务窗口打开镜子运动测试。运行测试，并保存。还有问题，联系 FOSS
MSC003578	Sample heater out temperature saturation	样品加热器数模输出温度探头的值饱和。加热器电源关闭	关闭仪器，10 秒后再开启。还有问题，联系 FOSS
MSC003579	Chassis number error	仪器无法读取 chassis number	联系 FOSS
MSC003580	Pressure stroke power low	冲程能量低于'H‑Pump flow sensor adjustment'中设定的级别。当调零设定时，设为 100% 级别	清洗在线过滤器。清洗吸样管。检查 Pipette 吸样管道 H‑pump 高压泵管子是否泄漏。重新做 Zerosetting。还有问题，联系 FOSS
MSC003581	Bubbles detected in rinse/zero	Rinse/zero 液体探测到气泡	清洗系统，检查 rinse 清洗、zero 调零液管路。还有问题，联系 FOSS
MSC003582	Idle scan too slow	Idle 扫描太慢	重启软件。还有问题，联系 FOSS
MSC003583	Non volatile memory：temperature reg. data lost	无有效存储，温度参数丢失	重启软件。等待所有温度稳定
MSC003584	Cover open	机箱门打开	关上上盖
MSC003585	No setup data	无设置数据	重启软件，强制下载。还有问题，联系 FOSS
MSC003586	Purge through pipette not executed before stop mode	在到 stop 模式前未进行 Pipette 清洗	在选择停机模式前，总是执行吸样管清洗

Fossomatic FC

错误编号 （Error）	报警信息 （Text）	解释（Explanation）	处理（Operator action）
FM003000	Internal	软件内部错误	关闭仪器，10 秒后再开启，重启软件。联系 FOSS
FM003001	Internal arcnet buffer overrun	ARC net 通讯故障	关闭仪器，10 秒后再开启，重启软件。联系 FOSS
FM003002	+5V Out of limit	直流电压超限	联系 FOSS
FM003003	+12V Out of limit	直流电压超限	联系 FOSS
FM003004	+15V Out of limit	直流电压超限	联系 FOSS
FM003005	−15V Out of limit	直流电压超限	联系 FOSS
FM003006	+24V Out of limit	直流电压超限	联系 FOSS
FM003007	+36V Out of limit	直流电压超限	联系 FOSS

（续）

错误编号 （Error）	报警信息 （Text）	解释（Explanation）	处理（Operator action）
FM003008	No setup data from PC	未从软件下载到设置数据	重启软件，强制下载。联系 FOSS
FM003009	Diluent/Buffer container empty	Diluent/Buffer 桶空	装满稀释液。还有问题，联系 FOSS
FM003010	Rinse/Sheath container empty	Rinse/Sheath 桶空	装满 Rinse/Sheath 液。还有问题，联系 FOSS
FM003011	Low concentrate waste container full	低浓度废液桶满	倒空低浓度废液桶，清洁传感器。还有问题，联系 FOSS
FM003012	High concentrate waste container full	高浓度废液桶满	倒空高浓度废液桶，清洁传感器。还有问题，联系 FOSS
FM003013	Milk waste container full	牛奶废液桶满	倒空奶样废液桶，清洁传感器。还有问题，联系 FOSS
FM003014	Rinse pressure low	rinse 液压力低	如果问题一直存在，联系 FOSS
FM003015	Rinse pressure high	rinse 液压力高	De‐air sheath liquid 过滤器（见操作手册），还有问题，联系 FOSS
FM003016	Sheath pressure low	Sheath 液压力低	如果问题一直存在，联系 FOSS
FM003017	Sheath pressure high	Sheath 液压力高	De‐air sheath liquid 过滤器（见操作手册），还有问题，联系 FOSS
FM003018	Rinse liquid temperature low	Rinse 液温度低	停机模式到待机模式转换时的正常报警。如果问题一直存在，联系 FOSS
FM003019	Rinse liquid temperature high	Rinse 液温度高	如果问题一直存在，联系 FOSS
FM003020	Rinse liquid temperature NTC open	Rinse 液测温 NTC 断路	联系 FOSS
FM003021	Rinse liquid temperature NTC short	Rinse 液测温 NTC 短路	联系 FOSS
FM003022	Sheath liquid temperature low	Sheath 液温度低	停机模式到待机模式转换时的正常报警。如果问题一直存在，联系 FOSS
FM003023	Sheath liquid temperature high	Sheath 液温度高	如果问题一直存在，联系 FOSS
FM003024	Sheath liquid temperature NTC open	Sheath 液测温 NTC 断路	联系 FOSS
FM003025	Sheath liquid temperature NTC short	Sheath 液测温 NTC 短路	联系 FOSS

（续）

错误编号 （Error）	报警信息 （Text）	解释（Explanation）	处理（Operator action）
FM003026	DSP code load	DSC 代码载入	关闭仪器，10 秒后再开启，重启软件。联系 FOSS
FM003027	Dye Concentrate interface not locked	浓缩染色液装置未锁定	混合杯保持 10 分钟。如果新的试剂袋 10 分钟没有装上，仪器转为待机。装新试剂袋，并锁定
FM003028	Dye Concentrate bag empty	浓缩染色液空	更换染色剂袋。还有问题，联系 FOSS
FM003029	Mixing chamber empty	混合腔空	灌满稀释液桶，或安装新的染色剂袋。仪器将会自动开始分析
FM003030	Mixing chamber sensor	混合腔传感器故障	清洁传感器。还有问题，联系 FOSS
FM003031	Low concentrate waste chamber full	低浓度废液腔满	清洁传感器。还有问题，联系 FOSS
FM003032	Only upper sensor in Low concentrate waste chamber is active	只有低浓度废液腔上部传感器起作用	清洁传感器。还有问题，联系 FOSS
FM003033	High concentrate waste chamber full	高浓度废液腔满	清洁传感器。还有问题，联系 FOSS
FM003034	Only upper sensor in High concentrate waste chamber is active	只有高浓度废液腔上部传感器起作用	清洁传感器。还有问题，联系 FOSS
FM003035	Buffer syringe movement error	Buffer 注射器运动错误	关闭仪器，10 秒后再开启，重启软件。联系 FOSS
FM003036	Sample syringe movement error	Sample 注射器运动错误	关闭仪器，10 秒后再开启，重启软件。联系 FOSS
FM003037	Intake failure	样品吸入错误	吸入体积太少，或吸样管堵塞。执行吸样管反冲洗，或调节吸样量。还有问题，联系 FOSS
FM003038	DSP error	DSP 错误	关闭仪器，10 秒后再开启，重启软件。联系 FOSS
FM003039	Intake heater temperature low	吸样加热器温度低	停机模式到待机模式转换时的正常报警。如果问题一直存在，联系 FOSS

（续）

错误编号 （Error）	报警信息 （Text）	解释（Explanation）	处理（Operator action）
FM003040	Intake heater temperature high	吸样加热器温度高	停机模式到待机模式转换时的正常报警。如果问题一直存在，联系 FOSS
FM003041	Intake heater temperature NTC open	吸样加热器温度测温 NTC 断路	联系 FOSS
FM003042	Intake heater temperature NTC short	吸样加热器温度测温 NTC 短路	联系 FOSS
FM003043	Incubation temperature low	培养单元温度低	停机模式到待机模式转换时的正常报警。如果问题一直存在，联系 FOSS
FM003044	Incubation temperature high	培养单元温度高	停机模式到待机模式转换时的正常报警。如果问题一直存在，联系 FOSS
FM003045	Incubation temperature NTC open	培养单元温度传感器断路	联系 FOSS
FM003046	Incubation temperature NTC short	培养单元温度传感器短路	联系 FOSS
FM003047	DC - value out of limit	DC 值超范围	运行 Flowcell Flush 清洗，如果问题持续，联系 FOSS
FM003048	Measuring syringe movement error	测量注射器运动错误	关闭仪器，10 秒后再开启，重启软件。联系 FOSS
FM003049	DSP timeout	DSP 超时	关闭仪器，10 秒后再开启，重启软件。联系 FOSS
FM003050	Rinse/sheath pipette is in the container	Rinse/sheath 取样器在桶内	放置 rinse/sheath 吸样管到桶里
FM003051	Dye concentrate interface closed	浓缩染色剂单元关闭	打开染色剂接口
FM003052	Lamp intensity low	光强度低	设置当前灯强度为 100%。联系 FOSS
FM003053	Cabinet temperature low	机箱温度低	联系 FOSS
FM003054	Cabinet temperature high	机箱温度高	室温太高。检查室温是否低于 25℃。联系 FOSS
FM003055	Cabinet temperature NTC open	机箱温度传感器断路	联系 FOSS

（续）

错误编号 （Error）	报警信息 （Text）	解释（Explanation）	处理（Operator action）
FM003056	Cabinet temperature NTC short	机箱温度传感器短路	联系 FOSS
FM003057	Cover open	机箱盖子打开	关闭外盖
FM003058	Driver for Measuring Syringe V1	测量注射器阀 V1 驱动	联系 FOSS
FM003059	Driver for Measuring Syringe V2	测量注射器阀 V2 驱动	联系 FOSS
FM003060	Driver for Buffer Syringe V1	Buffer 注射器阀 V1 驱动	联系 FOSS
FM003061	Driver for Buffer Syringe V2	Buffer 注射器阀 V1 驱动	联系 FOSS
FM003062	Driver for Sample Syringe V1	样品注射器阀 V1 驱动	联系 FOSS
FM003063	Driver for Sample Syringe V2	样品注射器阀 V1 驱动	联系 FOSS
FM003064	Driver for Valve Platform Unit V1	阀单元 V1 驱动	联系 FOSS
FM003065	Driver for Valve Platform Unit V2	阀单元 V2 驱动	联系 FOSS
FM003066	Driver for Valve Platform Unit V3	阀单元 V3 驱动	联系 FOSS
FM003067	Driver for Valve Platform Unit V4	阀单元 V4 驱动	联系 FOSS
FM003068	Driver for Valve Platform Unit V5	阀单元 V5 驱动	联系 FOSS
FM003069	Driver for Valve Platform Unit V6	阀单元 V6 驱动	联系 FOSS
FM003070	Driver for Valve Platform Unit V7	阀单元 V7 驱动	联系 FOSS
FM003071	Driver for Valve Platform Unit V8	阀单元 V8 驱动	联系 FOSS
FM003072	Driver for Valve Platform Unit V9	阀单元 V9 驱动	联系 FOSS
FM003073	Driver for Valve Platform Unit V10	阀单元 V10 驱动	联系 FOSS
FM003074	Driver for Valve Platform Unit V11	阀单元 V11 驱动	联系 FOSS

（续）

错误编号 (Error)	报警信息 (Text)	解释 (Explanation)	处理 (Operator action)
FM003075	Driver for Waste Low Concentrate V1	低浓度废液腔 V1 驱动	联系 FOSS
FM003076	Driver for Rinse Unit V1	清洗单元 V1 驱动	联系 FOSS
FM003077	Driver for Rinse Unit V2	清洗单元 V2 驱动	联系 FOSS
FM003078	Driver for Rinse Unit V3	清洗单元 V3 驱动	联系 FOSS
FM003079	Driver for Rinse Unit M1	清洗单元马达 M1 驱动	联系 FOSS
FM003080	Driver for Sheath Unit V1	Sheath 单元 V1 驱动	联系 FOSS
FM003081	Driver for Sheath Unit V2	Sheath 单元 V2 驱动	联系 FOSS
FM003082	Driver for Sheath Unit V3	Sheath 单元 V3 驱动	联系 FOSS
FM003083	Driver for Sheath Unit M1	Sheath 单元马达 M1 驱动	联系 FOSS
FM003084	Driver for Mixing Chamber V1	混合腔 V1 驱动	联系 FOSS
FM003085	Driver for Mixing Chamber V2	混合腔 V2 驱动	联系 FOSS
FM003086	Driver for Mixing Chamber V3	混合腔 V3 驱动	联系 FOSS
FM003087	Driver for Cabinet Unit M1	机箱单元 M1 驱动	联系 FOSS
FM003088	Driver for FlowCell heater	FLOWCELL 加热驱动	联系 FOSS
FM003089	Driver for Cabinet alarm	机箱警报器驱动	联系 FOSS
FM003090	Detector box high voltage disabled	检测器禁用高电压	在 Simple IO 里面选择 high voltage 高电压。还有问题，联系 FOSS
FM003091	LED test active	LED 测试有效	选择 Diagnostic 诊断，执行 LED test 测试
FM003092	Driver for Sheath Unit R2-3	Sheath 单元 R2-3 驱动	联系 FOSS
FM003093	Driver for Sheath Unit R4-5	Sheath 单元 R4-5 驱动	联系 FOSS
FM003094	Driver for Rinse Unit R2-3-4-5	Rinse 单元 R2-5 驱动	联系 FOSS
FM003095	Driver for Intake Heater VPL_R1	取样单元加热器 R1 驱动	联系 FOSS
FM003096	Driver for Lamp Unit LA1	灯单元 LA1 驱动	联系 FOSS
FM003097	Driver for Lamp Unit LA2	灯单元 LA2 驱动	联系 FOSS
FM003098	Buffer syringe in top	Buffer 注射器在顶部	联系 FOSS
FM003099	EL-Box temperature low	EL-BOX 温度低	联系 FOSS

（续）

错误编号（Error）	报警信息（Text）	解释（Explanation）	处理（Operator action）
FM003100	EL‑Box temperature high	EL‑BOX 温度高	联系 FOSS
FM003101	EL‑Box temperature NTC open	EL‑BOX 温度传感器断路	联系 FOSS
FM003102	EL‑Box temperature NTC short	EL‑BOX 温度传感器短路	联系 FOSS

附表 2　美国本特利（Bentley）仪器常见故障及解决方案

报警提示	报警信息	解决方案
Warning： Zero value for Protein Background value fell outside accepted range "−0.02 < Value < 0.02" current value 0.2	零值（包括脂肪、蛋白质、乳糖、固体等组分）的背景值在设置值范围之外	加热 RBS 到 40℃清洗管路，然后再重新调零
Warning： System in standby A request for sampling was received while the system was in standby. Please wait for the system to reach its ready state before continuing testing "35 < Temperature <41" current value0	系统在待机 该系统在待机模式，无法进行样品检测	等待仪器启动自检完毕，或者重新启动仪器
Warning： The embedded computer needs to connect on the IP communications to both the pump. Temperature controller, auxillary controller and the autosampler in order for the system to be ready for operation. One or more of these devices are not connecting	设备未连接 为了使系统正常运行，所有 7 个附属设备均需要连接。如果其中一个或多个设备没有连接，就会出现这个错误提示	检查各个部件通信接头是否松动，或重新插拔各个接头
Warning： Embedded not connected The embedded system needs to connect on the IP communications in order for the system to be ready for operation. There is currently nonconnection to the instrument	这个警告表明电脑和仪器之间没有连接	检查连接网线和加密狗

（续）

报警提示	报警信息	解决方案
Warning： The waste pump in the IR failed to register the reservoir as empty after a pump cycle. This can be caused by a pump failure . or a blocked waste tube. This error should be cleared before continuing testing as the waste cup could overflow	红外成分仪的排废泵故障 表明排废泵运转不正常	检查排废泵和排废浮漂是不是有问题
Warning： FTS，Cuvette Temperature The current temperature on the Cuvette（or cell）is outside its allowed limits. This error should be cleared before continuing testing "38＜ Temperature ＜43" current value 0	FTS 的样品池温度报警 这个警告是样品池温度超出限制的设置选项	检查是不是样品温度过高或者过低
Warning： FTS ，interferometer Base Temperature The current temperature on the intererometer is outside its allowed limits. This error should be cleared before continuing testing "38＜ Temperature ＜43" current value 26. 199	干涉仪温度报警 这个警告出现是干涉仪的温度超出设定的限制选项	一般刚开机会出现，或者干涉仪散热风扇故障引起，检查干涉仪下方散热风扇，并除尘
Warning： FTS ，Homogenizer Temperature The current temperature on the Homogenizer is outside its allowed limits . This error should be cleared before continuing testing "38＜ Temperature ＜43" current value 0	均质器温度报警 这个警告出现是均质器温度超出设定的限制选项	一般是刚开机会出现，或者样品温度过低和过高，也会引起报警
Warning： FTS，Reservoir Temperature The current temperature on the reservoir is outside its allowed limits. This error should be cleared before continuing testing ' 38＜Temperature＜43' current value 43. 8	储液池温度报警 这个警告出现是储液池温度超出设定范围选项	检查储液池温度传感器是不是有故障，检查加热器是不是有故障
Warning： FTS，Instrument - room temperature The ambient temperature should not fall outside its specified limits. Should this happen，proper operation can not be guaranteed '10 ＜Temperature ＜ 33' current value 0	仪器机箱温度报警 这个警告出现是机箱温度超出设定的限制选项	检查环境温度是不是符合要求，散热风扇有故障，或是空气过滤片因灰尘大而导致空气不流通

（续）

报警提示	报警信息	解决方案
Warning： FTS，rinse reservoir empty The internal reservoir is empty, forcing the FTS to turn off the reservoir heaters, testing should be suspended	FTS 清洗储液池空	暂停测试，直到储液池重新被填充。必要的话，检查相关连接线路、浮标和感应器是否有故障
Warning： FTS，reservoir empty Float indicates that the internal reservoir is empty, the pump will not operate, please refill external zero container	FTS 储液池（水）空	重新加载调零液。检查泵、浮标以及相关线路，甚至管路
Warning： FTS，pump failure The primary homogenizer pump has failed, hall sensors not registering movement on the piston	泵故障 警告指示均质器机械泵故障	排查高压泵，维护高压泵组件
Warning： FCM，External Dye Container Empty A sensor has detected that the external reservoir for So-matic cell Dye might be empty, or that the fluid is being prevented from entering the instrument 'sensor reading > 1.5' current value 0	FCM 外部储液桶空 外部染料桶空或相关输送管路堵塞	检查染液桶和载液桶的液面是否过低，检查桶内的过滤器是不是堵塞
Warning： FCM，Syringe 1 Error The right syringe at the sample intake , generated an error and is forcing the system to stop FCM，Syringe 2 Error The right syringe at the sample intake , generated an error and is forcing the system to stop	注射器 1 错误，注射器 2 错误 警告表明注射器泵故障	检查注射泵是不是故障，检查注射器是否破损
Warning： Carrier reservoir is off its target temperature, testing should be suspended ' 60 < Temperature < 70' current value 0	载液池温度报警 载液池温度超出设定范围	检查载液池的温度传感器是不是有问题，检查加热器保险是不是烧坏
Warning： Dye reservoir is off its target temperature, testing should be suspended ' 60 < Temperature < 70' current value 0	染液池温度报警 染液池温度超出设定范围	检查染液池的温度传感器是不是有问题，检查加热器保险是不是烧坏

（续）

报警提示	报警信息	解决方案
Warning： Sample robot，Move Error The autosampler was unable to complete the requested move	样品传送带移动故障	查看样品传送带上样品架是否放好，放置位置是否正确，侧面的 LED 感应器是否故障
Warning： Sample robot，No rack detected at pipette position The autosampler will only run a limited distance searching for the next rack，this error is normal. please ensure rack position and re-start	没有发现取液器下有样品	查看样品传送带上样品架是否放好，放置位置是否正确
Warning： Sample robot，Error on Pipette The pipette motor generated a fatal error when attempting to move down After clearing the mechanical obstruction，you should test the rack position	取样器无法下移	查看是不是取样器扎在盖子上了，排查取样器电机马达是否正常运转
Warning： Pipette sensor sensitivity rack, purpose is to trap when a sensor fails to see a rack hole due to incorrect sensitivity setting on the sensor amplifiers	搅拌器传感器工作不正常	查看搅拌器是不是没有正常开启，搅拌器电机是不是故障
Warning： Stirrer sensor sensitivity rack, purpose is to trap when a sensor fails to see a rack hole due to incorrect sensitivity setting on the sensor amplifiers	取样器传感器工作不正常	查看传感器是否被污物遮挡，查看取液器是不是没有正常开启
Warning： The sample robot did not find any racks on the horizontal drive. place on belt and restart	样品架丢失	往往由于人为错误操作提前拿出样品架导致，应正确操作
Warning： Sample robot Length of last rack not standard The system compares the standard rack length to the previous rack - position, and recorded an unexpected reset to 1 which suggests that a Rack - Move error may have taken place on the last rack	样品架不是标准的长度	由于传送带上红外探头脏污需要清洁或者传送带上的样品架过载导致

6.4 DHI 实验室质量控制

DHI 实验室检测结果的准确性和有效性受很多因素的影响，如牛只信息的准确性和完整性、采样的准确性和样品质量、实验室管理和技术人员水平、检测方法、仪器设备性能、标准物质及试剂耗材质量等。

6.4.1 DHI 测定采用的方法

6.4.1.1 参考方法（Reference Method）

可以对仪器校准所使用的标准样品进行定值的方法。

6.4.1.1.1 国家标准方法

脂肪测定采用 GB 5413.3—2010；

蛋白质测定采用 GB 5009.5—2010；

乳糖测定采用 GB 5413.5—2010。

6.4.1.1.2 国际标准方法（依据 ICAR）

表 6-2　国际标准方法（依据 ICAR）

测定项目	采用的国际标准方法
脂肪	重量法（Röse-Gottlieb）：ISO 1211/IDF 1 AOAC 905.02（IDF-ISO-AOAC-Codex） 重量法（modified Mojonnier 改良毛氏法）：AOAC 989.05（IDF-ISO-AOAC）
蛋白	滴定法（Kjeldahl 凯氏）：ISO 8968/IDF 20 　　　　　AOAC 991：20（IDF-ISO-AOAC） 　　　　　AOAC 991：21 　　　　　AOAC 991：22（IDF-ISO-AOAC） 　　　　　AOAC 991：23（IDF-ISO-AOAC-Codex）
酪蛋白	滴定法（Kjeldahl 凯氏）：ISO 17997/IDF 29 　　　　　AOAC 927.03 　　　　　AOAC 998.05 　　　　　AOAC 998.06 　　　　　AOAC 998.07
乳糖	HPLC 法：ISO DIS 22662/IDF 198 同时在 Part II 中的其他方法也可以使用
尿素	差示 pH 法（Differential pH-method）：ISO 14637/IDF 195
体细胞数	显微镜法：ISO 13366-1/IDF 148-1

6.4.1.2 常规方法（仪器法）

6.4.1.2.1 国内标准

NY/T 2659—2014　牛乳脂肪、蛋白质、乳糖、总固体的快速测定　红外光谱法；

NY/T 800—2004　生鲜牛乳中体细胞的测定方法。

6.4.1.2.2　国际标准

- 脂肪、蛋白质及乳糖（中红外光谱）：ISO 9622/IDF 141；
- 体细胞计数：ISO 13366/IDF 148；
- 尿素（中红外光谱）：ISO 9622/IDF 141。

6.4.2　DHI分析样品的特殊要求（依据 ICAR）

样品质量是关系到能否得到全国一致的检测结果的首要要求，是检测质量能否达到要求的先决条件。

6.4.2.1　采样瓶

总体上说，瓶子和瓶塞必须适合于它们的用途（将牛奶没有损失和损坏地带到实验室）。比如说，一个乳上方留有太大空隙的瓶子在运输时可能比较容易发生扰动，尤其是对于未冷却的乳。乳上方留的空隙太小在样品检测前摇匀或混匀时就会有困难。瓶塞不紧时就会有脂肪损失。

6.4.2.2　防腐剂

DHI 奶样使用的化学防腐剂应保证：

- 在常温处理和运输的条件下，保证乳在采样到检测过程中的物理和化学性质不发生变化；
- 对参考方法的分析结果没有影响，或者对常规的仪器分析方法只有有限的影响（通过校准补偿后只有有限的影响）；
- 根据当地健康法规，对 DHI 和实验室人员无毒；
- 根据当地环境法规，对环境无毒。

注：①清洁的挤奶和采样设备有利于样品的保存，在运输过程中贮藏在低温下，尽量减少震动。②相关的标准中（ISO 9622，IDF 141 以及 ISO 13366，IDF 148）提到了适宜的防腐剂。然而，出于谨慎应该关注：

- 防腐剂的辅料：纯品状态和加入到牛奶后对中红外光谱的影响（例如重铬酸钾和溴硝丙二醇在牛奶中的中红外光谱和纯物质形式下会出现不同）。
- 使用的一些染料可能会对仪器响应产生干扰（吸收光或者和 DNA 结合），可能会降低方法的敏感性和精度。这样的染料应该避免使用。

6.4.3　DHI 实验室的质量控制

CNAS-CL01：2006 检测和校准实验室能力认可准则第 5.9 条"检测和校准结果质量的保证"中的第 5.9.1 款，提供了常用的 5 种实验室质量控制方法：

①定期使用有证标准物质进行监控和/或使用次级标准物质开展内部质量控制；

②参加实验室间的比对或能力验证计划；

③使用相同或不同方法进行重复检测或校准；

④对存留物品进行再检测或再校准；

⑤分析一个物品不同特性量的结果的相关性。

6.4.3.1　定期使用有证标准物质开展内部质量控制

6.4.3.1.1　有证标准物质的概念及选择条件　有证标准物质（Certified Reference Material，CRM），指附有证书的标准物质，其一种或多种特性值用建立了溯源性的程序确定，使之可溯源到准确复现的用于表示该特性值的计量单位，而且每个标准值都附有给定置信水平的不确定度。

有证标准物质（CRM）的证书给出了标准物质的量值及其不确定度。利用 CRM（包括次级标准物质）开展内部质量控制，相当于"测量审核"或未知样试验，即实验室对被测物品进行测量，将其结果与参考值进行比较的活动，而参考值就是 CRM 或次级标准物质证书提供的已知量值。

通常，实验室选择所使用的标准物质应考虑以下几点：

①量值（或含量水平）应与被测物品相近；

②基体应尽可能与被测物品相同或相近；

③形态（液态、气态或固态）应与被测物品相同；

④保存应符合规定的储存条件，并在有效期内使用；

⑤标准物质量值的不确定度小于被测物品测量结果的不确定度。

6.4.3.1.2　DHI 测定中使用的标准物质　DHI 测定中，通常在仪器校准时使用标准物质，以保证在两次校准之间仪器的准确性和稳定性。使用的标准物质可以是：

·由被认可的官方组织提供的已被证明合格的标准物质；

·由外部供应商提供的次级标准物质；

·实验室自己准备的，并与已认可的标准物质、次级标准物质或实验室内部的能力验证结果建立可追溯性的内部标准物质。

现在我国的 DHI 标准物质由全国畜牧总站奶牛生产性能测定标准物质制备实验室统一提供。该实验室是 2004 年 9 月 20 日经农业部《关于全国奶牛生产性能测定标准物质制备实验室建设项目可行性研究报告的批复》（农计函［2004］368 号）批准立项，经过一期和二期项目建设，于 2010 年投入使用，并于 2011 年 5 月通过农业部组织的项目验收。实验室现有国际先进的 DHI 标准物质生产线 1 条，生产及检测仪器设备 80 余台（套），检测使用的 FOSSFT＋乳成分及体细胞分析仪与生产使用的 PALL 陶瓷膜过滤系统，均为国际上最先进的设备。

我国 DHI 标准物质制备参照美国 DHI 标准物质制作的先进工艺，采用改良 DHI 标准物质调配方法，按照正交方法制作 12 个标准物质，其中包含脂肪含量 12 个梯度，蛋白含量 6 个梯度，乳糖含量 4 个梯度。研制的 DHI 标准物质于 2010 年 11 月顺利通过了行业专家的技术鉴定，在国内首次采用陶瓷膜浓缩蛋白工艺生产 DHI 标准物质，产品的均匀性和稳定性达到了国家相关产品要求，采用的技术工艺具有创新性，达到了国际先进水平，为我国 DHI 测定体系的健全和完善提供了有力保证。

经过 5 年多的实际运转，实验室基础设施完善，仪器设备运转正常，技术体系及管理制度健全，生产及检测等各项工作规范正常。截至 2015 年底，共组织 DHI 标准物质生产 50 次，发放标准物质共 4 600 余套，产品质量稳定，定值准确，校准效果优良，发放及时，服务周到，各使用单位反映良好，满足了全国 22 家 DHI 测定实验室每月一次的能力比对及仪器校准工作需要，使全国 DHI 测定数据的准确性、可靠性和一致性有了明显提高，真正起到了"同一把标尺"的作用，为我国 DHI 测定工作的开展奠定了坚实的基础。同时，为满足全国 DHI 工作的需要，实验室也积极开展新的 DHI 标准物质的研发，2015年完成了体细胞标准样品的研发和试生产工作，现进入试用和效果评价阶段。

6.4.3.2　参加实验室间的比对或能力验证计划

能力验证（proficiency testing，PT），是利用实验室间比对（inter‐laboratory comparison）确定某实验室检测能力的一项活动，包括由实验室自身、顾客、认证或法定管理机构等对实验室进行的评价。

能力验证对于识别实验室可能存在的系统偏差并制定相应的纠正措施、实现质量改进、进一步取得外部的信任，具有明显的作用。由于能力验证是通过外部措施来补充实验室内部质量控制的手段，当实验室开展新项目以及对检测/校准质量进行核验时，就显得尤为重要。《GB/T 27043—2012 合格评定　能力验证的通用要求》（等同采用 ISO/IEC 指南 17043：2010），是开展该项活动的指导性文件。

参加生产性能测定的每一个实验室都应该定期开展实验室间比对或参加能力验证计划，最低频率是一年 4 次。在我国，该项活动由全国畜牧总站和中国奶业协会组织，每月1 次，一年共 12 次。参加生产性能测定的实验室每个月都会收到由 DHI 标准物质制备实验室发出的、由经过认证的检测机构定值的、均匀性和稳定性都非常好的统一样品（一套共 12 个不同梯度的样品），各实验室将仪器测定值上传至管理平台，系统即可自动给出该实验室各台仪器的脂肪、蛋白、乳糖的检测值与标准值的差值，依据一定的判断标准即可知本实验室的检测偏差是否在许可范围内。

根据 NY/T 2659—2014 脂肪、蛋白、乳糖的仪器值与标准值的偏差许可范围为：

一套 12 个样品的平均偏差 $-0.06\% \leqslant MD \leqslant 0.06\%$ ；12 个样品差值的标准差 $SDD \leqslant 0.045\%$ 。

6.4.3.3　使用相同或不同方法进行重复检测

DHI 实验室可以对一定数量的样品，采用相同的方法、利用同一台仪器或不同仪器进行重复检测。

判断指标为：脂肪、蛋白、乳糖同一样品两次测定的绝对差值在 0.06% 以内。

体细胞同一样品两次测定的差值除以平均值在 10% 以内即为正常。

6.4.3.4　对存留样品进行再检测

在实验室每天的测定样品中，可以每隔 100~200 个样品，选取 2~4 瓶样品进行留样再检。

判断指标为：同一样品两次测定的绝对差值在 0.03% 以内即为正常。

6.4.3.5　分析一个物品不同特性量的结果的相关性

利用同一物品不同特性量之间存在的相关分析，可得出相关量之间的经验公式，进而可以利用相关关系间接地用一个量的值来核查另一个量的值。

例如，脂肪＋蛋白质＋乳糖＋0.7＝干物质。

6.4.3.6　DHI 测定中特殊的质量控制方法

6.4.3.6.1　DHI 实验室中控制样（Pilot Sample）的制作和使用

①控制样制作：采集当天的新鲜牛奶，也可以利用完成测定后的样品混合在一起，加入一定量的防腐剂，水浴加热至 42℃ 左右，在加热过程中轻柔搅拌使脂肪充分融化并混合均匀，然后快速分装至样品瓶中，贮存于 4℃ 冰箱或冷库中供一周内使用。

控制样需要每周至少制备一次。需要使用一个有代表性的牛奶样品，并且进行合适的储存和分装。

如果进行 IR 分析，则需要生乳或者均质牛乳。

如果用于体细胞检测仪器，需要生乳。

脂肪、蛋白质和体细胞数量的标准值需要在样品准备完毕后立即测定。记录以下控制样制备信息：制备时间，样品来源，检测的标准值和计算出的平均值，制备人员。

②控制样均匀性检测：为考察控制样分装的均匀性，可按照均匀间隔抽取至少 10% 数量的小瓶，并确保等距抽取样品。比如，分装 100 个小瓶，每 10 个小瓶抽取一个进行均匀性检测。均匀性检测的平均值作为该批控制样的标准值，其后使用控制样时都和该值进行比较以判断是否在许可范围内。

检测抽取样品的脂肪、蛋白质和体细胞数。要求蛋白质和脂肪的极差不超过 0.03%，体细胞数需要在平均值的 7% 以内。如果超出范围，需检查奶样状态，搅拌分装过程。重新制备控制样。应该保存控制样均匀性检测的记录。

③控制样使用：在每天开始测定样品前，先测定 6 个控制样，每个样品测定 3 次，此举即可作为仪器重复性核查，也可作为控制样核查。在测定过程中间，可以每隔 100～200 个样品（或 1 小时）使用 2 瓶控制样，在测定结束时也要使用 2 瓶控制样，如果全部控制样测定值与标准值的偏差都在许可范围内，即可证明全天的测定数据都是可信的。一个批次测试之后或者出现问题时也要进行控制样检测。

④ 判断标准：乳脂肪、乳蛋白质测定值与标准值的差值不超过 0.03%（FOSS 推荐），美国规定控制样乳脂肪和乳蛋白允许差值不超过 ±0.05%，如果漂移超过 ±0.03%，需要进行零点重置；体细胞数差异不能超过 10%。

⑤ 如果仪器检测控制样结果超出可接受范围，需要检测第二个控制样来确认结果。如果第二个控制样检测结果确定在检测值和控制样标准值之间存在差异，那么仪器应该进行清洗、调零和检查。如果问题依然存在，那么将仪器关闭并对其进行维修。

6.4.3.6.2　DHI 测定仪器的性能核查（具体见 6.2.5）　　根据 ISO 8196 / IDF 128，常规测定方法主要的性能核查指标为：

· 重复性核查：推荐每日 1 次；

· 仪器的每日及短期稳定性：可通过控制样核查；

· 校准：使用标准物质进行校准，推荐每 2～4 周一次。

此外，中红外测定仪器方面的性能核查如下：

· 零点核查：每天开机清洗后、每测定 200 个样清洗后及需要时；

· 残留核查：推荐每 2～4 周一次；

· 均质效率核查：推荐每 2～4 周一次；

· 内部修正（即标准化）：推荐每月 1 次，在校准前进行（仅适用于 FOSS）。

7 奶牛生产性能测定数据处理

7.1 基础数据采集

7.1.1 DHI基础数据准备

要使用DHI记录并最大限度地提高牛群的经济效益，首先要确保参加测定的每个牛场所提供的基础数据准确而规范。基础数据的准备是一项具体而又单调的工作，但又是一项极其重要的工作。基础数据的准确性直接关系到指导牛场实际生产的DHI报告可靠性，是牛场一切工作的奠基石。我们一定要以高度的责任心、非常的耐心、万分的细心做好原始数据的收集记录工作。

DHI基础数据主要包括奶牛的牛场信息、牛只系谱、生产性能测定记录、繁殖记录、干奶明细、淘汰转群明细。

7.1.1.1 系谱数据

7.1.1.1.1 牛场信息登记 牛场信息的登记内容包括：牛场编号、牛场名称、奶牛品种、负责人、联系电话、牛场地址等。

· 牛场信息表中主要项的填写要求如下（表7-1）。

表7-1 牛场信息表填写要求

名称	类型	长度	必填项	唯一性
牛场编号	字符	＝6	是	是
牛场名称	字符	≤60	否	否
奶牛品种	字符	≤30	否	否
负责人	字符	≤40	否	否
联系电话	字符	≤50	否	否
牛场地址	字符	≤50	否	否

牛场信息中唯一终生不变的信息是牛场编号，牛场编号按照《GB/T 3157—2008 中国荷斯坦牛》规定进行编号，其他信息可以根据实际情况随时进行维护更改。登记方法：将完善的牛场信息表报送当地DHI测定中心或直接登录《中国荷斯坦牛育种数据网络平台》进行在线申报。具体操作如下：

①打开中国奶牛数据中心网站 http：//www. holstein. org. cn，首页右上栏输入自己的账户名和密码点击"登录"并"进入平台"。《中国荷斯坦牛育种数据网络平台》的账户可以向当地的DHI测定中心索取，也可以自己注册后联系当地DHI测定中心或中国奶牛数据中心获取相应的数据权限。

②依次点击"品种登记→母牛登记→奶牛场信息",点击"申报",在线填写下图相应的信息并"保存"。

③选中要申报的牛场记录点击"申报"即可将牛场信息直接报送中国奶牛数据中心。

7.1.1.1.2　牛只系谱信息登记　牛只系谱需要登记的信息包括牛只编号、当前场编号、牛舍编号、出生日期、出生重、父亲编号、父国别、母编号、母国别,标准耳号,场内管理号等。

牛只系谱信息表中主要项的填写要求如下（表7-2）。

表7-2 牛只系谱信息表填写要求

名称	类型	长度	必填项	唯一性	备注
牛只编号	字符	12	是	是	由数字或数字和英文字母组成
当前场编号	字符	6	是	是	由数字或数字和英文字母组成
牛舍编号	字符	≤10	否	否	
出生日期	日期	≤10	否	否	yyyy-mm-dd,如2012-01-12
出生重（kg）	数字	≤10	否	否	保留1位小数,如30.6
父亲编号	字符	≤30	否	否	
父国别	字符	3	否	否	例如CHN,USA
母亲编号	字符	≤30	否	否	
母国别	字符	3	否	否	例如CHN,USA
标准耳号	字符	6	否	否	场内唯一
场内管理号	字符	≤50	否	否	场内唯一

牛只编号在牛只系谱信息登记中是不允许重复的,牛只编号由牛场编号和6位标准耳号组成,按照《中国荷斯坦牛》标准规定进行编号。父亲编号,必须填写完整的公牛编号。中国公牛完整编号是由8位阿拉伯数字组成,其中前三位代表公牛站号（可登录中国奶牛数据中心网站进行站号查询）。国外公牛编号对位数没有限制。特别强调父亲编号要求填写的是公牛编号而非冻精编号。中国公牛编号和冻精编号是一个号,但国外公牛编号和冻精编号是完全不同的两个号,而国外冻精销售商提供的很多是冻精编号。类似这种公牛编号不确定的情况需要通过中国奶牛数据中心网站进行正确公牛编号的查询。具体的查询方法如下:

①打开中国奶牛数据中心网站http://www.holstein.org.cn。

②首页中下栏输入牛只的部分已知信息。

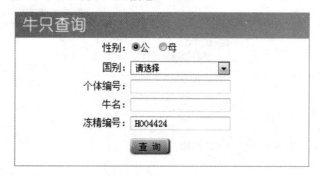

以查找冻精编号0200HO04424对应的公牛号为例,可以在上图所示界面中"冻精编

号"一项后输入"04424"或"HO04424"等，对于记录不完整的冻精编号只需输入其后几位就可以（牛号类同，牛名则需输入开头的部分字符），点击"查询"按钮结果如下图所示。

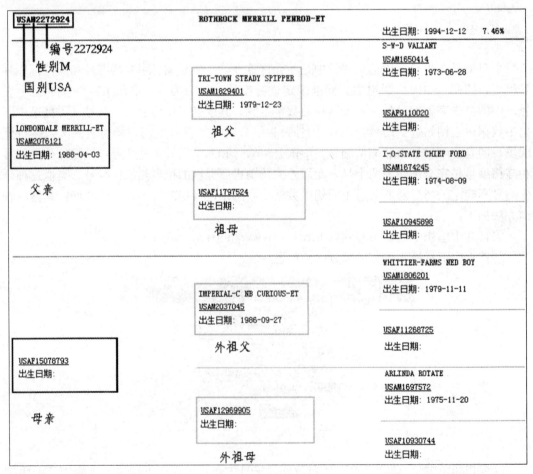

公牛编号	国别	曾用号	牛名	冻精编号	出生日期	父号	父国别	母号	母国别
2272924	[USA]美国		ROTHROCK MERRILL PENROD-ET	0011H004424	1994-12-12	2076121	USA	15078793	USA
126955642	[USA]美国		CROCKETT-ACRES SULLY MIC-ET	0200H004424	1999-01-07	2205082	USA	15489359	USA
1887658	[USA]美国		CURTMAID MILKMASTER ROCKY TWO	0029H004424	1981-12-07	1722425	USA	9209839	USA
2106308	[USA]美国		QUIETCOVE-PEG MADISON-ET *TL	0054H004424	1989-05-09	1879149	USA	10191243	USA

共4条 第1/1页   ◄ ◄ ► ►◄ 第1 页转

③按照自己手上已有的资料来确认哪头牛才是自己母牛的父亲，其中"公牛编号"一列所显示的号码才是正确的编号。点击具体的公牛编号值可以打开对应牛的谱系，谱系的正确解读如下图：

A. 母亲编号，国内母亲编号的记录如同牛只编号，一定要登记其12位的编号，不能填写标准耳号或场内管理号。

B. 场内管理号，这是牛场管理人员给牛只的自行编号，目的是区分本场内的不同牛只，故只用保证本场内没有重复编号，其他规则没有特别限制。

C. 国别，无论是牛只自身的国别还是父、母亲的国别，一律用国家代码即三位大写的英文字母来记录。具体的国别代码如下（表7-3）。

表7-3 国别代码

编码	国家	编码	国家
CHN	中国	ISR	以色列
CAN	加拿大	ITA	意大利
USA	美国	JPN	日本
ARG	阿根廷	LUX	卢森堡
AUS	澳大利亚	MEX	墨西哥
AUT	奥地利	NLD	荷兰
BEL	比利时	NZL	新西兰
BGR	保加利亚	NOR	挪威
HRV	克罗地亚	POL	波兰
CZE	捷克	PRT	葡萄牙
DNK	丹麦	ROM	罗马尼亚
EST	爱沙尼亚	RUS	俄国
FIN	芬兰	SVK	斯洛伐克
FRA	法国	SVN	斯洛文尼亚
DEU	德国	ZAF	南非
GRC	希腊	ESP	西班牙
HUN	匈牙利	SWE	瑞典
IRL	爱尔兰	CHE	瑞士
IJE	泽西岛	GBR	联合王国（英国）

牛只系谱记录的准确性直接影响牛场自身群体改良计划的制订。记录人员应尽量提供真实的、详细的、完整的系谱资料。

系谱资料可以直接录入FreeDMS或整理成固定格式的Excel文件向当地DHI测定中心报送，也可以直接登录《中国荷斯坦牛育种数据网络平台》在线上报（操作提示：登录平台→品种登记→母牛登记→奶牛档案管理）。牛只系谱格式见表7-4。

表7-4 牛只系谱格式

初次参测牛只档案明细

测定场编号： 　　　　　登记日期：

序号	标准耳号	场内管理号	国别	舍号	胎次	上次产犊日期	本次产犊日期	出生日期	父亲	父国别	母亲	母国别	外祖父	外祖母
1														
2														
3														

　　中国奶牛数据中心数据库中对系谱信息采取"只补充不修改"原则即：如果数据库中已经有这头牛的信息则用户只能对其缺失的信息进行补充，对于已经存在的项是不允许修改的。系谱记录人员如果发现系谱错误，除了更改自己数据库的记录外，还需要给中国奶牛数据中心发一份系谱更改的声明，并提供固定格式的 EXCEL 文件（表7-5）。格式中的第一列"原12位牛只编号"是必须要记录的。

表7-5 牛只系谱变更文件

原12位牛号	变更后12位牛号	原耳号	新耳号	原父编号	新父编号	原母编号	新母编号	原场内管理号	新场内管理号	……

　　牛场进行重新编号必须由当地 DHI 测定中心协助完成，同时当地 DHI 测定中心需要给中国奶牛数据中心发一份系谱更改的声明和如上格式的 EXCEL 文件。
　　牛只编号不得重复使用，即新增加的登记牛只不得使用已淘汰牛只的编号。

7.1.1.2 生产性能测定数据

　　生产性能测定记录项包括：牛号、场内管理号、牛场编号、牛舍编号、采样日期、胎次、产奶量、乳脂率、乳蛋白率、乳糖率，尿素氮，体细胞数。
　　场内管理号、牛场编号、牛舍编号、胎次、采样日期、产奶量，这几项内容由奶牛场数据人员记录完成。每次取样时牛场记录人员要登记（表7-6）。

表7-6 送样记录

送样记录表

测定场编号：				采样日期：	
序号	筐号	瓶号	场内管理号	标准耳号	日产奶（kg）	备注
---	---	---	---	---	---	---
1		1				
2		2				
3		3				
4		4				

(续)

送样记录表

测定场编号：					采样日期：	
序号	筐号	瓶号	场内管理号	标准耳号	日产奶（kg）	备注
5		5				
6		6				
……		……				

送样记录表填写要求见表7-7。

表7-7 送样记录表填写要求

名称	类型	长度	必填项	唯一性	备注
序号	数字	12	是	是	整数
筐号	字符	50	否	否	由测定中心编写
瓶号	字符	50	否	否	由测定中心编写
测定场编号	字符	＝6	是	否	例如 110001
采样日期	日期	＝10	是	否	例如 2014-01-01
场内管理号	字符	≤50	是	是	场内唯一
标准耳号	字符	＝6	是	是	场内唯一由 DHI 中心提供
日奶量	数字	≤12	否	否	小数点后保留一位

7.1.1.2.1 流量计的正确安装和读取直接关系到产奶量记录的准确性。

7.1.1.2.2 DHI实验室需严格按照实验室操作规范对所送样品进行检测，正确记录其乳脂率，乳蛋白率，体细胞数，乳糖率，尿素氮，总固物，见表7-8。

表7-8 乳成分分析结果

乳成分分析结果

测定场编号：				采样日期：							
序号	场内管理号	标准耳号	胎次	乳脂率	蛋白率	乳糖率	总固物	体细胞数	尿素氮	非蛋白氮	备注
1											
2											
3											
4											
5											
……											

注：表中黑体字项目由DHI中心填写。

乳成分分析结果表填写要求见表 7-9。

表 7-9 乳成分分析结果表填写要求

名称	类型	长度	必填项	唯一性	备注
序号	数字	12	是	是	整数
测定场编号	字符	6	是	否	例如 110001
采样日期	日期	10	是	否	例如 2014-01-01
场内管理号	字符	≤50	是	是	场内唯一
标准耳号	字符	6	是	是	场内唯一由 DHI 中心提供
胎次	数字	≤2	否	否	整数
乳脂率	数字	≤12	否	否	小数点后保留两位
蛋白率	数字	≤12	否	否	小数点后保留两位
乳糖率	数字	≤12	否	否	小数点后保留两位
总固物	数字	≤12	否	否	小数点后保留两位
体细胞数	数字	≤12	否	否	整数
尿素氮	数字	≤12	否	否	小数点后保留两位
非蛋白氮	数字	≤12	否	否	小数点后保留两位
体膘	数字	≤12	否	否	小数点后保留两位

7.1.1.3 繁殖记录

牛只的繁殖记录包括如下项：场内管理号、标准耳号、牛场编号、胎次、初配日期、配妊日期、与配公牛、公牛国别、产犊日期。其中场内管理号，胎次和产犊日期是必须要记录的项。DHI 记录需结合繁殖记录才更具有数据挖掘价值。

牛场数据记录人员需要按月给当地测定中心报送本牛场的繁殖信息，其记录格式如下（表 7-10）。

表 7-10 奶牛场繁殖信息记录

繁殖记录

测定场编号：					采样日期：				
序号	场内管理号	标准耳号	国别	胎次	初配日期	配妊日期	与配公牛	公牛国别	产犊日期	备注
1										
2										
3										
4										
5										
6										

牛场繁殖记录表填写要求见表 7-11。

表 7 - 11 牛场繁殖记录表填写要求

名称	类型	长度	必填项	唯一性	备注
序号	数字	12	是	是	整数
测定场编号	字符	＝6	是	否	例如 110001
采样日期	日期	＝10	是	否	例如 2014 - 01 - 01
场内管理号	字符	≤50	是	是	场内唯一
标准耳号	字符	＝6	是	是	场内唯一，由 DHI 中心提供
胎次	数字	≤2	否	否	整数
初配日期	日期	＝10	否	否	例如 2014 - 01 - 01
配妊日期	日期	＝10	否	否	例如 2014 - 01 - 01
与配公牛	字符	≤40	否	否	
公牛国别	字符	＝3	否	否	大写3位字母如：CHN
产犊日期	日期	＝10	否	否	例如 2014 - 01 - 01

DHI 测定中心或牛场的数据人员可以通过《中国荷斯坦牛育种数据网络平台》自查可能漏报的繁殖记录，具体操作如下：

①登录《中国荷斯坦牛育种数据网络平台》；

②依次点击 DHI→测定年度总结→不符合条件数据明细，输入所查牛场编号、年度及月份，选择"泌乳天数异常"后点击"查询"，在所列出来的牛只中泌乳天数超大的牛只就要考虑是否漏报了该牛只的产犊记录。

7.1.1.4 干奶牛明细

对于干奶的牛只一定要及时上报干奶牛明细，这一项对于计算牛只胎间距很重要。其主要内容包括：测定场编号、采样日期、场内管理号、标准耳号、胎次、干奶日期（表7-12）。

表7-12 牛场参测干奶牛明细

牛场参测干奶牛明细

测定场编号：				采样日期：	
序号	场内管理号	标准耳号	胎次	干奶日期	备注
1					
2					
3					
4					
5					
6					

干奶牛明细表的具体填写要求见表7-13。

表7-13 干奶牛明细表的具体填写要求

名称	类型	长度	必填项	唯一性	备注
序号	数字	12	是	是	整数
测定场编号	字符	=6	是	否	例如 110001
采样日期	日期	=10	是	否	例如 2014-01-01
场内管理号	字符	≤50	是	是	场内唯一
标准耳号	字符	=6	是	是	场内唯一，由DHI中心提供
胎次	数字	≤2	否	否	整数
干奶日期	日期	=10	否	否	例如 2014-01-01

7.1.1.5 淘汰牛明细、转舍牛明细

淘汰牛明细中主要记录牛只的淘汰原因及时间。转舍牛明细记录牛只转舍的具体情况（表7-14）。

表7-14 牛场参测淘汰牛明细

牛场参测淘汰牛明细

测定场编号：		6位	采样日期：	Yyyy-mm-dd
序号	场内管理号	标准耳号	离场日期	备注
1		6位	Yyyy-mm-dd	
2				
3				
4				
5				
6				

牛场参测牛只转舍明细见表 7 – 15。

表 7 – 15　牛场参测牛只转舍明细

牛场参测牛只转舍明细

测定场编号：		6 位		采样日期：	Yyyy – mm – dd
序号	场内管理号	标准耳号	转入舍	转舍日期	备注
1		6 位		Yyyy – mm – dd	
2					
3					
4					
5					
6					

7.1.2　数据处理方式及过程

DHI 数据传输的过程包括奶牛场、DHI 测定中心和中国奶牛数据中心数据上传和下载两个过程，其中数据上传方式包括以下两种：

①牛场将基数数据传送给 DHI 测定中心，DHI 测定中心把牛场基础数据和 DHI 测定日记录整合后，一起传送至中国奶牛数据中心。

②牛场和 DHI 测定中心分别将牛场基础数据和 DHI 测定日记录传送至中国奶牛数据中心。

数据下载方式包括以下三种：

①牛场从中国奶牛数中心的《中国荷斯坦牛育种数据网络平台》直接获得 DHI 测定日记录和 DHI 报告；

②DHI 测定中心从中国奶牛数中心的《中国荷斯坦牛育种数据网络平台》获取牛场基础数据；

③牛场从中国奶牛数中心的《中国荷斯坦牛育种数据网络平台》直接获得 DHI 测定日记录和 DHI 报告。

DHI 测定中心按照要求在规定时间内完成样品测定和数据处理、报告发放、数据上报等工作。数据处理员检查牧场奶样和采样数据，对牛群资料遗漏或数据有误的牧场及时通过电话、传真或 Email 联系进行补充或更正，审核后奶样交由实验室检测。实验室检查样品质量，将符合检测标准的样品检测；检测后的奶样留存，待质量负责人审核合格后，方可弃去。实验室将审核合格后的结果传至数据处理室，数据处理员审核牧场采样数据和实验室检测数据，通过审核的数据导入到 CNDHI 软件生成报告。数据处理员和质量负责人审核 DHI 报告，技术负责人签发。DHI 报告以信件或邮件方式发送给牧场，并及时询问牧场报告收到与否，如未收到或遗失，及时补寄。对有上网条件的牧场，可以利用 Email 等电子形式发送，确保 DHI 报告能及时准确地反馈回牧场。

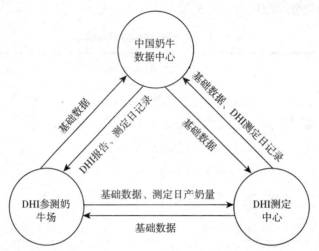

图 7-1　奶牛场、DHI 测定中心和中国奶牛数据中心、数据上传和下载过程

7.2　奶牛生产性能测定未知样及校准数据处理

各 DHI 测定实验室在中国奶牛数据中心 http：//www.holstein.org.cn/登录进入中国荷斯坦牛育种数据网络平台（以下简称"平台"），登陆后进行未知样测定值上传、标准值获取、数据分析报告查阅。

7.2.1　信息登记

首次登录平台需进行信息登记，进入平台后在 DHI 测定中心、实验室人员管理、设备管理、测定量管理和个人设置输入本实验室的人员、设备和检测等基本情况。

7.2.2　未知样测定值上传

每月完成由全国畜牧总站制备的 12 个样品的未知样检测以后，登录平台进入未知样数据模块，选择正确的年月及仪器型号，按编号大小顺序依次输入样品编号及对应乳脂肪、乳蛋白和乳糖（每三个月校准一次）测定值，编号格式为"♯1，♯2，……"。

7.2.3　标准值查阅

在上传本实验室所有仪器的未知样检测数据并保存后，即可查看当月全国畜牧总站上传到平台的 12 个校准样品的标准值，使用标准值进行仪器校准。

7.2.4　数据分析

完成每月未知样上传工作后，进入平台点击数据分析，可查阅本实验室每台仪器检测的未知样测定值与标准值之间的平均差值 MD，差值的标准差 SDD 和滚动平均差值 RMD 数据。借鉴美国标准：美国虽然每个月进行一次未知样（盲样）检测，但大多数中心每周都购买一套标准样品进行校准，以防未知样检测不通过造成严重后果。MD（％）：测定值与标准值差值的平均值，要求在±0.05％以内。SDD（％）：测定值与标准值差值的标准差，要求在 0.06％以内。RMD（％）：指每台仪器前 6 个月 MD 的平均值，要求在±0.02％以内。

下图为某测定中心每个月乳脂肪、乳蛋白和乳糖的 MD、SDD、RMD 值。

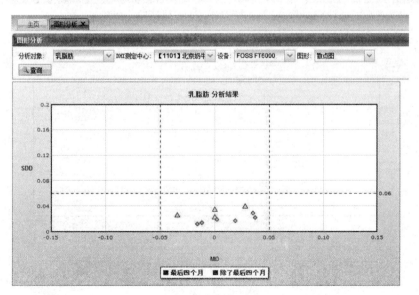

7.2.5　图表分析

进入平台点击图表分析，选择需要查阅的测定中心、成分类型和设备，查阅本实验室当月每台仪器检测未知样测定值的散点图和曲线图，更直观地看到本中心的未知样检测情况。

上图为某中心乳脂肪检测的散点图，其中三角代表最后四个月的 MD、SDD 值，菱形代表除了最后四个月的 MD、SDD 值。从图中可以看出数据都在许可范围内。

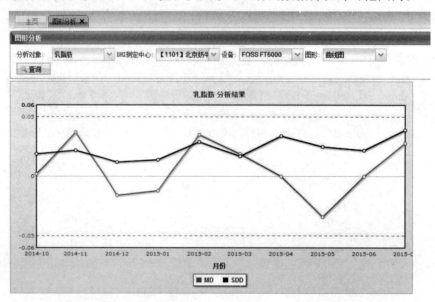

上图为某中心乳脂肪检测的曲线图，从图中可以看出该中心每个月未知样检测的 MD、SDD 值的变化趋势。

7.2.6 图表比较

进入平台后点击图形比较选项，选择上报年月和成分类型查看本中心在全国各测定中

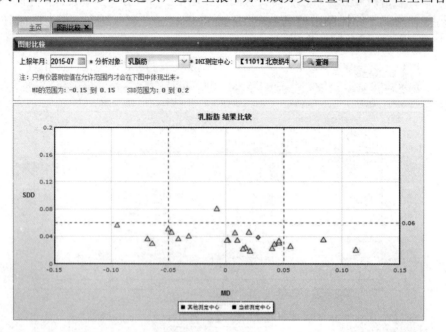

心所处的位置。超出检测数据合理范围的数据不在图中显示，其中 MD 的合理范围是 $-0.15\sim0.15$，SDD 的合理范围是 $0\sim0.2$。

上图为某中心 2015 年 7 月乳脂肪检测的图形比较，从图中可以看出本中心检测能力在全国检测中心所处的位置。

7.2.7　分析报告与绩效评价

平台的数据分析功能目前还在完善中，后续将逐步实现系统各测定实验室月度测定报告、年度测定报告、年度绩效评价报告自动生成、一键打印等功能。

8　奶牛生产性能测定报告解读与应用

通过测定奶牛的日奶量、乳成分、体细胞数等指标并收集相关资料（奶牛系谱、胎次、分娩日期等资料），对其进行系统的分析后，获得一系列反应奶牛群配种、繁殖、营养、疾病、生产性能等方面信息，将这些信息按照规定的格式形成的系统文件即为 DHI 报告。DHI 报告是牛场发现饲养管理问题、不断提高技术水平，增加养殖效益的有效工具。

8.1　DHI 报告常用名词及算法

8.1.1　牛号

对一个特定的奶牛来说这是唯一的号，是按照国家标准规定的 12 位编号，在中国没有别的奶牛与它重号，这一点是很重要的，这可以使信息用于不同的方面。

8.1.2　出生日期

是个体牛只出生日期。

8.1.3　产犊日期

是个体牛只某一胎次的产犊日。

8.1.4　产犊间隔

是相邻两次产犊日期相差的天数，即本次分娩日期—上次分娩日期，单位为天。

8.1.5　分组号

牛群分群管理分组号，是由牛场提供的数据，数据分析中重要分组类别之一。

8.1.6　采样日期

是 DHI 测定采样日期。

8.1.7　测定头数

指有效采集奶样参加 DHI 测定牛头数。

8.1.8　泌乳天数

指测定牛只当前胎次从产犊到本次采样日的实际天数，即：采样日期—分娩日期。

8.1.9　平均泌乳天数

指当月参加 DHI 测定牛只泌乳天数的平均值。

8.1.10　平均胎次

指全群母牛产犊次数的平均数。

8.1.11　日奶量

指泌乳牛测定日当天 24 小时的总产奶量。

8.1.12　同期校正

是以某一个月的泌乳天数和产奶量为基础值按泌乳天数对其他月份的产奶量进行校正。

计算公式：同期校正＝基础月的日产奶量－（校正月的泌乳天数－基础月的泌乳天数）×0.07

8.1.13　乳脂率

指泌乳牛测定日牛奶中所含脂肪的百分比。

8.1.14　乳蛋白率

指泌乳牛测定日牛奶中所含乳蛋白的百分比。

8.1.15　脂蛋比

指测定日奶样乳脂率与乳蛋白率的比值，即：乳脂率/蛋白率。

8.1.16　体细胞数

指泌乳牛测定日牛奶中体细胞的数量，体细胞包括中性粒细胞、淋巴细胞、巨噬细胞及乳腺组织脱落的上皮细胞等。

8.1.17　体细胞分

该牛只体细胞数的自然对数，分值为 0～9 分，体细胞数越高对应的分值越大。具体算法见表 8-1。

表 8-1　体细胞数计算

体细胞数（千）	体细胞分
≤12.5	0
>12.5	体细胞分＝取整 [lg（体细胞数/12.5）/lg（2）＋0.5] 如果体细胞分>9，则体细胞分=9

体细胞数与体细胞分对照见表 8-2。

表 8-2　体细胞数相对应的体细胞分

体细胞分	体细胞数×1 000	体细胞中间值×1 000
1	18～34	25
2	35～68	50
3	69～136	100
4	137～273	200
5	274～546	400
6	547～1 092	800
7	1 093～2 185	1 600
8	2 186～4 271	3 200
9	＞4 271	6 400

8.1.18　奶损失

指因乳房受细菌感染等原因导致体细胞数（SCC）升高而造成的产奶损失。

具体算法见表 8-3。

表 8-3　体细胞数与奶损失对照

体细胞数（千个/毫升）	奶损失
SCC＜150	0
150≤SCC＜250	1.5×日产奶/98.5
250≤SCC＜400	3.5×日产奶/96.5
400≤SCC＜1 100	7.5×日产奶/92.5
1 100≤SCC＜3 000	12.5×日产奶/87.5
SCC≥3 000	17.5×日产奶/82.5

8.1.19　奶款差

奶损失×当前奶价。

8.1.20　经济损失

奶款差/（64%）。

8.1.21　校正奶（个体）

是将测定日实际产量校正到三胎、产奶天数为 150 天、乳脂率为 3.5% 的奶量。

具体计算公式如下：

校正奶 ＝ ｛0.432×日产奶＋16.23×日产奶×乳脂率＋［（产奶天数－150）×

0.002 9〕×日产奶}×胎次校正系数

胎次校正系数：

表 8-4 胎次校正系数

胎次	系数	胎次	系数
1	1.064	5	0.93
2	1.00	6	0.95
3	0.958	7	0.98
4	0.935	＞7	0.98

8.1.22 校正奶（群体）

0.432×群体平均日产奶＋16.23×群体平均日产奶×群体平均乳脂率＋〔（群体平均泌乳天数－150）×0.002 9〕×群体平均日产奶

8.1.23 高峰奶

指泌乳牛本胎次测定中，最高的日产奶量。

8.1.24 高峰日

指在泌乳牛本胎次测定中，奶量最高时的泌乳天数。

8.1.25 持续力

是反映个体牛只泌乳持续能力的一个指标，产奶量上升阶段持续力大于100，下降阶段小于100，单位为％。具体计算方法如下：

表 8-5 持续力计算方法

泌乳天数	持续力
≤400	{1－（上次奶量－本次奶量）×〔30/（本次测定日期－上次测定日期）〕/上次奶量}×100
＞400	D＞400（不计算）

8.1.26 牛奶尿素氮（MUN）

指泌乳牛测定日牛奶中尿素氮的含量。

8.1.27 WHI

群内级别指数，是用牛只个体校正奶除以群体平均校正奶得到的，是一个相对值，正常范围为90～110。

即：个体校正奶/群体校正奶×100（注：全群 WHI＝100）。

8.1.28 前奶量

是本胎次上一个测定日奶量值。

8.1.29 前体细胞数

是本胎次上一个测定日体细胞数。

8.1.30 前体细胞分

是本胎次上一个测定日体细胞数分值。

8.1.31 总奶量

指从产犊之日起到本次测定日时，牛只的泌乳总量，对于已完成胎次泌乳的奶牛而言则代表胎次产奶量。

表 8-6　总奶量计算方法

条件 计算值	泌乳天≤30	泌乳天＞30	
		上次泌乳天＜40	上次泌乳天≥40
总产奶	上次总产奶＋日产奶×泌乳间隔×[0.605＋0.0 435×SQRT（泌乳间隔）]	上次总产奶＋日产奶×泌乳间隔	上次总产奶＋（日产奶＋上次日产奶）×泌乳间隔/2

8.1.32 总乳脂

指从产犊之日起到本次测定日时，牛只的乳脂总产量。

表 8-7　总乳脂计算方法

条件 计算值	泌乳天≤30	泌乳天＞30	
		上次泌乳天＜40	上次泌乳天≥40
总乳脂	上次总乳脂量＋日产奶×泌乳间隔×乳脂率/100	上次总乳脂量＋日产奶×泌乳间隔×乳脂率/100	上次总乳脂量＋（乳脂率×产奶量＋上次乳脂率×上次产奶量）×泌乳间隔/200

8.1.33 总蛋白

指从产犊之日起到本次测定日时，牛只的乳蛋白总产量。

表 8-8　总蛋白计算方法

条件 计算值	泌乳天≤30	泌乳天＞30	
		上次泌乳天＜40	上次泌乳天≥40
总蛋白	上次总蛋白量＋日产奶×泌乳间隔×蛋白率/100	上次总蛋白量＋日产奶×泌乳间隔×蛋白率/100	上次总蛋白量＋（蛋白率×产奶量＋上次蛋白率×上次产奶量）×泌乳间隔/200

8.1.34　平均乳脂率、平均蛋白率

平均乳脂率＝（总乳脂量/总奶量）×100

平均蛋白率＝（总蛋白量/总奶量）×100

8.1.35　305 天奶量

305 天预计产奶量指泌乳天数不足 305 天时预计 305 天产奶量，达到或者超过 305 天奶量的为 305 天实际产奶量。

8.1.36　305 天估计产奶量

305 天估计产奶量＝总奶量×估计系数

估计系数见表 8-9。35 天的估计系数＝8.32－（8.32－6.24）/10×（35－30）。

表 8-9　估计系数

产奶天数（天）	第一胎	二胎以上	产奶天数（天）	第一胎	二胎以上
30	8.32	7.42	180	1.51	1.41
40	6.24	5.57	190	1.44	1.35
50	4.99	4.47	200	1.33	1.30
60	4.16	3.74	210	1.32	1.26
70	3.58	3.23	220	1.27	1.22
80	3.15	2.85	230	1.23	1.18
90	2.82	2.56	240	1.19	1.14
100	2.55	2.32	250	1.15	1.11
110	2.34	2.13	260	1.12	1.09
120	2.16	1.98	270	1.08	1.06
130	2.01	1.85	280	1.06	1.04
140	1.88	1.73	290	1.03	1.03
150	1.77	1.64	300	1.01	1.01
160	1.67	1.55	＞305	实际 305 天奶量	
170	1.58	1.48			

8.1.37　305 天乳脂量、305 天蛋白量

305 天乳脂量＝305 天奶量×平均乳脂率/100

305 天蛋白量＝305 天奶量×平均蛋白率/100

8.1.38　成年当量

成年当量指各胎次产量校正到第五胎时的 305 天产奶量。一般在第五胎时，母牛的身

体各部位发育成熟，生产性能达到最高峰。利用成年当量可以比较不同胎次的母牛在整个泌乳期间生产性能的高低。

成年当量＝305 天估计产奶量×成年当量系数

表 8－10　成年当量系数

胎次	系数	胎次	系数
1	1.147 6	6	1.008 0
2	1.078 1	7	1.032 9
3	1.033 3	8	1.077 4
4	1.008 2	>8	1.077 4
5	1.000		

8.1.39　首次体细胞

本胎次第一测定时的体细胞数。

8.1.40　干奶天数

本胎次分娩前，奶牛的干奶时间。计算公式为：本胎次分娩日期－上胎次干奶日期。

8.1.41　总泌乳日

奶牛在本胎次中总的泌乳天数，计算公式为：干奶日期－分娩日期。

8.1.42　泌乳月

（采样日期－分娩日期）／30.4（数值结果取整）。

8.1.43　胎次比例失调奶损失

期望牛群比例：1 胎：2 胎：3 胎及以上＝30％：20％：50％；

期望牛群年产奶量＝牛群头数×（1 胎 305 天平均产奶量×30％＋2 胎 305 天平均产奶量×20％＋3 胎及以上 305 天平均产奶量×50％）；

实际牛群年产奶量＝牛群头数×（1 胎 305 天平均产奶量×实际 1 胎比例＋2 胎 305 天平均产奶量×实际 2 胎比例＋3 胎及以上 305 天平均产奶量×实际 3 胎及以上胎比例）；

损失＝期望牛群年产奶量－实际牛群年产奶量。

如果损失＞0，则存在比例失调奶损失。

8.1.44　高峰日丢失奶损失

高峰日丢失奶损失＝牛群头数×理想高峰日×（实际高峰日－理想高峰日）×0.07＋牛群头数×（实际高峰日－理想高峰日）^{2}×0.07/2

8.1.45 泌乳期过长奶损失

泌乳期过长奶损失＝泌乳牛头数×0.07×（实际平均泌乳天数－理想平均泌乳天数）×365

注：此损失表示牧场一年的损失。

8.1.46 胎次间隔过长奶损失

胎次间隔过长奶损失＝泌乳群头数×（产犊成活率/2）×［（实际产犊间隔－理想产犊间隔）/理想产犊间隔］×母犊牛价格

注：计算结果单位为元，表现为损失母犊牛造成的损失。

8.1.47 干奶比例失衡奶损失

理想泌乳周期产奶量＝305天产奶量平均×理想非干奶比例（85％）×牛群头数

注：85％由60（干奶期）/365或2/12计算。

实际泌乳周期产奶量＝305天产奶量平均×实际非干奶比例×牛群头数

干奶比例失衡奶损失＝理想泌乳周期产奶量 － 实际泌乳周期产奶量

8.1.48 体细胞带来的年奶损失

当日奶损失＝合计奶损失

年奶损失＝本年度合计奶损失

8.1.49 淘汰牛年龄过小奶损失

淘汰牛年龄过小奶损失＝淘汰牛平均成年当量×淘汰牛平均胎次×淘汰牛头数。

8.2 DHI 报告解读

以下几种常用的DHI报告与牛场的实际生产结合较为紧密，应进行重点分析。

8.2.1 月平均指标跟踪

表 8-11　某奶牛场的月平均指标跟踪

月平均指标跟踪															
月度	测定头数（头）	泌乳天数（天）	胎次（胎）	日奶量（千克）	同期校正（千克）	差值（千克）	乳脂率（％）	蛋白率（％）	脂蛋比	体细胞（万个/毫升）	奶损失（千克）	细胞分	305天奶量（千克）	高峰奶（千克）	高峰日（天）	持续力	尿素氮（毫克/分升）
2014-05	161	217	1.8	33.76	—	0	3.96	3.19	1.25	18.9	0.48	3.0	9 519	39.52	91	98	
2014-06	166	218	1.8	33.70	33.69	0.01	3.72	3.19	1.16	19.1	0.46	3.1	9 763	39.64	92	99	
2014-07	161	224	1.8	33.19	33.27	−0.08	3.59	3.19	1.13	28.1	0.71	3.4	9 859	40.15	95	98	

（续）

月平均指标跟踪

月度	测定头数（头）	泌乳天数（天）	胎次（胎）	日奶量（千克）	同期校正（千克）	差值（千克）	乳脂率（%）	蛋白率（%）	脂蛋比	体细胞（万个/毫升）	奶损失（千克）	细胞分	305天奶量（千克）	高峰奶（千克）	高峰日（天）	持续力	尿素氮（毫克/分升）
2014-08	166	222	1.8	27.11	33.41	-6.30	3.80	3.19	1.2	30.9	0.66	3.5	9 756	39.41	90	80	
2014-09	186	196	1.9	31.14	35.23	-4.09	3.93	3.33	1.19	14.2	0.32	1.9	9 741	38.96	78	122	
2014-10	189	186	2.0	32.34	35.93	-3.59	4.08	3.33	1.24	32.0	0.85	3.6	9 611	40.44	68	102	
2014-11	191	184	2.0	34.66	36.07	-1.41	4.45	3.35	1.34	41.1	1.13	3.8	9 408	41.49	76	107	
2014-12	210	176	2.0	35.46	36.63	-1.17	4.30	3.26	1.32	34.8	1.07	3.9	9 454	41.42	80	102	
2015-01	224	168	2.0	34.84	37.19	-2.35	4.30	3.18	1.36	31.4	1.06	3.8	9 552	41.36	77	98	
2015-02	239	169	2.0	35.22	37.12	-1.90	4.30	3.23	1.34	25.4	0.62	3.4	9 647	41.81	78	100	
2015-03	215	171	1.8	34.29	36.98	-2.69	4.18	3.12	1.35	28.0	0.74	3.6	9 929	42.33	75	95	
2015-04	213	203	1.9	34.91	34.74	0.17	3.94	2.95	1.34	25.8	0.81	3.7	9 963	43.43	78	103	
2015-05	216	234	1.9	33.21	32.57	0.64	3.84	3.03	1.27	24.8	0.65	3.6	10 039	43.52	81	97	

　　本报告提供最近 13 个月参测场 DHI 主要指标平均数，通过比较牛群测定头数、泌乳天数、日奶量等各项指标的变化，发现一年来牛群生产水平变化情况，实现对牛群有一个动态的了解。如果相邻 2 个月各项指标变化较大，则要结合生产实际状况认真查找原因。如 2014 年 7 月之后日产奶量出现明显下降，8 月达到最低，9 月之后产奶量逐渐回升，分析其原因可能是热应激造成的。一般情况下如果采取有效的热应激防护措施产奶量下降不超过 3 千克/（头·天）（10% 以内），该场 8 月日单产比 7 月平均降低了 6.3 千克，因此该场需要依据热应激带来的损失权衡经济利益，采取适当的防暑降温措施。

　　测定头数指有效采集奶样参加 DHI 测定牛头数。解读该报告是建立在全群连续测定的基础上，因此，测定头数应该变化不大，一般情况下相邻两月测定头数上下浮动应在 10% 以内，否则会显著影响报告分析的准确性。

　　平均泌乳天数指当月参加 DHI 测定牛只泌乳天数的平均值。泌乳天数指测定牛只当前胎次从产犊到本次采样日的实际天数，该指标反映奶牛所处的泌乳阶段，用于计算 305 天预计产奶量等相关生产性能参数，单位为天。平均泌乳天数反映了牛群繁殖状况，全年均衡配种的情况下，正常值应该在 150～170 天，平均泌乳天数变化较大时，表明该牛群繁殖管理和产后护理存在较大问题。平均泌乳天数过长会造成潜在的奶损失，如图 8-1 所示。

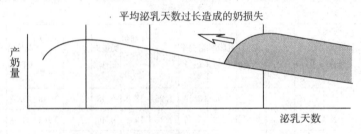

图 8-1　平均泌乳天数过长造成奶损失示意图

　　该场 2015 年 4 月之前，平均泌乳天数由 217 天下降到 171 天，达到正常值范围内，说明 2014 年 6 月之前繁殖工作取得明显成效。但从 2015 年 5 月开始，平均泌乳天数明显增加且测定头数相对稳定，说明 2014 年 6 月之后繁殖工作出现了问题（注：平均泌乳天数与牛场是否及时上报产犊记录有关）。

　　日奶量重点反映牛只、牛群当前实际产奶水平，与同期校正奶对比使用，如本报告中是把 2014 年 5 月作为基础月对其他月份进行校正，2014 年 6 月的同期校正＝ 33.76 －（218－217）×0.07＝33.69，这样就得到了该月校正到 2014 年 5 月同期的产奶量理论值，如果该理论值大于该月实际日奶量就说明牛群生产水平在向好的方面发展。该场 2014 年 7 月至 2015 年 3 月期间的实际日奶量都小于同期校正值，说明该场生产水平在此期间一直没有达到 2014 年 5 月的水平。日奶量与同期校正的差值为负值说明产量下降，反之上升。

　　高峰奶每增加 1 千克，胎次奶量可增加 200～300 千克。高峰奶与胎次奶量的关系见图 8-2。

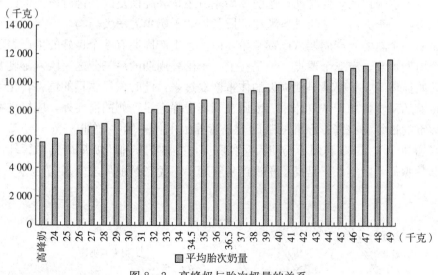

图 8-2　高峰奶与胎次奶量的关系

　　影响高峰奶的因素包括：

　　①体况评分：临产奶牛应用适当的体况。体况过丰，产后采食量较低，能量负平衡加剧，代谢病发病率上升。体况过欠，则在产后采食量未达到高峰前没有足够的体内贮存支持泌乳，难以达到理想的峰值产奶量。奶牛临产前的适应体况评分推荐值为 3.25～3.5。

　　②育成牛饲养：应重视育成牛的饲养，使之能够达到理想的体尺体重，并且通过科学的培育使瘤胃有较大的体积和吸收能力，这会影响一生的生产性能。育成牛临产前应有适宜的体况，尽量减少产后发病率。大型奶牛品种临产前适宜体重一般为 550 ～ 600 千克。

　　③产房管理：分娩前后奶牛面临剧烈的生理应激，身体虚弱。因此，应加强产房管理，使奶牛在安静、清洁、干燥、光线充足的环境中产犊，避免子宫和其他感染。

　　④产后日粮调整：奶牛是反刍动物，调整日粮应逐渐进行，以使瘤胃微生物种类和数量发生适应性调整。产后应避免剧烈改变日粮组成，不得已的情况下应有 2 周左右逐渐换

料的时间。一般产后可饲喂产前日粮，随着产量增加逐渐增加精料，每天增加的幅度不能超过1千克。另外，饮水很重要，始终不能忘记给奶牛充足的清洁饮水并方便饮用。

⑤遗传：峰值产奶量受遗传的影响，奶牛场应重视选种选配，不断提高牛群的遗传基础。

⑥乳房炎：泌乳早期发生任何疾病都会影响产后升奶幅度和峰值产奶量。干奶期是治疗乳房炎的最佳时期，对体细胞数过高的奶牛应利用干奶期加强治疗。产前产后乳房炎易发，应加强卫生和饲养管理，降低乳房炎发病率。

⑦产后疾病并发症：如果奶牛产后受到应激，将不能达到理想的泌乳峰值水平，并发症起因于不当的干奶期饲养、不洁的产犊环境及过多干预自然产犊过程。降低所有的应激都能促使产奶峰值的到达。

⑧挤奶不完全：劣质的设备和维护、较差的挤奶程序将降低产奶峰值的高度。

⑨干奶牛管理：昨天怎样对待奶牛，将决定明天会发生什么。虽然奶牛在干奶期不产奶，没收入，但不能被忽视，这是可以校正牛的膘情的最后机会，也是修复前期高精料饲喂导致瘤胃上皮损伤的重要时期，产前3周左右还是乳腺恢复的关键阶段。保证下次泌乳有健康乳房的安全方法，是给乳房灌注高质量长效干奶牛乳房炎药物。

奶牛的一个新的生产周期从产犊开始，但使新生产周期有一个良好的生产表现却需要从上一个周期抓起，有三个要点：一是在上一个泌乳周期的后三分之一段（泌乳8个月以后）要开始抓体况，将泌乳早期损失的体重恢复过来，此时恢复体重的饲料转化效率高且奶牛有足够的采食量用于恢复体重。因此在饲养上除满足产奶的需要外，应提供额外的营养用于体重的恢复（在饲养标准的基础上，营养水平：一胎牛增加30%～40%，二胎以上奶牛增加20%）。二是利用干奶期治疗乳房炎，并科学安排干奶期的饲养管理，是奶牛的瘤胃和乳腺得到恢复。三是高度重视产房管理，避免产犊前后发生疾病。

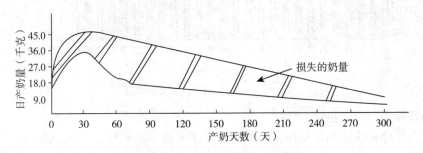

图8-3　高峰奶较低牛只泌乳曲图

高峰日一般出现在产后60～90天。高峰日太早或太晚的奶牛都不能达到理想的高峰奶，会有潜在的奶损失（图8-3和图8-4）。要检查下列情况：产犊时体况、干奶牛日粮、产犊管理、干奶牛日粮向泌乳奶牛日粮过渡的时间、泌乳早期日粮是否合理等。

高峰日较早，持续力较高，预示着牛群管理良好；相反，如果高峰日延后，持续力显著低于正常值，则预示着产犊时奶牛体况不良或泌乳早期日粮能量不足（表8-12和表8-13）。

高峰日出现的时间与持续天数的关系见表8-12。

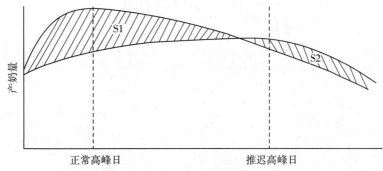

图 8 - 4　高峰日延后造成奶损失示意图

表 8 - 12　正常的泌乳持续力

胎次 \ 持续力（天） \ 高峰日	0～65 天	61～90 天	>90 天
一胎	129	107	100
多胎	127	104	96

高峰日、泌乳持续力对生产的指导意义见表 8 - 13。

表 8 - 13　高峰日、泌乳持续力的表现与生产之间的关系表

高峰日（天）	持续力（天）	预示牛群状况	解决措施
≤60	≥90	奶牛体况及营养等正常	维持现状
	<90	奶牛有足够的体膘使之达到产奶高峰，但产奶高峰后营养不足，无法支持应有的产奶水平	适当调整饲料配方
60<X≤90	≥90	奶牛体况、营养等正常	是否瘤胃酸中毒；日粮配方是否合理；干物质采食量及能量是否足够等
	<90	产奶高峰前，该奶牛体况及营养均正常，但产奶高峰后奶牛受到应激，奶量急剧下降	
>90	≥90	不适应干奶日粮、采食量差导致峰期日延后，峰值日后营养合理	注意干奶牛日粮结构
	<90	不适应干奶日粮、采食量差导致峰值日延后，峰值日后营养不合理	养好干奶牛，调整日粮结构

8.2.2　关键参数变化预警

表 8 - 14 是对 DHI 报告中关键控制点的综合判断，要保证判断准确必须连续测定且每月采样头数基本恒定。

表 8-14　关键参数变化预警

采样月份	牛群	采样头数（头）	乳脂率小于2.5的牛数（头）	脂蛋比小于1.12的牛数（头）	泌乳天数小于70天，乳脂率大于5.0的牛数（头）	尿素氮小于10的牛数（头）	尿素氮大于18的牛数（头）	体细胞大于50万的牛数（头）	泌乳天数小于90天，体细胞大于50万的牛数（头）	细胞分上次小于6，本次大于6的牛数（头）	平均泌乳天数（天）	泌乳天数大于400的牛数（头）	产奶量下降5千克以上的牛数（头）	高峰日（天）	高峰奶（千克）
2015-08	全群	270	119	189	2	1	115	104	38	56	199	43	74	93	34.3
2015-09	全群	269	42	149	3	1	110	138	32	60	211	39	87	89	33.9
2015-10	全群	267	60	184	3		203	83	11	33	205	33	47	87	34.3
2015-11	全群	245	57	203	1	7	44	77	12	43	202	20	42	91	35.0
2015-12	全群	259	48	161	7	6	71	84	12	46	210	18	81	88	35.0

牛群中超过 10% 的牛乳脂率小于 2.5 或小于平均乳脂率减 1，或脂蛋白比小于 1.12，说明牛群存在慢性瘤胃酸中毒。该场以上两项指标远远超过 10%，可能的原因是：采样时没有充分搅拌，导致乳脂率检测结果偏低；日粮精粗比太高或特定脂肪含量过高（如顺 10，反 12 脂肪酸），牛群存在瘤胃酸中毒。

泌乳天数小于 70 天，乳脂率大于 5.0% 这一指标主要用于检测牛群中是否存在酮病或亚临床性酮病。如果泌乳早期乳脂率测定结果普遍很高或脂蛋白比大于 1.5 就需考虑这一问题，本场早期乳脂率高的牛头数很少，不存在酮病的问题。

本报告中尿素氮值超过 18 的牛几乎占到一半，而乳蛋白率正常，说明日粮中可能淀粉不足，导致瘤胃能氮不平衡或日粮蛋白水平过高。

体细胞数大于 50 万的牛数这一指标主要用于评价牛群乳房炎管理情况。本报告连续几个月体细胞数大于 50 万的牛数始终保持在 30% 以上，8、9 月甚至达到 40%～50%，说明牛群中乳房健康管理存在很大的问题。考虑到每个月体细胞数大于 50 万的牛数都很多，因此该场应该考虑挤奶过程中乳房炎的传播，需优化挤奶程序，定期维护挤奶设备，加强乳头前后药浴工作等。

泌乳天数小于 90 天，体细胞数大于 50 万的牛数这一指标主要通过监控泌乳早期体细胞数的高低，进而回顾干奶药的干奶效果，以及接产工作效果，是否因产房管理不够规范而引起产后繁殖器官炎症。本报告 8、9 月这一指标很高，不排除属于以上情况或夏季多雨，运动场不干燥，环境性乳房炎发病率较高。

细胞分上次小于 6，本次大于等于 6 这个指标主要用于考察乳房炎管理效果。一般认为体细胞分小于 6 属于乳房炎未感染牛只，大于 6 属于已感染牛只。体细胞分上次小于 6，本次大于 6 的牛只数就是乳房炎新感染的牛头数。本场这一指标一直很高，基本上属于治好一批，又新感染一批，始终没有找到有效的控制乳房炎的措施。

平均泌乳天数是反映牛群繁殖状况的一个指标，正常情况下为：150～170天。如果平均泌乳天数大于170天，那么产犊间隔就已经大于400天了，一方面预示着牛群繁殖存在问题，另一方面平均泌乳天数太长的直接结果是用本胎次泌乳后期的产量换取下一胎次泌乳早期的产量，会导致较高产奶量的损失，且影响繁殖进程。本报告泌乳天数平均200多天，繁殖问题比较严重，应改善日粮营养，提高发情检出率，提高繁殖效率。泌乳天数大于400天的牛数也直接反映了牛场的繁殖状况。不过从这一指标不难看出，本场繁殖状况正在逐步改善。

产奶量下降5千克的牛数这一指标是为发现牛群中产奶量异常而设计的。正常情况下高峰过后荷斯坦牛产奶量每月大约下降2千克奶（7%左右）。如果牛只产量下降太快必然反映出该牛有问题，与上月相比测定奶量下降越多，牛只问题越严重，实际工作中可以将这些牛只清单交给兽医逐一检查。

头胎牛的高峰日比经产牛来得晚。实际中要注意不能漏报产犊日，如果漏报，高峰日可能会超过400天。一般情况下随着牛群产奶量的提高，高峰日也会推迟。本场平均测定日奶量仅有22.3千克，属于降低生产水平，但高峰日为90天左右，明显产奶高峰来得比较晚，应加强围产期饲养管理，控制好产犊时体况，提高新产牛采食量。

8.2.3 牛群管理报告

按照牛群中处于不同产奶阶段的牛进行分类，对牛泌乳情况进行分析，见表8-15。

表8-15 牛群各生产阶段生产性能汇总统计

泌乳天数 （天数）	牛头数 （头）	占比 （%）	日产量 （千克）	乳脂率 （%）	蛋白率 （%）	脂蛋比	体细胞 （万）	尿素氮 （毫克/分升）
<30天	2	0.96	28.6	4.59	3.15	1.45	24.68	15.4
31～60天	12	5.74	26.43	3.89	2.62	1.49	60.92	17.1
61～90天	17	8.13	29.99	3.63	2.73	1.33	18.79	20.6
91～120天	20	9.57	24.88	3.42	2.73	1.25	71.27	19.8
121～150天	25	11.96	25.97	3.78	2.83	1.34	57.25	19.8
151～180天	14	6.70	21.54	3.74	3.22	1.16	38.81	19.7
181～210天	20	9.57	20.81	3.80	3.11	1.22	57.51	19.4
211～240天	11	5.26	22.35	3.87	3.16	1.22	30.76	21.2
241～270天	7	3.35	22.3	3.90	3.11	1.25	65.61	21.9
271～305天	12	5.74	21.78	3.74	3.18	1.17	13.08	19.4
>305天	51	24.40	18.9	4.34	3.51	1.23	49.01	19.5
平均/合计	209	100.00	22.91	3.87	3.05	1.27	47.31	19.6

各产奶阶段生产性能汇总报告统计了不同泌乳阶段牛只生产性能表现，通过不同泌乳阶段日产奶量可以做出群体泌乳曲线及各胎次泌乳曲线。通过与标准泌乳曲线对比，就可精确知道牛群主要问题出自哪一泌乳阶段，也可知道不同胎次主要问题集中在哪一阶段

（图 8 - 5）。

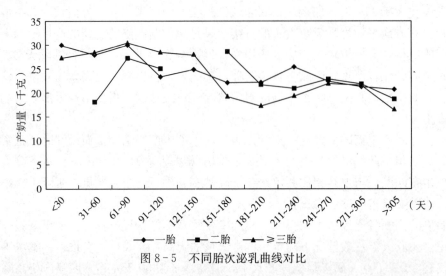

图 8 - 5　不同胎次泌乳曲线对比

具体到该场，通过比较不同胎次泌乳曲线很明显可以看出以下几个问题：

①头胎牛产奶量是所有胎次牛最高的，可能预示经产牛产犊时体况存在问题或新产牛采食量较低。②所有胎次的牛高峰都不是很明显，说明泌乳早期营养特别是能量可能不足。③三胎及以上牛 150 天后产量迅速下降（从 28 千克下降到 19.28 千克），这种情况很不正常，应仔细分析这些牛在产后 150 左右与其他牛到底有什么不同。

总之，荷斯坦牛泌乳曲线基本上为：产后曲线逐步上升，经 60～90 天达到产奶高峰，之后慢慢下降，每头每天大约下降 0.07 千克。具体到某一牛场应将它的泌乳曲线与标准泌乳曲线对照，如果某一泌乳阶段曲线下降太快，就可能是这一阶段牛群存在问题。

8.2.3.1　正常的泌乳曲线是：奶牛产后奶量逐渐上升，在第二个泌乳月达到高峰，即第二次采样时；产奶高峰后产奶量每天下降 0.07 千克/天（图 8 - 6）；非正常的泌乳曲线可以分为峰值过早，峰值过晚，阶梯式曲线，V 型曲线。对于泌乳曲线不正常的牛群，其真正的泌乳潜能没有发挥出来，可能与饲养管理方式有关。

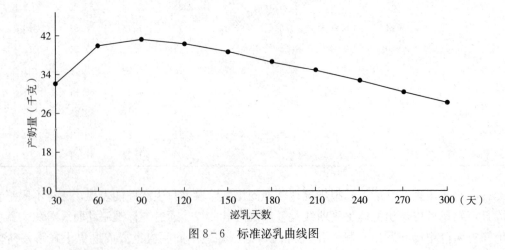

图 8 - 6　标准泌乳曲线图

8.2.3.2　泌乳曲线表中，横坐标代表的是泌乳时间。如：61～90 代表产后第 61～90 天。纵坐标代表产奶量。

8.2.3.3　奶牛泌乳早期产奶量所需营养主要来自于采食日粮和体况损失。如果泌乳曲线上初次测定奶量比较高说明：①奶牛产奶性能非常好；②奶牛体况很好。如果初次测定奶量比较高，之后就开始下降，说明奶牛能量负平衡严重或者存在产后疾病。

8.2.3.4　测定头数比较小的牧场泌乳曲线会出现波动，主要是因为每个点上测定头数少的原因。另外，在奶牛换料的时候泌乳曲线会出现较大的下降，主要是因为应激。

8.2.3.5　牛只在高峰后每天下降 0.07 千克奶量，假如泌乳 271～305 天还有 20 千克的奶量，高峰奶可能会在 34 千克左右，对比实际高峰是否能达到。

8.2.3.6　泌乳中后期因为采食量已近能满足泌乳，所以曲线是应该比较平稳的。如果曲线出现波折，可能是调群应激或者营养差别大，也可能采样前有疫苗注射、极端天气等。

8.2.4　综合测定结果表

综合测定结果表（表 8-16）是对测定牛只综合评定的报告，包括两部分。第一部分是群内级别指数分布表，报表以 1 胎、2 胎、3 胎及以上分类，全群按 1～99 天、100～200 天和 200 天以上对群内级别指数（WHI）、奶量和持续力进行分析汇总。报告第二部分是本月测定结果表（表 8-17），以牛群分组（棚圈）为单元，汇总了测定牛只的出生信息、胎次、产犊间隔、泌乳天数、前次测定日和本次测定日产奶量和体细胞数及体细胞分、乳脂率、乳蛋白、脂蛋比、尿素氮、奶损失、奶款差、经济损失、校正奶、持续力、群内级别指数、高峰奶、高峰日、305 天奶量、总奶量、总乳脂、总蛋白和成年当量。

表 8-16　群内级别指数 WITHIN HERD INDEX（WHI）分布

	全群（%）			1～99 天			100～200 天			>200 天		
	WHI	奶量（千克）	持续力	WHI	奶量（千克）	持续力	WHI	奶量（千克）	持续力	WHI	奶量（千克）	持续力
一胎	105.84	23.75	72.15	82.89	28.20	76.88	90.11	23.58	64.15	137.84	21.42	79.18
二胎	102.22	21.40	63.75	59.58	20.88	40.40	97.53	25.76	93.41	113.00	20.30	60.70
≥三胎	90.65	22.30	73.51	82.18	29.22	81.65	83.56	24.96	66.00	97.64	18.29	74.79
全群	100.00	22.91	71.42	80.12	27.77	74.35	88.78	24.14	66.90	116.77	19.94	73.65

产犊日期是由奶牛场提供的数据，这个数据精确与否非常重要，DHI 报告中大部分指标是根据产犊日期计算出来的。如果某头牛漏报新的胎次的产犊日期，会严重影响 DHI 报告的可利用度。

产犊间隔的长短说明牛场繁殖工作的好坏，对牛群产量及牛场经济效益影响重大。

WHI 是用牛只个体校正奶除以群体平均校正奶得到的。因为校正奶已经把个体牛测定日生产性能校正到同一水平，因此通过 WHI 值的大小可以判断牛只个体在群体当中表现水平。WHI 大于 100 表明该牛只超过群体平均生产水平，反之小于 100 表明低于群体生产水平。WHI 越大表明个体牛只在群内生产性能越好。群体平均 WHI 永远是 100，理想的不同胎次 WHI 应该为 90～110。如果某一胎次或某一泌乳阶段 WHI 小于 90，说明

表 8-17　本月测定结果

序号	牛号	出生日期	胎次	产犊日期	产犊间隔（天）	泌乳天数（天）	分组号	采样日期	产奶量（千克）	乳脂率（%）	蛋白率（%）	脂蛋比	体细胞数（万）	体细胞分	尿素氮（毫克/分升）
1	040175	2004-09-08	7	2013-10-06	519	299		2014-08-01	14.8	3.81	3.23	1.18	5	2	18.80
2	050017	2005-08-16	6	2014-02-16	565	166		2014-08-01	15.1	4.54	3.07	1.48	121	7	16.70
3	055108	2005-01-10	7	2014-02-11	482	171		2014-08-01	20.6	4.26	3.11	1.37	10	3	19.20
4	055215	2005-04-14	6	2013-10-12	495	293		2014-08-01	19.9	3.68	2.95	1.25	47	5	14.10
5	053599	2005-06-09	7	2014-05-18	604	75		2014-08-01	31.2	2.79	3.25	0.86	139	7	21.10
6	055147	2005-08-20	6	2014-01-22	411	191		2014-08-01	16.0	3.63	2.98	1.22	7	2	18.80

奶损失（千克）	奶款差（元）	经济损失（元）	校正奶（千克）	持续力	WHI	前奶量（千克）	前体细胞（万）	前体细胞分	高峰奶（千克）	高峰日（天）	305天奶量（千克）	总奶量（千克）	总乳脂（千克）	总蛋白（千克）	成年当量（千克）
			21.5	124.4	76.6	13.0	17	4	24.0	166	5 538	5 472	180	188	5 720
2.2	7.55	11.79	17.4	47.5	62.1	21.5	33	5	45.0	33	8 181	5 425	169	170	8 246
			23.9	50.6	85.1	28.6	84	6	42.4	38	7 518	5 104	169	159	7 766
1.6	5.64	8.82	27.3	47.6	97.2	28.3	44	5	43.6	69	9 842	9 612	324	296	9 921
			20.4	145.5	72.6	24.8	5	2	31.2	75	5 612	1 846	67	61	5 797
4.5	15.59	24.37	17.3	73.7	61.7	18.8	5	2	31.5	32	5 810	4 319	127	134	5 856

该胎次或该泌乳阶段的奶牛同其他胎次或其他泌乳阶段的牛比较在生产管理当中存在问题。当然由于WHI是一个相对值且平均数是100，某一胎次低必然有其他胎次高，泌乳阶段也是这样。

该报告中各胎次牛WHI值都在正常范围内，但三胎及三胎以上牛平均WHI值仅有90.65，远低于一、二胎牛，说明高胎次的牛表现不太好。进一步看三胎及以上各泌乳阶段WHI值，发现泌乳阶段越靠后，WHI值越高，牛只表现越好，这可能是牛只前期产量高但营养不能满足，后期产量低营养能够满足，因此牛群泌乳早期营养存在问题。二胎牛产后100天内WHI只有59.58，这说明二胎牛产后100天内存在严重的问题，这一点从产奶量也不难看出，仅有20.88千克。考虑到二胎牛和头胎牛的区别主要为：二胎牛是经头胎干奶牛而来的，头胎牛是经青年牛而来的，因此回顾头胎后干奶牛的情况特别是膘情及乳房修复情况很有必要。

8.2.5　牛群分布报告

表 8-18　牛群各胎次比例和泌乳天数分布情况

泌乳阶段	一胎			二胎			三胎及以上			平均与总计		
	头数	%	产奶量（千克）	头数	%	产奶量（千克）	头数	%	产奶量（千克）	头数	%	产奶量（千克）
1～44 天	2	0.96	30.3	1	0.48	19.7	3	1.44	24.8	6	2.87	25.8
45～99 天	18	8.61	28.0	3	1.44	21.3	10	4.78	30.6	31	14.83	28.2
100～199 天	42	20.10	23.6	5	2.39	25.8	19	9.09	25.0	66	31.58	24.1
200～305 天	10	4.78	23.4	10	4.78	21.5	17	8.13	20.1	37	17.70	21.4
305 天以上	25	11.96	20.6	8	3.83	18.8	18	8.61	16.6	51	24.40	18.9
干奶	3	1.44		7	3.35		8	3.83		18	8.61	
平均与总计	100	47.85	23.8	34	16.27	21.4	75	35.89	22.3	209	100.00	22.9
平均305天奶	8 384.7			8 884.3			8 166.5			8 377.3		
平均高峰日/奶	87	36.6		92	37.8		77	37.6		84	37.1	

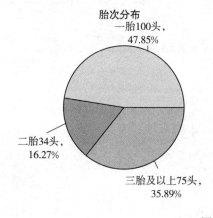

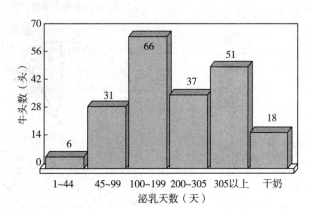

图 8-7　牛群结构分布图

报告按胎次（1胎、2胎、3胎及以上）分阶段（1~44天、45~99天、100~199天、200~305天和305天以上），将牛群各胎次比例和泌乳天数分布情况进行统计分析（表8-18），分别制成饼状图和柱状图（图8-7），便于分析对比。

理想牛群结构的各胎次比例为一胎牛30%，二胎牛20%，三胎及以上50%。本场各胎次比例为一胎牛47.85%，二胎牛16.27%，三胎及以上35.89%。一般情况下牛只生产需达到2.5胎以上才能为牛场带来经济效益，本场三胎及以上牛所占比例明显偏低，因此牛场应制定合理的繁殖计划，逐步调整牛群结构往合理化方向发展。

从泌乳天数结构看，该牛群泌乳前期牛只比例较低，泌乳天数100天以内牛只只占17.70%，影响了牛群整体生产性能的发挥。

8.2.6　乳房炎感染分类统计表

表8-19　牛群乳房炎感染分类统计

胎次	牛数	体细胞分	0~5分	6~9分	新感染率	慢性乳房炎率	治愈率	未感染率
一胎	175	2.5	90.86%	9.14%	9.14%	0	2.86%	88.00%
二胎	124	2.7	89.52%	10.48%	8.87%	1.61%	2.42%	87.10%
三胎及以上	168	2.4	93.45%	6.55%	5.95%	0.60%	7.74%	85.71%
全群	467	2.5	91.43%	8.57%	7.92%	0.64%	4.50%	86.94%

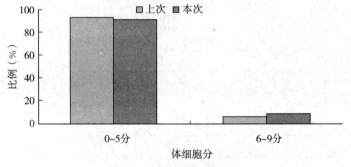

A. 牛群乳房炎感染比例分析

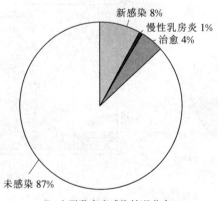

B. 牛群乳房炎感染情况分布

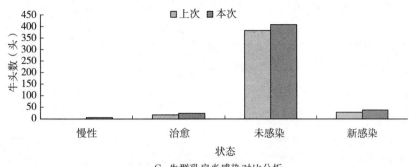

C. 牛群乳房炎感染对比分析

图 8-8　体细胞高低与乳房炎感染

乳房炎感染分类统计表（表 8-19）按照不同胎次以及体细胞分的高低进行统计分析，便于牛场发现找出引起乳房炎的关键点。如：确定牛群中是否存在着乳房炎、什么时候发生的、发生在哪个泌乳阶段和胎次。

报告中以体细胞分 6 分（体细数 54 万）为乳房炎判定的分界点，大于等于 6 分为乳房炎，小于 6 分为健康牛。按此标准将牛群分为以下四类：

①新感染：上次体细胞分＜6 且本次体细胞分≥6 的牛只或新参测牛本次体细胞分≥6 的牛只；

②慢性乳房炎：上次体细胞分≥6 且本次体细胞分≥6 的牛只；

③已治愈：上次体细胞分≥6 且本次体细胞分＜6 的牛只；

④未感染：上次体细胞分＜6 且本次体细胞分＜6 的牛只或新参测本次体细胞分＜6 的牛只。

奶牛场应制定乳房炎控制目标，利用此报告时通过比较新感染牛和已治愈牛的头数变化，评价乳房炎管控措施是否有效。奶牛场乳房炎控制的理想目标为：

75％以上的牛只 SCS 值小于 3；

85％以上的牛只 SCS 值小于 4；

90％以上的牛只 SCS 值小于 5；

95％以上的牛只 SCS 值小于 6；

5％以下的牛只 SCS 值大于 6；

1 胎牛的体细胞分应在 0～3 之间。

某场体细胞分大于等于 6 的牛只占比为 8.57％，且新感染牛只数量远超过治愈牛只数量，乳房炎发病率有进一步恶化的趋势，管控措施效果不佳。一般情况下随着胎次的增加，体细胞数或体细胞分逐渐增加。报告中新感染比例头胎牛为 9.14％，二胎牛为 8.87％，三胎牛为 5.95％正好相反，牛场管理人员应结合该场具体情况查找原因，仔细分析引起一胎和二胎牛只体细胞数较高的原因。

8.2.7　牛群中 305 天奶量排名前后 25％的牛只分析

表 8-20 依据 305 天奶量对牛只进行排名，分别列出了该场最好牛只与最差牛只的各项生产指标，可作为牛场生产管理目标、留种及淘汰的参考依据。如该场全群前 25％的

牛只 305 天产奶量达到了 12 吨以上，可以将 12 吨产量作为该场的生产目标。

表 8 - 20　牛群中 305 天奶量排名前后 25% 的牛只分析

分类		胎次	乳脂率（%）	蛋白率（%）	脂蛋比	体细胞数（万）	305 天奶量（千克）	高峰奶（千克）	高峰日（天）
全群	前 25%	2.2	3.84	2.85	1.35	22	12 338	44.9	111
全群	后 25%	2.5	3.97	2.91	1.37	11	6 812	34.1	130
一胎	前 25%	—	3.8	2.84	1.34	13	13 513	39.8	126
一胎	后 25%	—	3.98	2.92	1.36	8	6 980	34	155

8.2.8　尿素氮分析

表 8 - 21　尿素氮分析

泌乳阶段	蛋白率（%）	尿素氮<10（%）	尿素氮<10（头数）	尿素氮>18（%）	尿素氮>18（%）
0～30 天	<3.0	0	0	0	0
0～30 天	≥3.0	0	0	0	0
31～150 天	<3.0	2.14	10	0.43	2
31～150 天	≥3.0	0.85	4	0	0
>150 天	<3.2	4.71	22	0.43	2
>150 天	≥3.0	0.43	2	0.21	1

表 8 - 22　奶样实测值

牛号	牛舍	产犊日期	胎次	泌乳天数	产奶量（千克）	乳脂率（%）	蛋白率（%）	体细胞数（万）	尿素氮（毫克/分升）	持续力	高峰日（天）	高峰奶（千克）	305 天奶量（千克）
010935		2014 - 12 - 11	2	170	36.8	4.33	2.68	2.8	0.8	96	51	49.3	10 844
011009		2014 - 09 - 29	3	243	28.1	4.45	3.61	28.2	2.9	70	29	45.0	10 977
008495		2014 - 09 - 27	4	245	22.4	3.84	2.89	1	3.8	92	31	45.0	7 617
012139		2014 - 12 - 01	1	180	25.0	3.06	2.75	2.4	4	96	61	35.0	7 903
012076		2014 - 09 - 21	1	251	18.6	4.38	3.16	33.6	4.8	106	132	36.9	7 218
……	……	……	……	……	……	……	……	……	……	……	……	……	……

尿素氮水平（MUN）受粗蛋白、可降解蛋白、非降解蛋白和非结构性碳水化合物（可溶性碳水化合物）数量及类型的影响。

高 MUN 值意味着蛋白利用率低，这更多的是能氮不平衡的结果，会影响到受胎率、饲养成本、生产效率和环境。低 MUN 表示低的总蛋白吸收，高 MUN 表示高的总蛋白吸收，可能是几种不同营养物质供给的不平衡的结果。

根据奶样实测数据（表8-22）作出尿素氮分析（表8-21）。该报告列出了尿素氮＞18毫克/分升和＜10毫克/分升牛只的产奶量、乳脂率、乳蛋白、乳糖、总固体、体细胞数、牛奶尿素氮、泌乳天数和持续力等测定信息，当尿素氮异常的牛只比例超过10％时，应结合日粮结构进行分析，采取措施进行控制。

8.2.9 体细胞引起的牛只奶损失明细

表8-23 体细胞引起的牛只奶损失明细

牛号	分组号	产犊日期	胎次	泌乳天数（天）	奶损失（千克）	体细胞数（万）	体细胞数上升值（万）
012065		2014-09-28	1	244	4.6	345	339
013060		2015-04-01	1	59	7.6	327	
008463		2014-11-13	4	198	7.2	308	306
010112		2014-10-29	3	213	6.9	308	306
012025		2015-04-05	2	55	5.2	298	-433
011143		2014-11-23	2	188	6	255	254

表8-23指出了因为体细胞所造成的奶损失，体细胞数越高造成奶损失越大，相同体细胞数的牛只，泌乳天数越低、产奶量越高造成的奶损失越大。表中详细列出了体细胞数过高引起奶损失的牛只明细，将体细胞数由大到小进行排列，便于牛场针对性的查找和治疗。

8.2.10 产奶量下降5千克以上的牛只明细

表8-24 产奶量下降5千克以上的牛只明细

牛号	牛舍	产犊日期	胎次	泌乳天数（天）	产奶量（千克）	前奶量（千克）	下降量（千克）	采样日期	乳脂率（%）	蛋白率（%）	体细胞数（万）	高峰奶（千克）	高峰日（天）	305天奶量（千克）	尿素氮（毫克/分升）	持续力
010128		2015-01-13	2	137	22.3	41.1	19	2015-05-30	3.75	3.19	34	41.1	76	8392	15.9	78
010977		2014-10-30	3	212	21	39.9		2015-05-30	3.11	2.92	5	40.5	59	9806	16.4	77
009077		2014-10-15	3	227	29.1	46.9	18	2015-05-30	5.55	2.78	24	50.3	44	10879	14.8	62

奶牛场场长与技术人员要高度重视此报告（表8-24），详细查找产奶量大幅下降的原因。正常情况下荷斯坦牛每月产奶量下降幅度不会超过10％，该报告中几头牛产量下降幅度接近40％，从体细胞数看，造成产奶量下降不应是乳房健康的原因；从泌乳天数看不应是发情等生理应激因素造成大幅减产，因此首先应检查数据记录是否有误，并委派兽医到牛舍实际查看牛只健康状况，找准原因及时解决。

8.2.11 产奶量低的牛只明细

表8-25列出了泌乳天数低于300天，校正奶不到全群平均值50％的牛只明细。在实

际生产当中这些牛一般不会为牛场带来效益，建议牛场淘汰首选。

表 8 - 25　产奶量低的牛只明细

牛号	采样日期	产犊日期	胎次	泌乳天数（天）	产奶量（千克）	校正奶量（千克）	前奶量（千克）	高峰奶（千克）	高峰日（天）	乳脂率（%）	蛋白率（%）	体细胞数（万）	尿素氮（毫克/分升）	305天奶量（千克）	持续力
008379	2015 - 05 - 30	2014 - 09 - 06	4	266	13.5	14.8	19.8	32	113	2.51	2.5	5.6	10.2	7 419	68.0
008929	2015 - 05 - 30	2014 - 10 - 03	6	239	13.9	15.9	29.7	38	56	3.2	2.98	19.9	14.0	8 824	46.8
009094	2015 - 05 - 30	2014 - 12 - 08	4	173	9.6	10.2	12.1	12	143	3.88	3.25	54.9	13.8		80.0
009101	2015 - 05 - 30	2014 - 09 - 17	3	255	4.4	5.6	3.4	45	41	3.58	2.62	9	13.6	5 669	130.3
009996	2015 - 05 - 30	2014 - 09 - 01	5	271	4.7	6.4	9.7	38	118	4.16	3.07	9.5	16.3	7 362	48.7
010061	2015 - 05 - 30	2014 - 11 - 08		234	12.1	16.3	18.1	23	81	4.48		14.5	5 092	67.0
010071	2015 - 05 - 30	2015 - 03 - 01	3	90	9.0	8.1		9	90	4.18	3.36	2.2	14.7		
010711	2015 - 05 - 30	2014 - 08 - 09	2	294	8.9	11.2	10.0	24	80	2.51	2.5	5.6	10.2	4 439	88.7

8.2.12　脂蛋比低的牛只明细

表 8 - 26 列出脂蛋比低于 1.12 的牛只明细，便于牛场查看，寻找解决问题。

表 8 - 26　脂蛋白比较低的牛只明细

牛号	牛舍	产犊日期	胎次	泌乳天数（天）	产奶量（千克）	前奶量（千克）	乳脂率（%）	蛋白率（%）	脂蛋比	体细胞数（万）	尿素氮（毫克/分升）	持续力
144917		2014 - 07 - 24	7	310	9.6	26.02	2.91	2.73	1.07	1	13.7	37
155030		2015 - 03 - 11	8	80	31.34	42.64	2.51	2.5	1	6	10.2	73
146013		2014 - 08 - 07	3	296	29.4	33.6	3.09	2.97	1.04	18	13.4	88
146167		2014 - 03 - 31	3	425	15.03	18.85	3.23	3.02	1.07	3	12	80
148379		2014 - 09 - 06	4	266	13.49	19.84	2.51	2.5	1		10.2	68
148476		2014 - 12 - 10	3	171	29.31	38.68	2.82	2.98	0.95	6	11	76

8.2.13　产犊间隔明细

表 8 - 27 是为反映奶牛繁殖状况而设计的，牛群理想的产犊间隔应该低于 365 天，但实际生产中一般产犊间隔在 365～400 天之间，如果产犊间隔大于 400 天，说明奶牛繁殖存在问题，会严重影响牛群产奶量。

本表列出了牛群产犊间隔范围，按照间隔天数进行了比例统计，并列出了产犊间隔大于 400 天的牛只明细。使用本报告时，首先应排除奶牛是否存在漏报胎次情况，如胎次记录准确应结合尿素氮指标进行综合分析。

表 8 - 27　产犊间隔明细

月份	牛数	平均产犊间隔	产犊间隔范围	<365 天牛数	牛数占比（%）	365～400 天牛数	牛数占比（%）	>400 天牛数	牛数占比（%）
2015 - 05	467	441	30～1 085	44	9.42	150	32.12	98	20.99
群号	牛号	尿素氮	上次产犊日期	产犊日期	产犊间隔	奶量	泌乳天数	牛舍	胎次
	002031	14.9	2012 - 02 - 06	2014 - 12 - 20	1 048	36.07	161		6
	003004	6.7	2012 - 11 - 21	2014 - 07 - 20	606	20.53	314		8
	003006	14.6	2011 - 12 - 16	2013 - 05 - 05	506	14.79	755		7
	003030	12	2011 - 08 - 17	2014 - 03 - 06	932	8.31	450		8
	003031	14.1	2013 - 09 - 18	2015 - 02 - 27	527	24.62	92		8
	003053	18.9	2012 - 10 - 15	2014 - 11 - 19	765	28.45	192		4
	004917	13.7	2013 - 06 - 02	2014 - 07 - 24	417	9.6	310		7
	005030	10.2	2013 - 09 - 21	2015 - 03 - 11	536	31.34	80		8
	006167	12	2011 - 08 - 27	2014 - 03 - 31	947	15.03	425		3
	006933	13.4	2013 - 09 - 03	2015 - 01 - 22	506	46.43	128		5

8.2.14　完成 305 天产奶牛只明细

表 8 - 28　完成 305 天产奶牛只明细

序号	牛号	胎次	产犊日期	干奶日期	泌乳天数（天）	高峰奶（千克）	305 天奶量（千克）	总蛋白量（千克）	总乳脂量（千克）	总产奶量（千克）	成年当量（千克）
1	020116	6	2010 - 10 - 15	2011 - 10 - 02	352	39.5	9 648	312	373	10 956	9 725
2	020118	5	2010 - 08 - 27	2011 - 09 - 22	391	35.5	8 842	363	446	11 603	8 842
3	020128	5	2010 - 11 - 19	2011 - 10 - 13	328	37.0	7 444	242	235	7 444	7 444
5	030150	4	2010 - 09 - 28	2011 - 09 - 24	361	41.0	10 601	356	415	12 099	10 688
7	040227	3	2010 - 09 - 16	2011 - 09 - 26	375	26.5	5 219	231	260	7 082	5 393

序号	1月（千克）	2月（千克）	3月（千克）	4月（千克）	5月（千克）	6月（千克）	7月（千克）	8月（千克）	9月（千克）	10月（千克）	最后（千克）	日均产奶（千克）
1		38.5	39.5	37.0	34.0	32.0	33.0	34.0		24.0	20.0	31.2
2	33.0	35.5	32.0	33.0	27.5	30.0	17.5	29.0	30.0		17.3	26.6
3	37.0		12.0	28.5	26.5	31.0	29.5		24.5	20.5	15.0	24.9
5	36.0	41.0	40.5	32.5	35.5	35.0	37.0	37.0		28.0	23.5	33.2
7	26.0	25.0	19.0	26.5	18.0	24.5	22.5	22.5	15.5		14.0	20.1

表 8-28 列出了当月实际泌乳满 305 天的牛只明细，记录本胎次每次测定日奶量。由于这些牛 305 奶量是根据该牛本胎次实际生产计算，相对准确。奶牛场可依据该数据准确判断奶牛个体生产表现，进行育种和其他应用。

8.3　DHI 报告与奶牛饲养

8.3.1　DHI 报告与奶牛营养

8.3.1.3　DHI 报告与奶牛的日粮配方

8.3.1.3.1　乳脂肪率及乳蛋白率　乳腺合成乳脂的主要来源包括瘤胃挥发性脂肪酸（乙酸和丁酸）、饲料中添加的脂肪或油类如（含油籽实的棉籽、膨化大豆）、体脂代谢（尤其在泌乳早期）等。实际测定中如果采样不规范会导致乳脂率测定结果有偏差，大部分情况下会偏低。在采样规范的情况下，以下因素会影响乳脂率（表 8-29）。

表 8-29　影响乳脂率的因素

影响乳脂率的因素	对乳脂率的影响	备注
粗饲料采食量少、质量差	降低	
直接添加不饱和脂肪酸（不包括籽实中的）	降低	
日粮淀粉含量超过 28%	降低	
能量不足	降低	乳蛋白率也降低
产量增加过快	降低	
热应激	降低	
瘤胃酸中毒	降低	乳蛋白率升高
不正确的挤奶程序	降低	
直接添加饱和脂肪酸	提高	
饲喂推荐水平的含油籽实（不高于 2.5 千克）	提高	
提高粗饲料质量及数量	提高	
增加粗饲料长度	提高	
添加缓冲剂	提高	
应用 TMR	提高	
增加饲喂频率或推料次数	提高	
酮病	提高	
体况评分降低	提高	

乳腺用于合成蛋白所利用的氨基酸主要来源于瘤胃菌体蛋白（达 60% 以上）、日粮中的瘤胃不可降解蛋白或过瘤胃蛋白（RUP）及有限的体组织动员氨基酸。

通过比较各月平均乳蛋白率的变化可以评估奶牛瘤胃功能是否正常，日粮中非结构性碳水化合物和粗蛋白是否满足。如果乳蛋白量或乳蛋白率较低，应查找乳腺合成乳蛋白所利用的氨基酸的来源。在实际应用中经常需结合尿素氮进行综合分析。如果蛋白率很低，可能有以下原因：

①遗传原因；

②干奶牛日粮差，产犊时膘情差；

③泌乳早期碳水化合物缺乏；

④日粮中粗蛋白含量低，瘤胃非降解蛋白（RUP）和瘤胃降解蛋白（RDP）比例不平衡；

⑤日粮中过瘤胃脂肪偏高（如饲喂过多的脂肪粉）；

⑥热应激或牛舍通风不良；

⑦注射疫苗的应激；

⑧产奶量上升过快，乳蛋白率会相对下降。

以下措施可提高乳蛋白率：

①使瘤胃菌体蛋白合成最大化，瘤胃不可降解蛋白最大化；

②优化饲喂及能量的吸收（瘤胃微生物生长最大化）：充足的物理有效纤维以避免瘤胃酸中毒，日粮中淀粉量占 24%～26%，可溶性糖的总量达到 4%～6%；

③饲喂可被小肠消化的过瘤胃蛋白（RUP）；

④以大豆为主要原料提供氨基酸来源；

⑤加入不同的 RUP 以平衡日粮氨基酸的组成，保持日粮的稳定性；

⑥饲喂保护性氨基酸，奶产量及乳成分可以两周内发生变化；

⑦鉴于赖氨酸和蛋氨酸是最主要的两个必需氨基酸，当以大豆为主要原料时，赖氨酸达到 6.2%～6.6%，当以谷物副产品为主要原料时，蛋氨酸达到 2.0%～2.2%，赖蛋比应为（2.8～3）：1。

乳脂肪及乳蛋白是牛奶中主要的营养成分，应每月测定其百分含量，并进行相应分析。以下情况值得注意：

①泌乳早期乳脂率较高（大于 4.5%）：通常指示产后奶牛由于干物质采食量低，长时间处于能量负平衡状态，应首先及时进行酮病检测及相应治疗；其次应该提高早期料营养浓度，尽量添加适口性高的豆粕玉米等饲料原料，减少适口性差的副产品用量，增加能量摄入，减少体脂动用；

②乳脂肪率与乳蛋白率相差小于 0.4%：生产中如果出现牛群乳脂率 3.1%，乳蛋白率 2.7%时，要及时进行瘤胃酸中毒的检查和治疗；

③乳脂肪率较乳蛋白率下降快：首先这种现象表明瘤胃发酵（尤其是纤维的消化）受阻；其次，低蛋白高脂肪说明干物质采食不足及微生物合成受阻，表明代谢紊乱；最后低蛋白也说明能量可能不足；

④乳脂肪率低下（小于 3.2%）：一般情况可能由于精料喂量太多、比例过大，精料和 TMR 粒度过小导致奶牛瘤胃处于酸中毒状态，或者日粮中能量缺乏，干物质采食不足导致奶牛消瘦。也可能是饲料中 NDF 偏低、粗料水分偏高等因素造成；

⑤乳蛋白率低下（小于 2.8%）：最有可能存在以下问题：日粮可发酵的碳水化合物比例较低（非结构性碳水化合物＜35%），影响了微生物蛋白质的合成；或者日粮蛋白质缺少或氨基酸不平衡；热应激或通风不良；干物质采食量不足。

8.3.1.3.2　脂肪蛋白比　荷斯坦牛脂蛋白比正常情况下为 1.22 左右，这一指标用于检查个体牛营养状况或瘤胃功能情况。脂蛋比偏低，多数是因为牛场采样不规范造成，也有可能是奶牛场日粮结构和调制存在问题；脂蛋比偏高，一般发生在产后，如果脂蛋比大于1.5，表明奶牛大量动用体脂，造成乳脂率偏高，临床可能表现为酮病。

许多动物营养专家应用脂蛋比来发现瘤胃和日粮的问题，正常情况下乳脂率应该比乳蛋白率高出 0.4～0.6 个百分点（如：乳脂率为 3.6%，乳蛋白率为 3.2%，差值为 0.4 个百分点），如果小于 0.4 个百分点即表示日粮和饲养管理可能存在问题。

随着 DHI 测定技术的发展，许多 DHI 测定中心在原来测定乳中粗蛋白的基础上又增加了真蛋白的测定，一般真蛋白率比粗蛋白率低 0.2 个百分点，所以乳脂率和真蛋白率差值低于 0.2 个百分点时，即表示日粮饲养管理可能存在问题。

脂蛋比倒挂判定标准见表 8-30。

表 8-30　脂蛋比倒挂判定标准

	项目	原标准	新标准
脂蛋比倒挂	评价标准	乳脂率比粗蛋白率低 0.4 个百分点	乳脂率比真蛋白率低 0.2 个百分点
	举例	乳脂率小于 2.8%，而粗蛋白率为 3.2%	乳脂率小于 2.8%，而真蛋白率为 3.0%
	不适合用来评价	不到 10% 的奶牛具有上述特征	不到 10% 的奶牛具有上述特征

群体均值会隐藏许多问题，在判定个体牛是否发生酸中毒时除看脂蛋比是否倒挂外，还要参考以下指标：

①蹄生长不正常出现畸形；

②对于蹄病敏感，如易患毛踵疣；

③嗜食小苏打；

④干物质日采食量变化较大（如每天变化超过 1 千克）；

⑤喜欢采食较长的纤维（如爱吃稻草、垫草及粪便）；

⑥有舔食脏物及矿物质的癖好；

⑦粪便稀，如评分，低于 2.5 分；

⑧饲喂缓冲剂时有反应。

影响乳成分的因素很多，包括品种、遗传、胎次（随着胎次的增加，乳脂率每胎次降低 0.1 个百分点，乳蛋白率降低 0.04 个百分点）、泌乳阶段（产后 1～3 个月，乳成分较低）、体况评分、乳房炎（较低的酪蛋白及乳脂量）、热应激（乳脂率可降低 0.3 个百分点，如果热应激影响了乳成分，应采取遮阳、通风等降温措施。

不同品种牛乳脂率、乳蛋白率及脂蛋比不同。见表 8-31。

表 8-31　不同品种牛乳脂率、乳蛋白率及脂蛋比均值

品种	平均乳脂率（%）	平均乳蛋白率（%）	脂蛋比
荷斯坦牛	3.66	3.00	1.22

（续）

品种	平均乳脂率（%）	平均乳蛋白率（%）	脂蛋比
娟姗牛	4.76	3.62	1.32
爱尔夏牛	3.91	3.21	1.22
瑞士褐牛	4.03	3.38	1.19
更赛牛	4.55	3.38	1.35

8.3.1.3.3 乳尿素氮　测定牛奶尿素氮能反映奶牛瘤胃中蛋白质代谢的有效性，一般而言，牛奶尿素氮数值过高，说明日粮蛋白质含量过高或日粮中能量不足，日粮中蛋白质没有有效利用，可能会影响奶牛的繁殖、饲料转化率和生产性能发挥等。

8.3.1.4　DHI报告指导优化日粮配方

对于奶牛的日粮来说，所有的配方不是一成不变的。现实中由于提供给配方师的信息有限，导致日粮配方存在不足，造成营养不平衡，奶牛健康受到影响，给牧场带来经济损失。定期做DHI检测有利于牧场掌握牛群状态，有利于牧场营养师配制针对性日粮，降低饲养成本，提高经济效益。DHI测试体系所提供的各项技术指标包括了奶牛场生产管理的各个方面，它代表着奶牛场生产管理发展的趋势，通过阅读DHI报告，可以了解本牧场的实际情况。实践证明，DHI已成为奶牛场标准化饲养管理的标志，正确地解读DHI分析报告，掌握和应用好DHI各项指标，可以更科学地指导奶牛生产，提高奶牛场的管理水平和经济效益。

奶牛饲料配方优化是以现有原材料成分和营养需求指标为数据基础，利用数学模型，计算出为达到某一营养要求所需要的各种原料的配比。奶牛饲料的配方精准取决于配方师获得的信息多少，信息越详细所做的配方越精准，营养成分利用率越高，饲养成本越低。奶牛的饲料配方的生成不同于单胃动物，需要结合牧场的实际情况（青贮、羊草、苜蓿，以及相关牛群的DHI信息）才能做出最优的饲料配方。实践表明，只有充分利用这些信息才能制作出营养均衡的日粮，并且节约饲养成本、增强牛群健康度、提高养殖经济效益。

8.3.1.5　DHI报告在奶牛配方优化中的应用实例

8.3.1.5.1　DHI报告与新产牛　A牧场在连续两次的DHI检测报告中都发现"首次脂蛋比大于1.35牛只统计"数值超出参考值（表8-32）。该DHI报告结果引起了牧场管理人员高度警觉，通过现场诊断、采样以及饲料成分分析，该牧场青贮玉米品质较差，影响了新产牛干物质采食量和能量摄入，进而加剧了新产牛能量负平衡和体脂动员。

表8-32　首次脂蛋比大于1.35牛只统计

牛头数（头）	泌乳天数（天）	脂蛋比	占首次测试牛比例（%）	参考值	是否正常
32	25	1.57	30.24	<25%	否

鉴于上述DHI报告和诊断结果，A牧场迅速调整新产牛日粮配方，提高日粮能量浓度，避免了新产牛发生群体性代谢疾病。表8-33列出了新产牛推荐配方及相关营养指

标，仅供参考。

表 8 - 33　新产牛推荐日粮配方及其营养水平

原料	比例（%）	营养成分	含量（In DM[①]，%）
青贮玉米	45.9	DM（%）	61.7
苜蓿干草	15.3	DMI（千克）	16.1
燕麦干草	2.3	NEL（兆卡*/千克）	1.6
甜菜粕	3.8	CP	15.9
棉籽	3.8	NFC	35.8
玉米	17.2	NDF	35.2
豆粕	3.8	粗料 NDF	22.9
DDGS	5.7	RDP/CP（%）	64.0
小苏打	0.4	NEL/CP（%）	9.9
食盐	0.4	Ca	1.1
磷酸氢钙	0.4	P	0.5
石粉	0.6		
预混料	0.4		

注：①以干物质为基准计算此饲料配方的营养指标数值，下同。

8.3.1.5.2　DHI 报告与泌乳牛　B 牧场在 DHI 报告中发现，"乳中尿素氮统计"数值超出参考值（表 8-34）。针对上述现象，B 牧场管理人员迅速组织专家进行诊断，结果表明，牧场精料补充料非蛋白氮（NPN）含量偏高，日粮"能氮不平衡"，进而降低了日粮蛋白的利用效率。

表 8 - 34　乳中尿素氮统计

泌乳天数（天）	≤30	31~100	101~200	>200	平均
乳中尿素氮（毫克/分升）	14.64	16.92	18.66	19.20	17.27
参考值（毫克/分升）	10~18				
是否正常	是	是	否	否	是

　　C 牧场在 DHI 检测报告中发现，"乳脂率低于 2.5% 牛只统计"数值超出参考值（表 8-35）。通过现场采样以及饲料成分分析，该牧场日粮配方中使用了大量的玉米加工副产品（如喷浆玉米皮、玉米胚芽粕等），日粮粗料 NDF 含量偏低，从而导致奶牛瘤胃发酵异常（亚急性瘤胃酸中毒），乳脂率下降。

表 8 - 35　乳脂率低于 2.5% 牛只统计

牛头数（头）	泌乳天数（天）	乳脂率（%）	占测试牛比例（%）	参考值（%）	是否正常
128	152	2.69	15.61	<10%	否

---

* 卡为非许用单位，1 卡=4.184 0 焦。

上述案例表明，DHI报告可以为泌乳牛生产管理提供有效的技术指导。表8-36和表8-37分别列出了高产牛和低产牛推荐日粮配方及相关营养指标，仅供参考。

表 8-36　高产牛推荐日粮配方及其营养水平

原料	比例（%）	营养成分	含量（In DM,%）
青贮玉米	40.6	DM（%）	64.8
苜蓿干草	12.2	DMI（千克）	24.0
燕麦干草	2.2	NEL（兆卡/千克）	1.7
甜菜粕	5.4	CP	16.5
棉籽	4.1	NFC	37.0
玉米	16.1	NDF	32.4
小麦	5.4	粗料 NDF	18.5
豆粕	6.1	RDP/CP（%）	64.1
DDGS	4.7	NEL/CP（%）	10.3
脂肪酸钙	1.2	Ca	1.11
小苏打	0.5	P	0.45
食盐	0.4		
磷酸氢钙	0.4		
石粉	0.5		
预混料	0.4		

表 8-37　低产牛推荐日粮配方及其营养水平

原料	比例（%）	营养成分	含量（In DM,%）
青贮玉米	36.9	DM（%）	66.5
苜蓿干草	3.7	DMI（千克）	18.0
羊草	18.5	NEL（兆卡/千克）	1.5
甜菜粕	3.7	CP	15.2
玉米	16.6	NFC	32.6
麸皮	3.7	NDF	40.9
豆粕	3.7	粗料 NDF	27.7
棉粕	5.5	RDP/CP（%）	59.3
DDGS	5.5	NEL/CP（%）	9.7
小苏打	0.4	Ca	0.84
食盐	0.4	P	0.48
磷酸氢钙	0.4		
石粉	0.6		
预混料	0.4		

8.3.1.5.3 DHI 报告与干奶牛 D 牧场一次在 DHI 报告中发现，"首次脂蛋比大于 1.35 牛只统计"数值超出参考值（表 8-38）。饲料成分分析表明，该牧场干奶牛日粮配方合理，营养均衡。然而，在接下来的多次 DHI 报告中，都发现"首次脂蛋比大于 1.35 牛只统计"数值超出参考值（表 8-38），该结果引起了牧场管理人员高度警觉。最终体况评分表明，该牧场干奶牛体型偏胖，进而引起了新产牛体脂过度动员。

表 8-38 首次脂蛋比大于 1.35 牛只统计

牛头数（头）	泌乳天数（天）	脂蛋比	占首次测试牛比例（%）	参考值	是否正常
27	29	1.42	26.13	<25%	否

表 8-39 列出了干奶牛推荐配方及相关营养指标，仅供参考。

表 8-39 干奶牛推荐日粮配方及其营养水平

原料	比例（%）	营养成分	含量（In DM,%）
青贮玉米	55.8	DM（%）	55.7
燕麦干草	9.3	DMI（千克）	12.0
羊草	16.3	NEL（兆卡/千克）	1.4
玉米	7.4	CP	12.2
麸皮	2.0	NFC	29.7
豆粕	1.9	NDF	47.9
棉粕	3.2	粗料 NDF	41.1
DDGS	3.2	RDP/CP（%）	58.5
预混料	0.9	NEL/CP（%）	11.1
		Ca	0.4
		P	0.3

奶牛饲料配方优化是以现有饲料原料成分和营养需求指标为数据基础，利用数学模型，计算出为达到某一营养要求所需要的各种原料的配比。奶牛饲料的配方的精准取决于配方师获得的信息多少，信息越详细所做的配方越精准，营养成分利用率越高，饲养成本越低。

8.3.2 体细胞数的解读与应用

体细胞数是乳房健康的指示性指标，通常由巨噬细胞、淋巴细胞和多形核中性粒细胞等组成。正常情况下，牛奶中的体细胞数一般在 20 万～30 万/毫升。当乳腺被感染或受机械损伤后，体细胞数就会上升，其中多形核中性粒细胞（PMN）所占比例会高达 95%以上。如果体细胞数超过 50 万/毫升，就会导致产奶量显著下降。因此，测定牛奶体细胞数的变化有助于及早发现乳房损伤或感染、预防和治疗乳房炎。同时，还可降低治疗费用，减少牛只的淘汰，降低经济损失。因为乳房的健康与否直接关系到牛只一生的泌乳能力、牛奶质量和使用年限等，故 SCC 既是用来衡量乳房是否健康的标志，也是奶牛健康管理水平的标志。

8.3.2.1 奶牛理想的体细胞数及其主要影响因素

奶牛的体细胞数随奶牛胎次的升高而增加（表 8-40），因此，各牛场应根据本场牛群胎次结构，制定适宜的体细胞控制指标。如牛群 1 胎、2 胎和 3 胎及以上的牛分别占 35%、25%和 40%，则牛群理想体细胞数＝15 万/毫升×35%＋25 万/毫升×25%＋30 万/毫升×40%＝23.5 万/毫升。

表 8-40 不同胎次牛奶中理想体细胞数

胎次	体细胞数水平
第 1 胎	≤15 万/毫升
第 2 胎	≤25 万/毫升
第 3 胎	≤30 万/毫升

影响体细胞数变化的因素包括：病原微生物对乳腺组织的感染、分群或饲养模式突变产生的应激、环境、气候、遗传、胎次等，其中致病菌对体细胞的影响最大，乳腺炎导致的损失 64%来自牛奶损失。

8.3.2.2 体细胞数与牛奶损失的关系

临床乳房炎的发生，将会损失胎次奶量的 20%～70%，个别牛只甚至会无乳汁分泌。体细胞数造成的奶损失因胎次不同而不同（表 8-41）。例如：一个牧场有泌乳牛 300 头，体细胞数平均为 40 万/毫升，假设头胎牛占 25%，则头胎牛奶损失为 20 250 千克，2 胎以上奶牛奶损失为 121 500 千克，全场一年奶产量损失为 141 750 千克，按奶价 3.5 元/千克计算，奶损失经济收入 49.6 万元。这其中还不包括因乳房炎造成的其他损失，如乳房永久性破坏、牛之间相互传染、头胎牛过早干奶与淘汰、兽药费、抗生素残留奶、原料奶质量下降等，约占总费用的 36%。

表 8-41 体细胞评分与胎次奶损失

体细胞计分	体细胞值×1 000	体细胞中间值×1 000	第一胎奶损失（千克）	二胎以上奶损失（千克）
1	1.8～3.4	2	0	0
2	35～68	50	0	0
3	69～136	100	90	180
4	137～273	200	180	360
5	274～546	400	270	540
6	547～1 092	800	360	720
7	1 093～2 185	1 600	450	900
8	2 186～4 271	3 200	540	1 080
9	＞4 271	6 400	630	1 260

对于高产奶牛，牛奶中体细胞数越高，造成的奶损失也越大（表8-42和表8-43）。如一头产奶量为40千克、体细胞数为150万/毫升的奶牛，日奶损失为12.5×40千克/87.5＝5.71千克。

表8-42　体细胞数与奶损失的换算关系

体细胞数（X）	奶损失（毫升）
X<15万	MLOSS=0
15万≤X<25万	MLOSS=1.5×产奶量/98.5
25万≤X<40万	MLOSS=3.5×产奶量/96.5
40万≤X<110万	MLOSS=7.5×产奶量/92.5
110万≤X<300万	MLOSS=12.5×产奶量/87.5
X>300万	MLOSS=17.5×产奶量/82.5

表8-43　一胎牛SCC引起的潜在的305天奶量损失

SCC万/毫升	损失奶量（千克）
<15	0
15.1~30	180
30.1~50	270
50.1~100	360
>100	454

8.3.2.3　体细胞数对奶牛乳房健康及牛奶品质的影响

测定牛奶体细胞数是判断乳房炎轻重的有效手段，体细胞数的高低预示着隐性乳房炎感染状态（表8-44）。奶牛一旦患有乳房炎，产奶量、奶的质量都会有相应的变化。患乳房炎的奶牛其乳腺组织的泌乳能力下降，达不到遗传潜力的产奶峰值，且对干奶牛的治疗花费较大。如果能有效地避免乳房炎，就可达到高的产奶峰值，获得巨大的经济回报。

表8-44　隐性乳房炎与体细胞的关系（BMT法）

体细胞计数（万）	0~25	26~50	51~150	151~
乳房炎诊断	－	±	＋	＋＋
反应物状态	流动	微细颗粒流动	呈絮状、胶凝物流动差	明显胶凝状、流动极差
反应物颜色	黄色	黄色带绿	绿色	深绿色

患乳房炎的奶牛所分泌的牛奶与正常牛奶的主要区别是干物质含量减少和乳成分发生变化（表8-45）。随着乳房炎程度的加重，乳房上皮渗透性增加，一些乳成分的含量更加接近血液。高体细胞乳的乳脂、乳蛋白、乳糖、总干物质含量通常降低，来自血液的一些蛋白（如免疫球蛋白）及离子的含量会升高。

表 8 - 45　正常体细胞与高体细胞乳成分对比

乳成分	正常 SCC 的乳	高 SCC 的乳
非脂干物质	8.9	8.8
乳糖	4.9	4.4
乳脂	3.5	3.2
总蛋白	3.61	3.56
总酪蛋白	2.8	2.3
乳清蛋白	0.8	1.3
乳铁蛋白	0.02	0.07
免疫球蛋白	0.1	0.6
钠	0.057	0.105
氯	0.091	0.147
钾	0.173	0.157
钙	0.12	0.04

8.3.2.4　原料奶的细胞数标准

因为高体细胞数对牛奶的风味和品质均有很大影响，所以奶业发达国家均对牛奶体细胞数有严格要求（表 8 - 46）。

表 8 - 46　奶业发达国家原料奶体细胞要求

国家	体细胞要求（万个/毫升）
丹麦	<30
芬兰	<25
瑞典	<30
法国	<25
德国	<40
希腊	<20
荷兰	<40
爱尔兰	<25
意大利	<30
西班牙	<40
美国	<75

8.3.2.5　SCC 与泌乳天数的关系

8.3.2.5.1　正常情况时，SCC 在泌乳早期较低，而后逐渐上升。

8.3.2.5.2　泌乳早期 SCC 偏高，预示干奶牛的治疗、挤奶程序、挤奶设备等环节出现问题。应及时调整和改善这些环节的状况，SCC 就会相应下降。

8.3.2.5.3 中期 SCC 高，可能是乳头浸泡液无效、挤奶设备功能不完善、环境肮脏、饲喂不当等，应进行隐性乳腺炎检测，以便及早治疗和预防。但此时治疗成本大，但还是低于因及早治愈而获得的效益。

8.3.2.5.4 在泌乳后期 SCC 偏高，则应及早进行干奶和用药物治疗。

8.3.2.6 奶牛 SCC 与生产管理

体细胞数能反映泌乳牛乳房的健康状况，通过阅读测定报告，总结月、季、年度的体细胞数，密切关注产奶量低的牛只明细表、产奶量下降 5 千克以上的牛只明细表、泌乳 20～120 天体细胞大于 50 万的牛只明细表、体细胞比上月上升大于 50 万的牛只明细表、体细胞跟踪报告、体细胞趋势分析报告表等体细胞相关分析报告，分析变化趋势和牛场管理措施，制定乳房炎防治计划，降低体细胞数，最终达到提高产奶量的目的。

采取措施后各胎次牛只的体细胞数如果都在下降，则说明治疗是正确的。如连续两次体细胞数都很高，说明奶牛有可能是感染隐性乳房炎（如葡萄球菌或链球菌等）。若挤奶方法不当会导致隐性乳房炎相互传染，一般治愈时间较长。体细胞数忽高忽低，则多为环境性乳房炎，一般与牛舍、牛只体躯及挤奶员卫生问题有关。这种情况治愈时间较短，且容易治愈。需要注意的是，预防体细胞数过高要比治疗乳房炎获得的回报高得多。

8.3.2.7 改善高体细胞数的原则及具体措施

如何降低牛群体细胞数，应参考各牛场的实际情况，拟定改善对策，原则如下：

①丢弃肉眼可见的不正常的奶；
②彻底治疗已感染并有症状的牛只；
③对治疗无效的牛，强迫干奶治疗；
④淘汰久治不愈，患有乳房炎的牛只。

降低体细胞的具体措施包括：

①改善饲养管理及环境的缺陷，维护环境的干净、干燥；
②按照正确的挤奶程序进行操作，维护挤奶器具的性能与质量；
③挤奶后及时进行药浴，饲喂，诱其站立，避免乳头感染，保持牛体干净；
④治疗干奶牛的全部乳区；
⑤及时合理治疗泌乳期的临床性乳腺炎；
⑥淘汰慢性感染牛；
⑦保存好 SCC 原始记录和治疗记录，定期进行检查；
⑧定期监测乳房健康，制订维护乳房健康的计划；
⑨定期回顾乳腺炎的防治计划；
⑩保证日粮的营养平衡，特别是补充微量元素和矿物质等，如硒、维生素 E；
⑪严格防治苍蝇等寄生性节肢昆虫；
⑫落实各部门在防治乳腺炎过程中的责任。

奶牛个体 SCC 直接反映了奶牛乳房的健康情况，同时也能反映防治措施是否有效。但需要指出的一点是：SCC 的高低反映了乳房受感染的程度，并不是超过某一特定值后就表示该牛一定患了乳房炎而需治疗。

8.3.3 DHI 报告与牛群结构

牛群结构是指牛群的性别、年龄构成情况，奶牛场的牛群结构仅指年龄结构，即不同饲养阶段奶牛头数占总存栏头数的百分比。由于不同生长阶段奶牛的生理特点、生活习性、营养需求以及对饲养环境的要求都各不相同，应根据生长发育阶段对奶牛进行分群，采用不同方法饲养管理。合理的牛群结构是规模化奶牛场规划和建筑设计的前提，也是指导牛场生产管理和牛群周转的关键，反映了牛场生产和管理水平的高低，且直接影响到牛场的经济效益。要使奶牛场高产、稳产，牛群要逐年更新，各年龄段的奶牛头数要有合适的比例，才能充分发挥出其生产能力。

8.3.3.1 牛群分类

8.3.3.1.1 **成母牛群** 成母牛指初产以后的牛，从第1次产犊开始成母牛周而复始地重复着泌乳、干奶、配种、妊娠、产犊的生产周期。根据成年母牛的生理、生产特点和规律，将生产周期分为干奶期、围产期和泌乳期，处于这些时期的奶牛分别称为干奶牛、围产牛和泌乳牛。

8.3.3.1.2 **青年牛群** 青年牛指18～28月龄的牛，即从初配到初产的牛。

8.3.3.1.3 **大育成牛群** 大育成牛指12～18月龄的牛，即12月龄到初配的牛。育成母牛一般12月龄达到性成熟，但体成熟晚于性成熟，所以一般在14～16月龄、体重达到360～380千克时进行初次配种。

8.3.3.1.4 **小育成牛群** 小育成牛指6～12月龄的牛。

8.3.3.1.5 **犊牛群** 犊牛指出生到6月龄的牛。对于出生的母犊牛要根据其父母代生产性能和本身的情况进行选留，作为后备母牛进行培育，留作后备母牛的犊牛群占整个牛群的9%。原则上对于其他犊牛应尽快进行销售或单独进行育肥。

一个规模稳定奶牛群的合理结构应为：成母牛60%，青年牛13%，大育成牛、小育成牛以及犊牛各占9%。

8.3.3.2 DHI 数据与牛群结构调整

8.3.3.2.1 **利用DHI数据判断牛群结构是否合理** DHI数据除了包括泌乳牛的测试数据外，还包括全群的基础数据，对于连续参测的牧场而言，DHI报告能够反映出全群各阶段牛只的数量，从而可判断牛群结构是否合理。

8.3.3.2.2 **利用DHI数据对泌乳牛进行分群管理** 成母牛根据生产周期的不同可分为干奶牛、围产牛和泌乳牛。其中，泌乳牛又可按生产性能测定的结果，分为高产、中产和低产群。牧场管理者应根据DHI报告，及时调整牛群的分布，将处于同阶段、产量相近的牛只集中饲养，便于进行合理的日粮配方调整。此外，对于低产群，管理人员可根据DHI报告来分析造成低产的原因，想办法予以解决，对产奶收益小于饲养成本的牛只应及时给予淘汰。

8.3.3.2.3 **利用DHI数据建立核心群** 核心群是带动全群发展的核心，是指导后备牛选留标准的重要依据。利用DHI数据可计算出测试牧场成母牛的育种值，根据牛群的育种值和生产性能数据，选出30%的牛作为核心牛群，选育出其优良的后代作为后备母牛。在核心群中，不同胎次牛的比例应为：1～2胎占60%，3～5胎占25%，6胎以上占 15%。

8.3.3.2.4 利用 DHI 数据制订牧场牛只周转计划 在生产过程中，由于一些成年母牛被淘汰，出生的犊牛转为育成牛或商品牛出售，而育成牛又转为生产牛或育肥牛屠宰出售，以及牛只购入、售出，从而使牛群结构不断发生变化。一定时期内，牛群组织结构的这种增减变化称为牛群的周转（更替）。牛群周转计划是养牛场的再生产计划，它是制订生产计划、饲料计划、劳动力计划、配种产犊计划、基建计划等的依据。为有效地控制牛群变动，保证生产任务的完成，必须合理制定牛群的周转计划。合理的周转计划的制订离不开一些重要的生产技术参数，表 8-47 给出了一些生产技术参数比较合理的范围：

表 8-47 牛群周转相关技术参数要求

技术参数	合理范围
淘汰率	总淘汰率应控制在 25%～28%之内
死亡率	全年死亡率在 3%以下
流产率	全年怀孕母牛流产率不超过 8%
总受胎率	年总受胎率达到 90%±5%
情期受胎率	年情期受胎率达到 50%以上
产后第一次配种时间	35～55 天
青年牛初配年龄	16～18 月龄
年繁殖率	90%以上
年繁殖成活率	85%以上

其中，全年的总淘汰率主要包括以下两部分：①体弱多病，丧失治疗价值的牛只，占全年总群的 14%左右；②DHI 测试表明生产水平低下的牛只，占全年总群的 11%左右。成母牛疾病淘汰率应小于 5%（头胎 2%～3%，三胎以上 5%）；青年牛疾病淘汰率应小于 1%；育成牛疾病淘汰率小于 1%；大犊牛疾病淘汰率小于 2%（2.5～6 月龄）；小犊牛疾病淘汰率小于 5%（出生 3 天～2.5 月龄）。乳房炎报废乳区数小于 1%。

以某一成母牛为 1 000 头规模的牛场为例，其牛群结构为：全群 1 667 头，成母牛为 1 000 头，青年牛 217 头，大育成牛 150 头，小育成牛 150 头，犊牛 150 头。全年总淘汰牛头数：1 667×25%＝417 头，其中病淘 234 头（根据不同牛群挑选出淘汰的牛只：成母牛 1 667×5%＝83 头，青年牛 1 667×1%＝17 头，育成牛 1 667×3%＝51 头，小犊牛 1 667×5%＝83 头），根据 DHI 数据淘汰的牛约 1 667×11%＝183 头。全年死亡头数：1 667×3%＝50 头。年总受胎率：1 000×90%＝900 头。犊牛断奶时成活数 1 000×90%×85%＝765 头。

若成母牛按 6 年使用年限计算，即成母牛平均 1.2 年产犊 1 头，6 年内（5 胎后）全部淘汰。则 1 000 头成母牛的牧场周转计划见表 8-48，表中上面 6 行是一次性购入 1 000 头成母牛，6 年内各年的牛群结构及牛群的周转计划。最后 1 行为 1 000 头成母牛牧场正常的牛群结构及牛群周转计划。

表8-48　年牛群结构及周转计划

年度	年初全群头数	公犊-年初头数	公犊-产活犊数	公犊-减少-出售	公犊-减少-死亡	母犊-产活犊数	母犊-减少-淘汰	母犊-减少-转出	母犊-死亡	母犊-年末头数	育成牛-年初头数	育成牛-转入	育成牛-减少-转出	育成牛-减少-淘汰	育成牛-死亡	育成牛-年末头数
1	1 000	0	383	372	11	383	50	180	11	142	0	180	0	10	2	168
2	1 210	142	360	349	11	360	67	174	11	250	168	174	150	10	2	180
3	1 376	250	365	354	11	365	38	396	11	170	180	396	348	15	3	210
4	1 470	170	383	371	11	383	53	359	11	130	210	359	331	15	3	220
5	1 567	130	383	371	11	383	50	302	11	150	220	302	204	15	3	300
6	1 667	150	383	371	11	383	150	222	11	150	300	222	204	15	3	300
每年	1 667	150	383	372	11	383	188	184	11	150	184	184	178	3	3	300

年度	青年牛-年初头数	青年牛-转入	青年牛-减少-转出	青年牛-减少-淘汰	青年牛-死亡	青年牛-年末头数	成母牛-年初头数	成母牛-转入	成母牛-减少-淘汰	成母牛-减少-死亡	成母牛-年末头数	年末全群头数
1	0	0	0	0	0	0	1 000	0	90	10	900	1 210
2	0	150	20	2	2	126	900	20	90	10	820	1 376
3	126	348	340	2	2	130	820	340	190	10	960	1 470
4	130	331	240	2	2	217	960	240	190	10	1 000	1 567
5	217	204	200	2	2	217	1 000	200	190	10	1 000	1 667
6	217	204	200	2	2	217	1 000	200	190	10	1 000	1 667
每年	217	178	166	10	2	217	1 000	166	156	10	1 000	1 667

8.4 DHI 应用与繁殖管理技术

繁殖工作是奶牛场饲养管理中的核心工作，是关乎奶牛场经济效益的重要指标。奶牛场繁殖管理中的重点目标就是提高怀孕牛只的数量，优化牛群结构，使牧场获得最大的经济效益。在牧场管理中，需要将产后一定时间内的空怀奶牛尽快变成怀孕牛，而这一目标的顺利实现需要合理的量化指标。

8.4.1 牧场的繁殖管理

影响牧场繁殖性能的因素很多，通过对美国 50 年来的数据进行分析发现：环境和管理因素占 96%，奶牛的个体差异因素占 3%，配种因素占 1%。这个统计表明，牧场的繁殖管理是一个系统性工程，不是单独某一方面能够决定的。所以当我们发现牧场中繁殖存在问题时，要对牧场整体进行评估，及时发现牧场的短版，搞清楚影响牧场繁殖的第一限制因素是什么，是我们的配种员的问题、是饲养员管理的问题，还是新产牛的保健问题。

在牧场管理中，许多牧场在考核繁殖工作时，最常使用的指标是情期受胎率和胎间距。这两个指标在某种程度上可以评估牛场的繁殖状况，但也存在较大的缺陷。其中，情期受胎率是怀孕牛只占配种牛只总数的百分比，这就造成部分未配牛只信息的缺失。如果配种人员只挑选发情良好的牛只配种，虽然情期受胎率很高，但实际怀孕牛比例较低，造成空怀牛只增多，繁殖效率下降，同时由于部分牛只空怀期的延长，造成牛只过肥，容易造成淘汰或产后疾病的增加，从而缩短牛只的使用年限和影响泌乳期产奶量，造成巨大经济损失。胎间距是一个较好的评估牛场繁殖水平的指标，然后该指标有较大滞后性，反应的是上一年度的繁殖工作，同时仅包含了产犊牛只，缺失了未产犊和淘汰牛的信息，也不能较好的反应牛场的繁殖工作。目前世界上公认的评估牛场繁殖工作的指标为 21 天妊娠率，该指标是指牛场在 21 天的时间阶段内，空怀牛被配种并怀孕的牛只数与空怀牛数量之比，约等于参配率与情期受胎率的乘积。该指标的滞后性为 1～2 月，可以及时的反应牛场的繁殖情况。由于计算上的复杂性，可能部分牛场计算该指标比较困难，可以通过空怀天数来计算。

此外，DHI 生产性能测定中的泌乳天数，也可以直接反应牛场的繁殖状况。在牧场的日常生产中，我们希望牧场的平均泌乳天数处在 170～185 天的理想范围，这是由于只有在这个范围时牧场才能获得最大的经济效益。我们分析泌乳曲线发现低的产奶量会造成牛场的经济损失。奶牛的泌乳高峰期大约出现在产后 60～90 天。奶牛在产后 60～150 天是奶牛产生最大经济效益的阶段，随后在 150～250 天，奶牛进入盈亏平衡阶段，即生产成本等于产奶收益。因此，越多的奶牛怀孕，在使用年限内奶牛拥有越多的盈利期。换句话说，如果怀孕牛较少，那么更多的牛出现在泌乳末期，将导致经济损失（图 8-9）。

不理想的繁殖管理会造成牛场巨大经济损失。牛场的繁殖效率可以通过妊娠率或空怀天数（配准天数）等进行评价。产犊间隔直接影响了平均泌乳天数，而后者影响了平均头日产。一般来说，产犊间隔的增加意味着平均泌乳天数的增加。问题是平均泌乳天数增加导致的最坏结果是什么？答案是平均泌乳天数和头日产呈负相关，也就是泌乳天数越大，

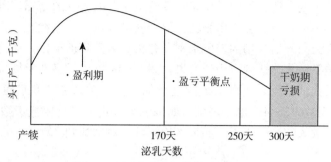

图 8-9 泌乳曲线与产奶回报的关系

产奶量越低（图 8-10）。然而，这只是表面现象，实际生产还会表现为产犊数量减少，淘汰概率增加，产后疾病增加，对牛场经济效益的影响是非常巨大的。

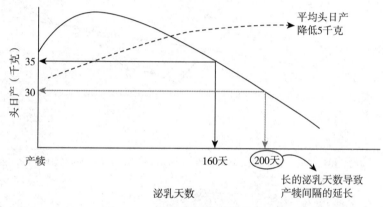

图 8-10 泌乳天数与头日产的关系

8.4.2 DHI 数据评估牛场繁殖水平

繁殖工作一直是奶牛场最关心的工作，在牧场的实际管理中，不同的牧场会采用不同的指标来评价牧场的繁殖水平。对于一个群体大小稳定的牧场，每个月应该有大约 10% 的成母牛产犊，即每个月产犊数量＝（泌乳牛＋干奶牛）/产犊间隔。例如，年平均 100 头的泌乳牛和 20 头干奶牛，产犊间隔为 13 个月，那个每个月产犊数量是 120/13＝9～10 头。当然由于怀孕牛的流产或淘汰需要对其进行校正，如果怀孕后的胚胎损失率为 8%，怀孕牛淘汰比例为 2%，那个总的妊娠牛损失率为 10%，那么每个月 10 个妊娠牛需要校正为 10/（1-0.1）＝11。如果实现这一目标，每个月配种的数量＝怀孕数量/当前的受胎率。假设受胎率为 35%，那么每个月至少需要配种 31 头牛（不包括青年牛）。这是一个简单的预测牧场繁殖情况的指标，从该指标可以看出，随着产犊间隔的增加，产犊数量会降低。因此，繁殖工作出现问题不仅影响牛群的产奶量，同时影响整个牛场的增群问题。

评估奶牛场的繁殖指标包括情期受胎率、21 天妊娠率、空怀天数、每次妊娠的输精次数和产犊间隔等。然而，我国目前 DHI 数据资料中关于繁殖的指标仅包含了泌乳天数。

在群体结构稳定的牛场，泌乳天数是反映牧场繁殖状态的较好的指标，但对于牛场结构不稳定，有新购入的牛群，不适合于用泌乳天数来衡量牧场的繁殖状态。

如果应用泌乳天数评估牛场的繁殖水平，并指导繁殖管理工作，那就需要了解泌乳天数与繁殖指标的关系，才能达到应用的效果。图8-11给出了泌乳天数与配准天数之间的关系，随着配准天数的增加，泌乳天数随之增加。根据关系公式我们可以推算，配准天数＝0.377×泌乳天数＋53.4。也就是说，如果一个牧场的平均泌乳天数为180天，那么成母牛平均配准天数大约为121天，如果平均泌乳天数增加到200天，那么成母牛平均配准天数大约为129天。

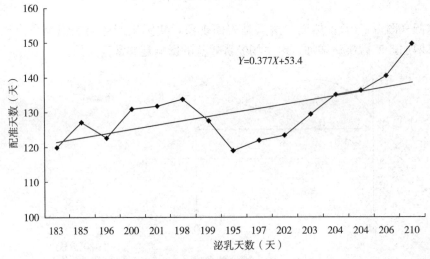

图8-11　泌乳天数与配准天数的关系

如果对于记录体系不太完善的牛场，我们通过图8-11公式进行推断配准天数。通过配准天数可以估计出该牛场的21天妊娠率。公式如下：21天妊娠率（PR）＝［21/（配准天数－自愿等待期＋11）］×100。牛场管理者可以通过该指标迅速了解每个21天的时间段内牧场的繁殖情况，有多少牛怀孕，多少牛只未孕。该指标已经在世界范围内得到广泛应用，它与其他繁殖指标相比可以更加快速的知道牛群的繁殖状况，而且计算相对简单。如果自愿等待期设定为60天，配准天数为133天，那么21天妊娠率为25%，配准天数为154天，那么21天妊娠率为20%。当然，该值为推断结果，与实际计算21天妊娠率还存在一定差异。如果我们以产犊间隔390天为理想值，那么21天妊娠率的理想值为34%。如果对于目前的高产牛场来说，产犊间隔在410天，那么21天妊娠率为26%。因此，牛场管理者可以根据自己预期的产犊间隔，来预算自己的21天妊娠率。当然这只是在没有繁殖的完整记录条件下根据配准天数估计的21天妊娠率。建议广大奶农朋友完善自身的记录体系，计算准确的数值，从而更加有效的指导生产实践。

8.4.3　如何改进牧场的繁殖水平

如果通过评估发现21天妊娠率的繁殖指标没有达到期望的水平，我们需要去进一步发现牛场实际存在的问题。根据三十多个牧场十几年的数据分析发现，影响奶牛繁殖水平的因素非常复杂，主要是饲养管理、牛群健康及配种人员的技术水平。根据科学的数据分析，我们就需要检查牧场的关键环节。首先需要调查的是牛场的新产牛管理的问题。众所周知，如果新产牛管理不好，牛群体况及健康得不到保障，从而造成受胎率下降，极大地影响了奶牛的繁殖。通过 DHI 我们如何发现新产牛饲养管理是否出现问题？通常我们可以通过泌乳曲线去发现牛场是否存在问题。图 8-12 给出了不同胎次的泌乳曲线，从图可以判断牛群的高峰奶、高峰日及持续力。从图 8-12 的范例可以看出，该牛场的头胎牛高峰奶来得较晚，达到了 135 天，二胎牛高峰奶没有达到预期目标，三胎牛持续力较差。从泌乳曲线可以判断，该牛场新产牛管理是存在问题的。

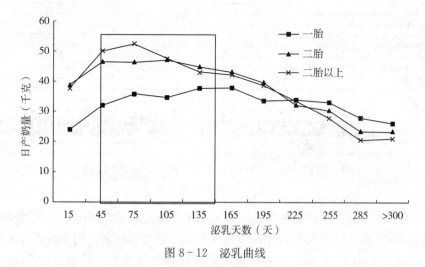

图 8-12　泌乳曲线

发现新产牛的问题后，下面就需要分析牛场造成新产牛问题的主要原因。首先要考虑分析牛群的分群管理是否合理，因为不合理的分群会影响整个牛群的饲养管理，尤其新产牛和头胎牛如果没有单独分群，容易造成新产牛采食量不足，影响牛群健康。同时围产期日粮和密度也会影响牛群的健康状况。如果有新产牛发病记录，我们可以去分析新产牛发病记录，从而发现是什么原因影响了牛群健康水平。除此之外，还要特别关照分娩管理，往往不当的接产容易造成产后牛只的子宫感染，影响后期的繁殖工作。

在对新产牛饲养管理各因素进行分析后，还要对配种技术人员的工作进行评估。虽然影响繁殖效率的因素中，配种技术人员的因素占的比例最小，但不可小视。因为，在饲养管理条件一定的情况下，配种技术人员的技术水平和责任心对繁殖工作起着决定性的作用。对于配种员的技术水平主要通过情期受胎率来评估，但这往往是比较难以改变，要通过加强配种操作来提高其技术水平。但配种技术人员的责任心，即发情鉴定效率，是我们必须关注的问题。那我们该如何评估牛场的发情鉴定效率呢？

根据繁殖工作的工作程序，首先要评估配种技术人员的始配天数。根据牧场的管理及奶牛的生理条件，每个场都会设定一个自愿等待期，即奶牛产后不能进行配种的时间。通过牧场始配天数的散点图，可以评估多少牛只出现过早配种现象，多少牛只的配种过晚（图 8-13）。从图 8-13 的范例可以看出，该牛场部分牛只在 60 天以内配种，最早的甚至不到 40 天，同时还有一部分牛只在 100 天以上配种。从以上范例不难看出，该牛场繁殖工作可能主要靠人工观察，而且存在观察不到位的情况。如果要提高该场的繁殖效率，应该规范自愿等待期时间，同时采用同期发情技术或发情鉴定辅助手段。

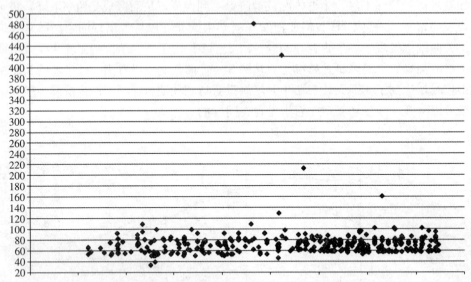

图 8-13　始配天数分布

除始配天数外，另一个评估牛场发情鉴定水平的指标是输精间隔。输精间隔可以对配种技术人员发情鉴定准确性及是否存在漏情现象进行很好的判断。奶牛的正常生理发情周期为 18~24 天，平均为 21 天，如果不在正常的发情周期配种，往往会存问题。通常来讲，如果输精间隔在 5~17 天，说明可能存在发情鉴定不准确的现象，即配种人员对牛只的发情判断不准，因此如果这个阶段牛只所占的比例较大，就需要注意配种人员发情鉴定的准确性。如果输精间隔在 18~24 天占的比例较高（50%以上），这是较为理想的现象。如果输精间隔在 25~35 天，说明存在早期胚胎死亡的牛只，如果这个阶段的比例较高，我们需要注意奶牛的健康和营养水平。如果输精间隔在 36~48 天或者更高，而且比例较大，这说明配种技术人员存在漏配现象。通过输精间隔的分析，我们可以了解到配种人员的问题出现在哪，这样可以有方向的去调整我们的饲养管理。

总之，通过 DHI 数据资料管理牛场的繁殖工作，是一个非常好的管理工具。通过对 DHI 的数据分析，我们可以发现牛场中影响繁殖工作的主要问题，从而有的放矢，提高牛场的繁殖效率。

8.4.4　科学目标设定与有效的绩效方案

表 8-49 给出了奶牛场繁殖的最佳参数值。

表 8-49　理想条件下的奶牛繁殖最佳参数

繁殖指数	最佳数值	表明牛群存在严重问题
分娩间隔	12.5~13	>14 个月

（续）

繁殖指数	最佳数值	表明牛群存在严重问题
分娩后首次观察到发情的平均天数	<40 天	>60 天
分娩后 60 天内观察到母牛发情	>90%	<90%
首次配种前平均空怀天数	45~60 天	>60 天
受胎所需平均配种次数	<1.7	>2.5
小母牛配种一次平均受胎率	65%~70%	<60%
泌乳母牛配种一次平均受胎率	50%~60%	<40%
少于三次配种平均受胎母牛头数	>90%	<90%
两次配种间隔在 14~28 天内的母牛头数	>85%	<85%
畜群中母牛平均空怀天数	85~110 天	>140 天
空怀天数大于 120 天的母牛	10%	>15%
平均干乳期天数	50~60	<45 天，>70 天
头胎分娩平均年龄	24 个月	<24，或>30 个月
平均流产率	<5%	>10%
因繁殖障碍母牛淘汰率	<10%	>10%

出于生产实际需要，美国奶牛临床繁殖领域于 20 世纪 80 年代引入 21 天妊娠率（21-Day Pregnancy Rate）的概念，以弥补情期受胎率（Conception Rate）的不足。21 天妊娠率的定义是：在 21 天期间，全部应配种母牛的实际妊娠率，其计算公式为：实际妊娠牛总数÷21 天内全部应配种牛总数＝21 天妊娠率。读者需特别注意计算式的分母，这里强调的是应配种牛总数，而不是已配种牛总数。21 天妊娠率受下列五项因素制约：发情检出率、母牛繁殖力、发情观察准确率、公牛繁殖力、输精技术。分析上述五项制约因素，显而易见，21 天妊娠率不仅可度量情期受胎率，还能度量与提高奶牛群体繁殖效率至关重要的发情检出率。如果经产牛都于产后 50 天开始配种，产犊间隔要求为 13 个月，即390 天，年终受胎率为 85%。那么，我们期望 21 天妊娠率达到 22.5%，就比较理想。

8.4.5　常见奶牛发情监测辅助手段

8.4.5.1　涂彩色蜡辅助发情观察

这种方法方便、便宜，与配种相结合，鉴定出发情牛只后当即进行配种，大大提高了发情鉴定工作效率。Pennington and Callahan（1986）就比较了肉眼观察和尾部涂蜡笔法的发情鉴定率，肉眼观察发现 63.6% 的发情牛，而涂彩色蜡笔则发现了 93.9% 的发情牛。美国规模化牧场早已普及使用，而国内已有少量大型牧场使用涂蜡笔法。所需工具包括彩色蜡笔、头灯、繁殖记录表、手持电脑、记录本等。所有的牛只，包括待配牛和配过的牛。对于妊娠诊断确认妊娠的牛只，建议转群，单独饲养，也可以减少发情鉴定的工作量。每天坚持对所有的牛只涂蜡笔，每天 1~2 次，以早上为佳。第一次涂 3~4 个来回，之后只需要 1~2 个来回，补充颜料，使其保持新鲜。涂的部位在尾椎上面，从尾部到十字部，长 30～40 厘米。

需要仔细分辨牛尾部涂蜡染料颜色变化是由于爬跨引起还是其他原因引起的。区别爬跨和舔舐：一些奶牛喜欢舔舐其他牛只，这种情况在新采用涂蜡笔的牧场非常普遍。另外，青年牛也喜欢相互舔舐。奶牛被重达 600 千克的其他奶牛爬跨后，毛发被重压向下压实。而舔舐后，毛发侧立，倒向一侧。对于鉴定为发情的牛只，做好记录和标记。在尻部两侧标记当天的日期。这样做有两个好处，一是便于配种时找牛，二是便于第二天识别已经配过的牛只个体（有的牛会在第二天表现发情，或是发情晚期，或是发情盛期）。

8.4.5.2 计步器与发情鉴定系统

自动控制的发情监测系统被大型牧场越来越多的使用，发情监测系统主要由计步器和感应器组成。计步器很小，但是这种耐用的装置同时具备两种功能，即身份识别和奶牛活动量记录。研究表明奶牛的正常发情直接表现为活动量的增加。计步器能够记录奶牛在每个班次所走的步数，从而得出一个正常情况下活动量的平均值。如果在某个班次，牛的活动量比平均值高很多，说明奶牛可能发情。同时，如果活动量下降，则说明这头牛可能出现肢蹄病或消化疾病等。该系统的主要有发情监测、肢蹄病检测、繁殖疾病监测、流产检测等功能。由固定在牛腿上的计步器和固定在安装于奶厅通道或其他奶牛需要经过的通道的感应器组成，每次挤奶时计步器与感应器自动发生感应，从而实现牛号的自动识别。同时，计步器上记录的牛的活动量信息自动传输到电脑数据库，实现与"奶牛场管理系统"对接，可以对发情奶牛数据快速调阅，方便管理者提出奶牛具体配种方案，传感器每 2 小时存储一次运动数据，发情精度可以提升到以小时为单位。系统监测到奶牛发情信息，可以立即发送手机短信到相关人员手机，确保工作人员第一时间了解奶牛发情情况，避免人为漏配情况发生。

8.5 尿素氮指标及其应用

为了提高奶牛业养殖效益，牛奶尿素氮测定受到越来越高的重视。自 20 世纪 90 年代中期以来，欧美等奶业发达国家的奶牛生产性能测定（DHI）实验室就将 MUN 作为检测的重要指标之一。随着乳尿素氮测定自动化仪器的研发，人们对 MUN 这一指标的关注更加密切。

8.5.1 尿素氮的产生及其生物学意义

奶牛摄入的日粮蛋白质分为瘤胃降解蛋白（RDP）和瘤胃非降解蛋白（RUP），其中 RDP 在瘤胃细菌、原虫和真菌的作用下分解为肽和氨基酸，随后一些氨基酸可通过脱氨基作用进一步降解为有机酸、二氧化碳和氨，氨又可被瘤胃微生物利用合成微生物蛋白或通过瘤胃壁吸收。如果日粮蛋白质含量过高，降解速度过快，而能量供应有限，瘤胃氨水平超出瘤胃微生物的利用限度，则过量的氨可经瘤胃壁进入血液，随着血液循环到达肝脏后脱氢形成尿素，尿素进入血液后可通过唾液的分泌进入瘤胃或经尿液排出，在泌乳过程中血液中的尿素也可通过乳腺上皮细胞扩散进入乳中成为乳尿素氮（Milk Urea Nitrogen，MUN）。吸收到体内的氨基酸和体组织蛋白分解产生的氨基酸除用于体内蛋白质合成外，一部分被分解或用于合成葡萄糖，这部分氨基酸中的氨基在肝脏和其他体组织中转变为尿素，也可经血液循环回到瘤胃或经尿液、乳汁排出。因此，MUN 有 RDP 瘤胃降解和体内氨基酸分解代谢两个氮源（图 8-14）。

乳尿素氮（MUN）和血液尿素氮（BUN）密切相关，两者都可以作为反映日粮蛋白供需平衡和日粮能氮平衡的指标。MUN 测定采样方便，不会造成动物应激，在国内外研究中多采用 MUN 值来监测奶牛蛋白质营养状况。

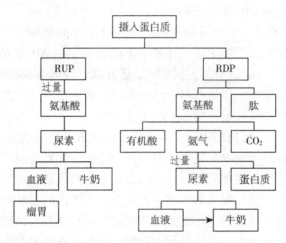

图 8-14 奶牛蛋白质代谢机制

8.5.2 影响牛奶尿素氮含量的因素

了解牛奶尿素氮含量的影响因素，对其在生产实践中的应用十分重要。MUN 的变化主要受日粮营养因素影响，其次是由其他因素引起。在营养因素中，蛋白质（摄入量和质量）对 MUN 影响作用最大。另外，营养水平、日粮组成、饲喂方式、水摄入量等都对 MUN 有较大影响。

8.5.2.1 营养因素

8.5.2.1.1 日粮蛋白质水平　MUN 变异的约 87% 来自营养因素，日粮蛋白水平又是影响 MUN 的主要营养因素。试验证明，日粮粗蛋白质水平超过奶牛营养需求，并不能改善其生产性能，只是提高了 MUN 含量。因此，畜群需要合理的蛋白摄入量，若日粮蛋白质摄入过多，会导致畜群体内能氮失衡，使得蛋白质不能被充分消化利用，从而产生过多的氨，造成 MUN 值升高。

众多研究表明，MUN 水平与日粮中粗蛋白的水平呈正相关，而与能量或能氮比呈负相关。分析 MUN 值可作为衡量牛场营养水平，调整日粮结构的依据。有学者认为，当 MUN 值>18 毫克/分升时，日粮蛋白过剩，饲料成本过高，应当对日粮做适当调整；当 MUN 值<14 毫克/分升时，表明日粮中粗蛋白不足或者含有过多的瘤胃非降解蛋白，MUN 过低通常还伴随着奶产量和乳蛋白的降低。然而，可能由于不同研究中日粮组成、蛋白水平差异程度和奶牛品种等有所差异，一些学者在相同的差异水平下并没有发现蛋白质对 MUN 的影响。

8.5.2.1.2　能量　能量是动物日粮中的重要组分，在日粮中添加脂肪、减少中性洗涤纤维（NDF）、增加非纤维性碳水化合物（NSC）等都可以提高能量水平。在相同蛋白质水平下，提高日粮 NDF 水平可能小幅度增加 MUN 浓度，提高 NSC 水平则可能小幅度降低 MUN 浓度。瘤胃微生物不能利用脂肪中的能量，因此通过添加脂肪提高日粮能量水平只能引起 MUN 增加，不会引起 MUN 下降。在日粮提供满足微生物生长需要充足能量的前提下，进一步提高日粮能量水平不能使 MUN 下降。日粮能量不能满足微生物需要时，提高日粮能量水平有降低 MUN 的效果。

8.5.2.1.3　蛋白质降解率　关于蛋白质降解率对 MUN 的影响，许多研究中均有报道，但不尽相同。有研究发现，日粮中蛋白降解率不同处理组的 MUN 值之间没有太大差异。但还有试验表明，随着 RDP 的升高，MUN 显著升高。降解率高的饲料蛋白通常降解速度较快，若日粮中无降解快的能量饲料相匹配或可降解能量不足，则 MUN 升高，若有快速降解的能量且可降解能量充足，则 MUN 不受影响。

8.5.2.1.4　氨基酸组成　反刍动物摄入的饲料蛋白大部分转变为菌体蛋白，这使得反刍动物蛋白质营养研究较单胃动物更复杂。在饲料中添加一种氨基酸，若没有采取瘤胃保护措施，未必会增加动物对该氨基酸的吸收，原因是添加的氨基酸可以在瘤胃中转化为其他氨基酸。蛋白质营养的本质是氨基酸营养，如果进入牛体内的氨基酸比例组成并不满足奶牛的实际需要，必然会降低氮的利用效率，从而使氮排放增加，MUN 值升高。而且有研究表明，即使瘤胃微生物蛋白合成达到最大程度，进入小肠的蛋白质和氨基酸仍不能满足高产奶牛的营养需要，由此可以看出，奶牛对过瘤胃蛋白和氨基酸的依赖较瘤胃降解蛋白要更高。

8.5.2.1.5　能氮平衡　主要是瘤胃中的能氮平衡，包括数量和质量两个方面。数量上可降解氮高于可降解能量则降解但不能有效转化为菌体蛋白，引起 MUN 增加；质量上氮的降解速度高于能量也会引起 MUN 增加。因此，保持反刍动物日粮中蛋白质和能量平衡十分重要，可以促进瘤胃微生物同步利用非蛋白氮和能量。

8.5.2.1.6　粗饲料组分与饲喂方式　粗饲料的种类也对 MUN 有重要影响。用 3 种不同的粗饲料饲喂奶牛，结果发现，奶牛在摄食 100% 玉米青贮饲料和 100% 牧草青贮饲料时，总氮的分泌量与排泄量相同，而前者 MUN 浓度显著高于后者，因此，MUN 含量因粗饲料而异。

8.5.2.2　其他因素

影响 MUN 值的非营养因素有品种、胎次、泌乳周期、挤奶次数、产犊季节等，诸多学者的研究结果不完全一致，这种差异性可能由试验因素导致。

8.5.2.2.1　品种　奶牛不同品种间的遗传因素以及身体机能存在差异，可能会导致不同奶牛采食相同的日粮而 MUN 值存在较大差异，奶牛品种的差异可以显著影响乳中非蛋白氮（NPN）和血浆尿素氮（PUN）。

8.5.2.2.2　胎次　对于不同胎次间 MUN 的影响，目前还没有统一的结论。有研究表明，第 2 胎牛 MUN 值最高，头胎牛的 MUN 值高于第 3 胎；但也有人指出第 2 胎牛的 MUN 值最高，但头胎最低；还有研究认为第 1 胎 MUN 值最高，第 3 胎最低。

8.5.2.2.3　产犊季节　产犊季节对 MUN 的影响目前也没有明确结果。有研究表明，产犊季节在春季与冬季时，MUN 值显著高于夏季和秋季。但也有研究认为，在不同的季节产犊，MUN 含量差异不明显，但夏季最高，春季最低。若依据生理代谢机制预测 MUN 值在不同季节的变化，夏季高温导致畜群体内消化酶活性降低，使蛋白摄入量降低，而冬季畜群为抵抗低温需要消耗更多的能量，从而使蛋白摄入量增加，氨量也增加，以此推测出 MUN 值应在夏季最低，冬季最高。

8.5.2.2.4 泌乳天数（DIM） MUN 与 DIM 的关系，不同的研究结果间存在差异性。Carlsson 等人首先提出 MUN 值在泌乳 60～90 天时最高；Godden 等人指出，初产牛的 MUN 值在泌乳 120～150 天时最高，经产牛在泌乳 60～89 天时最高；Arunvipas 等认为，MUN 值在泌乳 90～120 天时最高；杨露等研究发现，MUN 变化趋势与产奶量类似，在产奶前 30 天比较低，随后增加，在 60～70 天达到高峰，之后又下降。

8.5.2.2.5 饲喂后的时间、每天挤奶次数、挤奶时间 一定条件下，MUN 浓度主要受饲喂时间的影响。Rodriguez 等报道，MUN 值在饲喂之后呈增加的趋势，但 MUN 值在早晨 10 点饲喂 2 小时后增加，而下午 14 点饲喂 6 小时候后降低。Gustafsson 等研究表明，奶牛饲喂后 5 小时或 6 小时到达最高值，之后随着饲喂-采样的间隔延长而逐渐降低。奶牛典型的饲喂-挤奶间隔在下午时为 0～6 小时之间，而在上午的时间间隔则一般会超过 6 小时，间隔时间越长，MUN 浓度越低。奶牛 MUN 浓度在一天中相同时间点的变化趋势不同，大多数奶牛饲喂时 MUN 值相对较低。挤奶前期 MUN 含量大于挤奶后期 MUN 含量，早晨奶样 MUN 含量大于晚上奶样 MUN 含量。因此，在进行乳尿素氮检测时，应该注意样品采样时间对 MUN 含量的影响。

MUN 变化见表 8-50。

表 8-50 MUN 含量的变化

尿素（毫克/分升）	平均（毫克/分升）	标准偏差	范围
血尿	12.11	2.31	6.0～19.0
牛奶尿素（上午）	12.25	2.25	7.6～20.6
牛奶尿素（下午）	14.35	2.20	8.2～20.1
DHIA 牛奶尿素	13.11	2.99	2.3～23.0

另外，高分解代谢状态、缺水、肾缺血、血容量不足及某些急性肾小球肾炎，均可使血尿素氮增高；而肝疾病常使血尿素氮降低。

8.5.3 MUN 检测在奶牛生产中的应用

为什么我们要关注 MUN？第一，尿素和牛奶中 N 的损失，造成蛋白质的浪费；第二，肝脏中过剩的能量将氨转变成尿素，对机体不利；第三，过量的氨造成大气环境污染问题。目前，国内外对 MUN 的检测主要用于评价奶牛日粮的蛋白质水平、瘤胃降解蛋白和非降解蛋白含量、能量水平、产奶量及乳成分、繁殖性能、氮排泄量及疾病诊断等，MUN 的测定对奶牛养殖具有重要意义。

8.5.3.1 可以调整奶牛日粮的蛋白质水平，降低日粮成本

一方面，目前奶牛养殖的利润率较低，而饲料成本是奶牛场最大的一项开支，同时奶

牛日粮中蛋白质需求较大且蛋白质饲料价格不断走高；另一方面，为了最大限度地提高奶产量，奶牛蛋白质的摄入量不断增加，结果是高产奶牛消耗了远超过其需要量的蛋白质，尿素的浓度也随着蛋白质摄入量的增加而上升。通过测定尿素氮，不但可以用于评价奶牛的日粮能氮是否平衡，了解奶牛的蛋白质是否过量，判断日粮中粗蛋白含量、淀粉含量以及糖含量是否合理，从而对奶牛日粮进行调整，还有助于选择物美价廉的蛋白饲料以降低饲养成本，达到科学饲养，提高奶牛养殖效益的目标。

正常情况下日粮中可溶性蛋白含量应占到日粮干物质的 3％～6％、日粮粗蛋白的 30％～35％；瘤胃降解蛋白（RDP）占到日粮干物质的 10％～12％、粗蛋白的 60％～66％；过瘤胃蛋白（RUP）占到日粮干物质的 5％～7％DM、粗蛋白的 34％～40％；瘤胃微生物的 N 需要量的任何时间内都不能超量。

MUN 能下降到多少？

①管理的非常好的牛群能够达到 7～12 毫克/分升；

②要做到 MUN 含量低且没有产奶量损失，主要取决于几个因素：劳动力、设施和管理。

MUN 太高：RDP 过量、氨基酸不平衡、发酵碳水化合物缺乏、瘤胃微生物环境差（导致酸中毒、利用率低的纤维）。高 MUN 能够降低受胎率。当 MUN＞20 毫克/分升时，约损失 3.2 千克的牛奶。

MUN 太低：瘤胃中氨太少、日粮蛋白不足、碳水化合物与蛋白的比例太高。

8.5.3.2　乳尿素氮对奶牛泌乳性能有较大的影响

8.5.3.2.1　乳尿素氮含量对产奶量的影响　一般认为，具有相同饲养水平，处于同一泌乳阶段奶牛，MUN 含量正常范围为：10～16 毫克/分升，个体牛 MUN 典型的范围是群体牛平均值±6 毫克/分升，平均值约 14 毫克/分升，群体牛范围 11～18 毫克/分升。MUN 值应该仅在群体的基础上解释。MUN 含量低于这个范围，则表明日粮中蛋白质缺乏，瘤胃降解蛋白含量不足，可能导致奶牛干物质摄入量及消化率下降，最终造成产奶量下降，所以这时奶牛需要较多的降解蛋白质，满足微生物蛋白质合成所需要的氮，从而生产出更多的牛奶。当 RDP 过多或奶牛摄入能量不足时，瘤胃产生的多余氨则在肝脏形成尿素，而转换成尿素也需要能量，对于泌乳期 200 天以上的产奶牛，如果 MUN 含量过高，表明日粮蛋白质部分被浪费，造成产奶量降低。

8.5.3.2.2　乳尿素氮含量对乳成分的影响　乳蛋白率与乳尿素氮含量之间具有负相关性。MUN 含量升高而乳蛋白率下降，则表明奶牛虽然从日粮中摄取较多的蛋白质，但是由于摄入的能量不足，造成了瘤胃内氨的利用率下降，不能被利用的氨则通过代谢致使 MUN 含量升高，同时导致乳蛋白率下降；但是 MUN 含量升高，而乳蛋白率正常，则表明只是瘤胃降解蛋白过剩而已，而能量水平合适；MUN 含量过低，同时乳蛋白率也降低，则说明瘤胃降解蛋白和能量摄入同时不足，这时如果乳蛋白率正常，则表明瘤胃降解蛋白不足或摄入了过多的能量。据报道，MUN 含量与乳蛋白率之间具有二次回归关系，即 MUN 含量在 10 毫克/分升以下或 17 毫克/分升以上时，乳蛋白率有降低的趋势。

当对乳尿素氮含量与乳脂率进行奶牛个体水平分析时，二者存在负的非线性相关；当对群体平均水平进行分析时，二者存在正的相关性。但有报道称，乳脂率与 MUN 含量的相关系数为 0.21，二者之间没有强的相关关系。

8.5.3.3　乳尿素氮对繁殖性能有影响

一般认为，过量蛋白质的代谢产物，如氨、尿素或其他有毒产物直接或间接干扰了受精和妊娠建立过程中的一步或者几步，这些步骤包括卵泡发育导致的排卵、卵母细胞增殖、胚胎的运动和发育、母体确认和着床等，胚胎的形成和发育是涉及了生殖道所有不同组织的一个有序过程，任何一步或几步受到干扰，繁殖性能就会受到影响。有调查研究表明，随着营养管理的改善和牛群规模的增加，奶产量的不断提高伴随着繁殖性能的下降。目前普遍认为，MUN 影响奶牛繁殖性能可能有以下三个原因：第一，泌乳早期高 MUN 一定程度上能反应产后能量负平衡的加剧，能量负平衡对繁殖性能有损害；第二，MUN 直接反应 BUN 水平，过高的 BUN 浓度对奶牛生殖系统有影响，从而损害繁殖性能；第三，过低的 MUN 反应奶牛日粮中摄入蛋白水平偏低，低营养水平影响产后恢复，损害繁殖性能。

随着日粮中 CP 的增高，奶牛体内 BUN、血氨浓度以及子宫内尿素含量升高，子宫分泌物中钾、镁、磷元素的浓度有所增加。有研究表明，在不考虑日粮影响的条件下，子宫内 pH 与血浆尿素氮（PUN）呈负相关。以上这些因素共同的作用结果将导致孕酮对子宫内微环境的作用受阻，从而使胚胎发育处于亚健康的环境中，影响繁殖性能。此外，子宫内膜细胞体外培养的试验表明，尿素浓度增加直接反应前列腺素分泌（PGF2α）的增加，而前列腺素的增加会直接影响到胚胎发育和存活，这也为过高的 BUN 引起繁殖性能降低给出了合理的生理学上的解释。相反，当 MUN 过低时，可能代表日粮中 RDP 过少，日粮中蛋白质缺乏、营养水平过低会影响奶牛健康，在产后表现为易造成胎衣不下，延迟卵泡发育，对正常发情和受胎造成影响，从而影响繁殖性能。

大多数的研究表明，上升的 PUN 浓度与奶牛繁殖性能降低有关。PUN 和 MUN 可用来监测奶牛的妊娠率，当高产奶牛 PUN 高于 19 毫克/分升或 MUN 高于 17 毫克/分升时，可导致繁殖率降低。人工授精当天 MUN 的浓度超过了 20 毫克/分升，受胎率就会降低，说明过量瘤胃蛋白质降解可能导致不孕。研究发现，在某一阶段，妊娠奶牛和未妊娠且孕酮浓度高的奶牛有相似的 MUN 值，暗示了未妊娠且孕酮浓度高的奶牛体内可能有胚胎出现，只是推迟了黄体的功能，使胚胎的发育停止。因为较低的 MUN 值是子宫的环境适于胚胎早期发育的标志，怀孕时较高的 MUN 浓度导致不孕或者使早期的胚胎失去优先被母体确认妊娠的机会。孕酮由黄体或胎盘分泌，其主要作用是为受精卵着床作准备，抑制子宫运动，维持妊娠，促进乳腺细胞发育、调整性腺激素分泌等。研究表明孕酮的分泌受日粮蛋白水平影响，高蛋白日粮及氨水平升高，会导致生殖道组织和黏液中氨浓度增加，从而改变代谢反应，影响血液中葡萄糖、乳糖和游离脂肪酸的浓度，进而影响黄体功能及孕酮的分泌。在奶牛人工授精后第 10 天测试 MUN 与孕酮含量，表明 MUN 含量小于 9.7 毫克/分升或大于 9.7 毫克/分升时孕酮含量分别为 20 纳克/分升或 14 纳克/分升。PUN 浓度超过 19 毫克/分升时，子宫 pH 改变，繁殖性能降低。对美国俄亥俄州的 24 个牛场数据作的分析表明，在配孕的可能性上，MUN<10 毫克/分升的组是 MUN>15.4 毫克/分升的组的 2.4 倍，而 MUN 在 10 毫克/分升与 12.7 毫克/分升之间的组是 MUN>15.4 毫克/分升组的 1.4 倍，这里的 MUN 使用的是每个月的奶样 MUN 平均值。来自以色列的数据也表明，在 MUN 水平和怀孕率之间存在显著负相关关系。

相反，一些学者得到的结果与上述不同。Trevaskis 等（1999）采集了 4 个放牧牧场输精日当天的 556 头牛奶样并跟踪发现，配后不返情的概率与牛奶中尿素（MU）含量之间没有显著关系。Melendez 等（2000）对佛罗里达州 1 073 头奶牛做了研究分析，认为 MUN 值与产后第一次配种不孕率之间没有直接的相关关系，但发现 MUN 值与配种季节之间存在显著性交互作用，高 MUN 值协同热应激能对奶牛繁殖性能产生负面影响。此外，RehanK 等（2009）采集了捷克 6 个商业化牛场 2000—2003 年的数据，使用混合线性模型及回归分析，发现牛奶尿素（MU）浓度对首次配种怀孕率没有影响。

造成研究结果不尽相同的原因可能包括：地区不同、分析使用模型不同、研究牛数量不同、进行分析用的奶样采集时间和方式不同等。尽管有不少国家和地区已经开始使用 MUN 值来检测当地牛场的繁殖水平，但新西兰人似乎不太赞成这种做法。Westwood 等（1998）认为，用 MUN 来反应能量和蛋白的摄入水平以及繁殖性能有很多疑问，在对大量数据进行荟萃分析（Meta‐analysis）之后，发现牛群妊娠率变异的产生只有 25% 来自于体液中的尿素。他们并不赞同澳大利亚及新西兰的牛场采用其他国家的研究结果——高日粮蛋白与繁殖性能之间存在负相关关系，因为奶牛本身具有适应能力，能够适应高蛋白水平日粮带来的尿素代谢上的改变，只使用 MUN 作为反应牛群营养或繁殖水平的指标价值不大。

我国这方面的研究起步较晚，翟少伟等（2005）认为过量的 RDP 和 RUP 降低繁殖性能：过量的蛋白质使机体增加对能量消耗，使体内的能量平衡状态遭到破坏或进一步恶化，还可使体液中的尿素浓度增加，尿素浓度的上升促进子宫分泌前列腺 F2α，前列腺 F2α 量的增加，引起黄体溶解，孕酮的分泌量下降，不利于维持妊娠状态，也会使奶牛的子宫分泌物的组成发生改变，pH 降低，子宫的内环境发生不利于胚胎发育的变化，最终共同导致繁殖性能降低。刘坤等（2013）对海丰牧场 1 932 头头胎牛做了 MUN 与产后繁殖性能之间关系的研究，结果显示，MUN 大于 15 毫克/分升时，对个体情期受胎率有显著影响，对产犊至初配间隔有极显著影响。

8.5.3.4 MUN 可监测奶牛氮排泄量

畜牧业中已经确定氮的排泄是造成水污染的重要原因之一。乳尿素氮已经成为泌乳奶牛尿素氮排泄和氮有效利用率检测的有用工具。试验表明，畜舍氨气量可由 RDP 控制，MUN 主要来源于 RDP，因此，MUN 可以作为控制氨气的一个重要指标。通过检测大量日粮粗蛋白质水平结果发现，当 MUN 浓度 ≥25 时，MUN 与尿液尿素氮（Urine Urea Nitrogen，UUN）的排泄呈线性相关。日粮蛋白质摄入量的增加导致尿氮浓度的升高，超过动物蛋白质需要量的氮，都通过尿液排出，而检测乳尿素氮，可以有效控制尿氮的排泄，以减少环境污染。

8.5.4 国内外牛奶尿素氮参考标准研究进展

国内外科研工作者根据对 MUN 的研究，提出了适合本国奶业发展的实际情况的 MUN 标准浓度参考值。

8.5.4.1 国外 MUN 参考标准

8.5.4.1.1 美国 MUN 标准浓度 在奶业发达的美国，关于牛群 MUN 的标准浓度范围至今还存在争议。美国科学家们和各高校有着不同的看法（表 8‐51）。

表 8-51   美国部分高校研究 MUN 标准浓度范围汇总

高校名称	研究所得 MUN 参考标准
康奈尔大学和伊利诺伊州立大学	10～14 毫克/分升
肯塔基大学和密歇根州立大学	10～16 毫克/分升
内布拉斯加大学	12～18 毫克/分升
宾夕法尼亚州立大学和威斯康星大学	8～14 毫克/分升

康奈尔大学和伊利诺伊州立大学的 Mike Hutjens 和 Larry 研究表明，正常的 MUN 值的范围是 10～14 毫克/分升。同时，他们提出在此基础上给牛群 MUN 浓度提出一个底线（8～16 毫克/分升）。

肯塔基大学的 Laranja 和 Amaral-Phillips 研究认为，在奶牛饲养和干物质采食量处于最佳状态时，MUN 值主要集中在 10～16 毫克/分升。具有相同采食量的个体牛 MUN 浓度范围＝牛群 MUN 浓度平均值±6。例如，牛群平均 MUN 值为 12 毫克/分升，则牛群中 95％的牛 MUN 值处于 6～18 毫克/分升之间。这一结果同样被密歇根州立大学的研究所证实。尽管科学家们对于 MUN 的正常范围有着不同的建议，但一般的经验法则认为牛群的平均 MUN 浓度应处于 10～16 毫克/分升之间。采集样本计算群体平均 MUN 浓度时，样本量应至少达到 10 头。

内布拉斯加大学的 Dennis Drudik 等研究表明，12～18 毫克/分升才是正常的 MUN 浓度范围。同时还研究得出，个体牛 MUN 浓度范围处于 8～25 毫克/分升。

表 8-52   全群 MUN 值的解释

MUN	评价	建 议
<8 毫克/分升	过低	若日产奶量低于 31.75 千克且牛群日粮未达到蛋白量的最低要求（如 16％），则 MUN 值会过低。对于饲喂 TMR 的牛群来说，应进行分析以确定蛋白水平。对于拴系和 TMR 牛群来说，要通过奶牛群体改良协会来评估个体牛和全群牛，需评估蛋白和碳水化合物来源
<8 毫克/分升	正常	若日产奶量超过 31.75 千克，牛群日粮达到蛋白量的最低要求且蛋白质和碳水化合物达到平衡，则 MUN 水平处于正常状态
8～10 毫克/分升	略低	若牛群日粮未达到蛋白量的最低要求且日产奶量低于 31.75 千克，则可能在饲料管理和日粮配方方面有些问题
8～10 毫克/分升	正常	若日产奶量超过 31.75 千克，日粮达到蛋白量的最低要求且蛋白质和碳水化合物达到平衡，则 MUN 水平处于正常状态
12～14 毫克/分升	略高	若牛群日粮达到蛋白量的最低要求且没有饲料管理方面的问题，则可近似的评估蛋白质组分（尤其是可溶性蛋白）以及非结构性碳水化合物的水平和来源
12～14 毫克/分升	正常	若日粮达到高蛋白量（＞17.0％）的要求，且仅饲喂一种谷物，则 MUN 水平处于正常状态。然而，也有可能会降低蛋白量，从而减少氮的排泄

（续）

MUN	评价	建　　议
>14毫克/分升	过高	对于饲喂 TMR 的牛群来说，应进行分析以确定蛋白水平。对于拴系以及 TMR 的牛群来说，要通过奶牛群体改良协会来评估个体牛和全群牛，需评估蛋白和碳水化合物来源和饲料管理实践经验，例如饲料分类
	不推荐	若日粮达到高蛋白量（>17.0%）、高可降解蛋白量的要求且已知少量淀粉或糖的来源，则氮没有被奶牛有效地利用，过量的氮被排放

宾夕法尼亚州立大学的研究人员推荐范围为 10～14 毫克/分升，另一些则建议在范围 8～12 毫克/分升，而 Virginia Ishler 认为最合适的范围应为 8～14 毫克/分升。表 8 - 45 做出了对全群 MUN 值的解释。近期检测的 MUN 浓度范围反映出奶牛对日粮蛋白质、蛋白质平衡、蛋白组分和碳水化合物的需求量。MUN 值通常关系到日粮蛋白质水平，大约为 16%。威斯康星大学的研究人员估计，当蛋白质水平位于 15%～18.5% 时，蛋白质含量每变化 1%，MUN 浓度会相应改变 2 毫克/分升。MUN 浓度高于 12～14 毫克/分升时牛群尿素氮排泄物会增加。当 MUN 浓度变化大于 2～3 毫克/分升时，问题很有可能出在饲料配方和饲喂管理方式上了。

8.5.4.1.2　加拿大 MUN 参考标准　根据安大略奶牛群改良计划，MUN 浓度的正常范围是 10～16 毫克/分升。MUN 浓度低于这个范围时，可能需要更多的降解蛋白质，以满足蛋白质合成所需的微生物氮。对日粮做这种改变，母牛会生产出较多的奶；MUN 浓度超出正常的范围，可能是喂的总蛋白质或 RDP 太多，或能量太少。

但据 Steve Adam 研究，当 MUN 浓度处于 8～14 毫克/分升时，产奶量和蛋白质为最大值。如今，这已成为加拿大新的目标范围。可能是由于缺乏 RDP，当 MUN 值低于 8 毫克/分升时不可能有最大的产奶量。然而，当 MUN 值高于 14 毫克/分升时，将不会有高产奶量。

8.5.4.1.3　欧洲 MUN 参考标准　在欧洲，据 Marenjak 研究，MUN 值在 10～30 毫克/分升变化。同时，据 Young 报道，推荐使用的 MUN 浓度处于 12～16 毫克/分升。MUN 和牛奶中蛋白质含量是检测能氮是否平衡的指标，若牛奶中蛋白质含量在正常范围内（3.2%～3.8%），且 MUN 处于 15～30 毫克/分升，则能量水平和蛋白水平被认为是处于最佳状态。此外，荷斯坦奶牛的平均 MUN 是 23.70 毫克/分升。

8.5.4.2　我国 MUN 参考标准

综上所述，美国 MUN 标准浓度处于 10～14 毫克/分升，加拿大 MUN 标准浓度为 8～14 毫克/分升。欧洲 MUN 标准浓度范围为 15～30 毫克/分升。由于我国在粗饲料质量方面与美国、加拿大的水平有一定差距，因此导致能氮不平衡，氮利用率下降，以致我国奶牛 MUN 值可能会普遍偏高。目前国内 DHI 报告中采用的 MUN 浓度范围参考标准是 10～18 毫克/分升。

8.5.5　使用原料奶配制尿素氮校准用标准样品

DHI测定中心除使用专用的标准物质外，可以结合实际需要自行配制尿素氮校准样品。上海光明荷斯坦牧业有限公司DHI检测中心的孙咏梅等人做了用原料乳为原料配制尿素氮标准样品相关的探索，配制出浓度范围为5～50毫克/分升（相当于尿素氮浓度范围为2.33～23.33毫克/分升）的尿素标准样品作为校准样品。

配制过程如下：

8.5.5.1　稀释原料奶

在制作标准样品前先检测一下原样品中的尿素实际含量，如尿素的实际含量数值较高，建议加入纯净水进行稀释，典型的基准原样品的尿素含量控制在10毫克/分升左右。

8.5.5.2　分装

将稀释并摇匀的原料奶分装到10个编好号的样品瓶中，其中1#样品瓶装入45毫升原料奶和45毫升纯净水，2～10#样品瓶装入90毫升原料奶。

8.5.5.3　溶解

称预先已经105℃下烘干了2～4小时并干燥冷却后的分析纯尿素9克，加入45～50℃的50毫升纯净水中充分溶解。

8.5.5.4　调配

用10～200微升的移液器依次按25的倍数逐渐添加已经配制好的尿素溶液，从第3#瓶开始添加，然后再次摇匀。这样从第1#至第10#的牛奶样品的尿素浓度梯度大约逐级升高5毫克/分升左右，浓度范围为5～50毫克/分升。

8.5.5.5　检测分析

使用尿素分析仪对上述分装好的梯度尿素样品分析得到实际的尿素含量数值，将得到的检测数值与样品一一对应，便得到了一组带有梯度的原料牛奶尿素指标的标准样品。对于每个标准样品用尿素分析仪进行尿素含量检测时每个样品至少分析两次，并评估其重现性，如重现性无异常，每个样品的尿素含量为两个平行样检测数值的平均数。

根据国内外各MUN参考标准的范围，该DHI中心配制的尿素标准样品的浓度范围符合各检测仪器的校准使用。为了保证乳成分快速分析仪测量数据的准确性，应每月至少进行一至两次的校准工作。

9 DHI 实验室的扩展功能

DHI 实验室在为奶牛场提供 DHI 测定基础上，还可以根据自身能力开展拓展服务，目前世界上常见的扩展功能包括：ELISA 检测、早期妊娠检测、疫病微生物检测、乳品质量安全与农药兽药残留检测、饲料检测、乳房炎 PCR 检测、遗传缺陷基因检测等服务。这些拓展服务延伸了 DHI 的概念及内涵，对 DHI 奶牛场进行更加全面的服务，全方位的指导牛场的生产管理工作。

9.1 ELISA 检测

酶联免疫吸附测定法（Enzyme - linked Immunosorbent Assay，ELISA）已成为分析化学领域中的前沿课题，它是一种特殊的试剂分析方法，是在免疫酶技术的基础上发展起来的一种新型的免疫测定技术。ELISA 检测具有准确性高、测定时间短、特异性强等特点，可以大大提高检测效率和判定可靠性。美国 45 个 DHI 实验室中，牛奶样品的 ELISA 检测实验室 11 个。ELISA 主要应用于四个方面：一是开展牛奶样品妊娠检测，能更有效地确定妊娠时间，从而可以保证繁殖相关数据的准确性，推进 DHI 指导奶牛配种计划和组织生产；二是 ELISA 检测奶牛多种传染性疾病，具有特异性强，准确性高，尤其是对诊断奶牛副结核病等疾病，造成的泌乳性能降低为主要特征的隐性经济损失具有重要意义；三是对乳房炎的特定病原诊断；四是 ELISA 检测技术在牛奶抗生素类药物残留检测中的应用。

9.1.1 ELISA 检测技术

9.1.1.1 标本的采取和保存

可用作 ELISA 测定的标本十分广泛，奶样、体液（如血清）、分泌物（唾液）和排泄物（如尿液、粪便）等均可作标本以测定其中某种抗体或抗原成分。有些标本可直接进行测定（如血清、尿液），有些则需经预处理（如粪便和某些分泌物）。大部分 ELISA 检测均以血清为标本。血浆中除尚含有纤维蛋白原和抗凝剂外，其他成分均同等于血清。制备血浆标本需借助于抗凝剂，而血清标本只要待血清自然凝固、血块收缩后即可取得。除特殊情况外，在医学检验中均以血清作为检测标本。在 ELISA 中血浆和血清可同等应用。血清标本可按常规方法采集，应注意避免溶血，红细胞溶解时会释放出具有过氧化物酶活性的物质，以 HRP 为标记的 ELISA 测定中，溶血标本可能会增加非特异性显色。

血清标本宜在新鲜时检测。如有细菌污染，菌体中可能含有内源性 HRP，也会产生假阳性反应。如在冰箱中保存过久，其中的 HRP 可发生聚合，在间接法 ELISA 中可使本底加深。一般说来，在 5 天内测定的血清标本可放置于 4℃，超过一周测定的需低温冰存。冻结血清融解后，蛋白质局部浓缩，分布不均，应充分混匀宜轻缓，避免气泡，可上下颠倒混合，不要在混匀器上强烈振荡。混浊或有沉淀的血清标本应先离心或过滤，澄清后再检测。反复冻融会使抗体效价跌落，所以测抗体的血清标本如需保存作多次检测，宜少量分装冰存。保存血清自采集时就应注意无菌操作，也可加入适当防腐剂。

9.1.1.2　仪器与试剂准备

调试 ELISA 仪，按试剂盒说明书的要求准备实验中需用的试剂。ELISA 中用的蒸馏水或去离子水，包括用于洗涤的，应为新鲜的和高质量的。自配的缓冲液应用 pH 计测量较正。从冰箱中取出的试验用试剂应待温度与室温平衡后使用。试剂盒中本次试验不需用的部分应及时放回冰箱保存。

9.1.1.3　主要检测过程

包括加样、温育、洗涤、显色、判读结果。

9.1.2　早孕检测技术应用

早期妊娠诊断技术是发现空怀牛并采取有效措施的关键。一个成功有效的繁殖管理计划是保持奶牛场盈利的关键。繁殖性能差将会导致更长时间的产犊间隔，并导致更高的淘汰率和较低的生产水平。一个良好的配种计划，包括及时测定初始怀孕的奶牛下次怀孕的时间。因此，早期妊娠诊断对于改善奶牛繁殖情况、减少空怀时间、缩短胎间距、提高奶牛养殖经济效益具有重要意义。通过早期妊娠诊断对全群奶牛进行逐一排查，可尽早搞清母牛输精后妊娠与否，从而采取相应的饲养管理措施。对已受胎奶牛，须加强饲养管理，保证母体和胎儿健康，防止流产；而对未受胎奶牛，要及时查找原因，采取有效的治疗措施，促使其发情后再输精，最大限度地减少空怀情况的发生。目前，奶牛常见的早孕诊断方法有：直肠触诊法、超声波妊娠诊断法、ELISA 检测法等。

大部分奶牛流产都发生在妊娠早期。从怀孕 28 天到产仔的总损失为 24.7%（Vasconcelos 等，1997）。ELISA 确诊妊娠的时间可以提前到 26～33 天。从怀孕 28 天到 56 天期间流产率可高达 17.2%。怀孕 56 天至 282 天流产率在 7.2%。尽早确诊妊娠能降低空怀损失的影响。

奶牛妊娠检测是通过酶联免疫分析（ELISA）确定牛乳中妊娠相关糖蛋白（PAG）作为怀孕标记物。奶牛妊娠 ELISA 检测就是基于测定血清 PAG 而确认是否妊娠。奶牛妊娠 ELISA 检测是一个高度敏感的（>99%），具有高度特异性（>97%）和高精确度（>98%）的检测，可以确诊从配种后 26 天后到 60 后的怀孕情况。PAG 的水平（按 SN 值表示）在怀孕阶段每头牛会有差异，PAG 水平通常从 29 天维持较高水平，到 60 天开始下降，然后再升高（图 9-1）。检测时将抗-PAG 抗体包被在固相板上，结合样品中可能含有的 PAGs。生物素偶联 PAG 二抗与链霉亲和素辣根过氧化物酶（SA-HRP）一起作为检测试剂。TMB 底物作为含有 PAG 样本的显色剂，并用终止液停止酶促反应。在 450 纳米波长下读数，显色超过试验阈值的孔被认定为阳性，表明牛怀孕；而孔没有显色或显色不明显，表明牛空怀。

奶牛妊娠 ELISA 检测可以与 DHI 检测相结合，用于 DHI 的奶样就可以用于奶牛 ELISA 妊娠检测。因此，如果定期采集的 DHI 牛奶样品，同时进行奶牛 ELISA 妊娠检

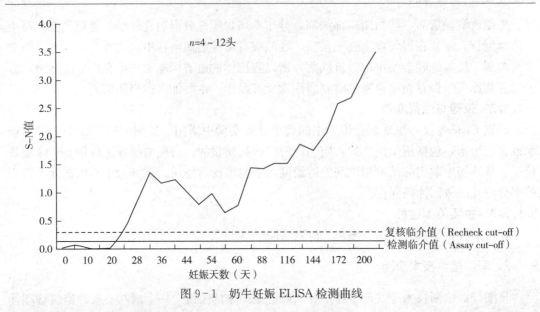

图 9-1 奶牛妊娠 ELISA 检测曲线

测将会最大节约检测成本。DHI 奶样测定妊娠的方案如图 9-2 所示。

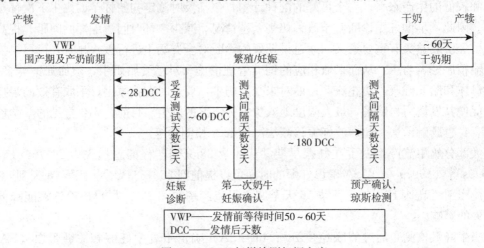

图 9-2 DHI 奶样检测妊娠方案

ELSIA 检测技术较其他的妊娠诊断技术有以下七大优势：配种后 28 天准确判定空怀牛只，牧场能及时作出繁殖管理决策；空怀检测准确率高达 99% 以上；缩短空怀天数，降低饲料成本，提高繁殖率；用 DHI 奶样或者尾根静脉采血检测，对胚胎安全，不会由于早期触摸胚胎发生胚胎损失；可实现大批量检测，特别适用于规模化牛场；体外操作，大大提高生物安全性，降低交叉感染以及疫病传播的风险；无需专业化的技术操作，减少繁殖人员的工作强度。

9.1.3 ELISA 检测技术在传染性疾病检测中的应用

9.1.3.1 ELISA 在牛副结核病检测中的应用

牛副结核病是以持续性顽固性腹泻和渐进性消瘦、泌乳性能降低等为主要特征的慢性消化道传染病，该病广泛地分布于世界各国，常导致较大的隐性经济损失。ELISA 检测奶牛副结核病特异性强，准确性高，对由此造成的泌乳性能降低等为主要特征的隐性经济损失具有重要意义。

9.1.3.2 ELISA 在牛白血病病毒（BLV）抗体检测中的应用

牛白血病病毒（BLV）是一种逆转录病毒，可引起牛的淋巴肉瘤。病毒定居于血液淋巴细胞内，循环抗体不能中和它。因此，动物一旦感染了 BLV，就会终生带毒。BLV 可引起淋巴肉瘤，导致未成年牛的淘汰或者死亡。此外，屠宰时肿瘤的处理在奶业和养牛业上对经济也产生了巨大的影响。为此，在出口上的限制也造成巨大的经济损失。而且，由于需要确保出口的精液来自无 BLV 畜群，因此，精液的出口也面临着不断增长的压力。

此病的防治方面开发了 ELISA 试剂盒，以用来快速、简捷地对 BLV 进行检测和确认。其试剂盒是通过牛白血病病毒（BLV）抗体的酶联免疫检测。

9.1.3.3 ELISA 在牛病毒性腹泻病（BVDV）检测中的应用

牛病毒性腹泻（黏膜病）是由牛病毒性腹泻病毒（Bovine Viral Diarrhea Virus，简写 BVDV，属于黄病毒科瘟病毒属）引起的传染病，各种年龄的牛都易感染、以幼龄牛易感性最高。牛病毒性腹泻对于牛群的影响十分严重，但对其的诊断除临床观察外，并无很好的监测方法。然而往往有临床征兆时，牛的身体状况已很严重，无法进行救治，还有一部分带菌者不发病，但其分泌物却是严重的传染源，会给牛群带来巨大的损失，为此，其诊断一直困扰着众多牧场管理者。

利用 ELISA 来检测牛体内的抗体，以此来诊断其是否患有疾病或是否为带菌者。ELISA 具有独特的优点，该方法能检测大批样品，其所需设备简单，容易操作，而且具有特异、敏感、快速等特点，在控制和根除 BVDV 方面发挥着越来越重要的作用。

9.1.3.4 ELISA 衣原体检测的应用

衣原体既不同于病毒，又不同于细菌，它是在宿主细胞内繁殖。衣原体性乳房炎，当衣原体侵害乳房时，可见乳房明显肿胀，发热，水肿，发硬，产奶量下降、牛奶变成带有多量白色纤维素的凝块，呈黄色液体。此外，衣原体可引起牛的角膜结膜炎。

常用的衣原体检测法为金标定性快速检测。其检测原理为：用抗衣原体脂多糖单克隆抗体和羊抗鼠 IgG 多克隆抗体分别固定于固相硝酸纤维素膜，并和胶体金标记的另一抗衣原体脂多糖单克隆抗体及其他试剂和原料制成标记物，应用胶体金免疫层析技术，采用双抗体夹心的形式建立的衣原体检测方法。从而达到检测衣原体的存在的目的，临床辅助诊断衣原体感染，试验结果还需要临床医生结合患者症状、体征及其他检查结果进一步确定的目的。

9.2 病原微生物检测

9.2.1 微生物检测的意义

奶牛场常见疫病种类包括主要口蹄疫、布鲁氏菌病、结核病、副结核病、传染性鼻气管炎、病毒性腹泻等。这些病原微生物传播速度快，易造成重大损失，且属于人畜共患，对这些社会危害大的病原微生物要主动监控，适时检测，防患于未然。

9.2.2　常见的疫病类型及其主要症状

奶牛常见疫病种类包括口蹄疫、布鲁氏菌病、结核病、副结核病、传染性鼻气管炎、病毒性腹泻等。这些疫病的主要症状，见表 9-1。

表 9-1　常见疫病及主要症状

疫病	主要症状
口蹄疫	口腔黏膜、蹄部和乳房皮肤发生水泡和腐烂
布鲁氏菌病	导致头胎牛在怀孕 3～8 个月时流产，多数引起子宫炎，而导致繁殖障碍
结核病	组织器官形成结节性肉芽肿和干酪样坏死
副结核病	渐进性消瘦，长期间歇性腹泻，泡沫性腹泻，产奶性能下降
传染性鼻气管炎	上呼吸道感染，如化脓性鼻炎，伴有结膜炎（又称红鼻子病），传染性脓包性外阴阴道炎及龟头包皮炎、脑膜炎。可通过产道传染给犊牛
病毒性腹泻	发热，白细胞减少，血小板减少、口腔及消化道黏膜糜烂、坏死和腹泻。可经胎盘传染给胎儿，引起死胎和流产，幼犊感染本病，死亡率可高达 90％以上

9.2.3　病原微生物检测方法

细菌型病原的检验大多仍采用细菌学培养法，即采集标本后，先接种增菌培养液增菌，待出现阳性结果后，再分离单个菌落，通过形态学、生理学、生物化学、免疫学等方法最终确诊。该方法尽管较为准确，但存在敏感性较低，耗时较长等缺点。常见病原微生物检测方法见表 9-2。

表 9-2　常见疫病检测方法

疾病名称	检测内容	检测要求	检测方法
口蹄疫	口蹄疫抗体 O 型	全年定期全群 10％抽检血清	GB/T 18935—2003
	口蹄疫抗体 A 型		
	口蹄疫抗体亚洲 I 型		
	非结构蛋白		
布鲁氏菌病	乳环监测	每月随 DHI 车送检抽检个体混合样	GB/T 18646—2002
	虎红抗体	每月送检，免疫后 30 天送检验证免疫效果	
	虎红抗体	定期 10％抽检血清	
	竞争性 ELISA	血清虎红阳性牛且免疫过继续竞争检测	
传染性鼻气管炎	IBR 抗体	定期 10％抽检血清	SN/T 1164.3—2006

（续）

疾病名称	检测内容	检测要求	检测方法
病毒性腹泻	BVDV 抗体	可疑牛送检	SN/T 1164.3—2006 酶联免疫吸附法、SN/T 1999—2007 黏膜病抗原捕获酶联免疫吸附法
	BVDV 抗原	BVDV 抗体阳性牛检测抗原是否存在感染	
	BVDV 抗原	定期 10％抽检血清	
副结核病	副结核抗体	可疑牛送检	NY/T 539—2002
	ELISA	每月随 DHI 车送检抽检个体混合样	

9.3 生乳质量安全检测

为了加强乳品质量安全监督管理，保证乳品质量安全，保障公众身体健康和生命安全，促进奶业健康发展，2008 年 10 月 6 日国务院发布了《乳品质量安全监督管理条例》（第 536 号），规定县级以上人民政府畜牧兽医主管部门负责奶畜饲养以及生乳生产环节、收购环节的监督管理。生乳应当符合乳品质量安全国家标准。乳品质量安全国家标准由国务院卫生主管部门组织制定，乳品质量安全国家标准包括乳品中的致病性微生物、农药残留、兽药残留、重金属以及其他危害人体健康物质的限量规定。国务院卫生主管部门应当根据疾病信息和监督管理部门的监督管理信息等，对发现添加或者可能添加到乳品中的非食品用化学物质和其他可能危害人体健康的物质，立即组织进行风险评估，采取相应的监测、检测和监督措施。

9.3.1 食品安全国家标准

① 《GB 19301—2010 食品安全国家标准 生乳》技术要求包括："感官要求""理化指标（冰点、相对密度、蛋白质、脂肪、杂质度 、非脂乳固体、酸度）""微生物限量"等，同时规定了检验方法（表 9-3）。

表 9-3 生乳的理化、卫生标准

项目	指标	检验方法
冰点（℃）	−0.560～−0.500	GB 5413.38
相对密度（20℃/4℃）≥	1.027	GB 5413.33
蛋白质（克/100 克）≥	2.8	GB 5009.5
脂肪（克/100 克）≥	3.1	GB 5413.3
杂质度（毫克/千克）≤	4.0	GB 5413.30
非脂乳固体（克/100 克）≥	8.1	GB 5413.39
酸度（°T）	12～18	GB 5413.34
菌落总数〔CFU/克（毫升）〕≤	2×10^6	GB 4789.2

②"污染物限量"引用 GB 2762 的规定，包括铅、总砷、总汞、铬、亚硝酸盐的限量，同时规定了检验方法。限量标准和检验方法标准近年都有变更，现行有效标准是 GB 2762—2012，GB 5009.11—2014，GB 5009.17—2014，GB 5009.123—2014，没有变更的方法标准有 GB 5009.12—2010，GB 5009.33—2010。

③"真菌毒素限量"引用 GB 2761—2011 的规定，乳品黄曲霉毒素 M_1 限量为 0.5 微克/千克，同时规定了检验方法，检验方法是 GB 5413.37—2010。

④"农药残留限量"引用 GB 2763 及国家有关规定和公告；GB 2763—2014 对生乳规定了林丹、六六六、滴滴涕、氯丹、硫丹、艾氏剂、狄氏剂、七氯 8 大类（18 种物质）的农药残留限量，同时规定了检验方法，方法标准有 GB/T 5009.19—2008，GB/T 5009.162—2008。

9.3.2 农业部生乳质量安全监测

9.3.2.1 打击非法添加物监测计划

监测项目为三聚氰胺、革皮水解物、碱类物质、硫氰酸钠、β-内酰胺酶。

①三聚氰胺：采用快速法进行初步筛选，快速方法的检出限原则上不高于 0.01 毫克/千克。检测结果高于检出限的样品采用《GB/T 22388—2008 原料乳与乳制品中三聚氰胺检测方法》第二法或第三法进行确证。并依据《卫生部、工业和信息化部、农业部、国家工商行政管理总局、国家质检总局公告》（2011 年第 10 号）进行判定。

②皮革水解物：依据《乳与乳制品中皮革水解蛋白鉴定——L（—）-羟脯氨酸含量测定》（原卫生部的指定方法）进行检测。超出方法检出限即判定为不合格。改进的方法可参考《GB/T 9695.23—2008 肉与肉制品　羟脯氨酸含量测定》。

③碱类物质：依据《GB/T 5009.46—2003 乳与乳制品卫生标准的分析方法》进行检测，检出即判定为不合格。

④硫氰酸钠：采用《离子色谱法测定牛奶中硫氰酸根》（原卫生部指定方法卫生部食品整治办［2009］29 号）进行检测。

⑤β-内酰胺酶：应在现场（或当地）采用快速法进行初步筛选，快速方法的检出限不高于 4 国际单位/毫升。采用《乳及乳制品中舒巴坦敏感 β-内酰胺酶类药物检测方法杯碟法》（原卫生部指定方法卫生部食品整治办［2009］29 号，卫监督发［2009］44 号）进行确证，结果呈阳性即判定为不合格。

9.3.2.2 《GB 19301—2010 食品安全国家标准　生乳》中指标监测计划

监测项目为冰点、黄曲霉毒素 M_1、铅、铬、总汞和总砷。

①冰点：根据《GB 5413.38—2010 食品安全国家标准　生乳冰点的测定》对来自荷斯坦奶牛的牛奶进行现场检测。依据《GB 19301—2010 食品安全国家标准　生乳》进行判定，冰点标准值为 $-0.560 \sim -0.500$℃。

②黄曲霉毒素 M_1：采用《GB 5413.37—2010 食品安全国家标准　乳和乳制品中黄曲霉毒素 M_1 的测定》第一法或第二法进行确证，依据《GB 19301—2010 食品安全国家标准　生乳》及《GB 2761—2011 食品安全国家标准　食品中真菌毒素限量》进行判定，含量大于 0.5 微克/千克即为不合格。

③铅：根据《GB 5009.12—2010 食品安全国家标准　食品中铅的测定》进行检测，依据《GB 19301—2010 食品安全国家标准　生乳》及《GB 2762—2012 食品安全国家标准　食品中污染物限量》进行判定，含量大于 0.05 毫克/千克即为不合格。

④铬：根据《GB 5009.123—2014 食品安全国家标准　食品中铬的测定》进行检测，依据《GB 19301—2010 食品安全国家标准　生乳》及《GB 2762—2012 食品安全国家标准　食品中污染物限量》进行判定，含量大于 0.3 毫克/千克即为不合格。

⑤总汞：根据《GB 5009.17—2014 食品安全国家标准　食品中总汞及有机汞的测定》进行检测，依据《GB 19301—2010 食品安全国家标准　生乳》及《GB 2762—2012 食品安全国家标准　食品中污染物限量》进行判定，含量大于 0.01 毫克/千克即为不合格。

⑥总砷：根据《GB 5009.11—2014 食品安全国家标准　食品中总砷及无机砷的测定》检测总砷，依据《GB 19301—2010 食品安全国家标准　生乳》及《GB 2762—2012 食品安全国家标准　食品中污染物限量》进行判定，总砷含量大于 0.1 毫克/千克即为不合格。

9.3.3　牛奶兽药残留

兽药残留，是指动物在使用了兽药后，蓄积或储存在动物细胞、组织或器官内的药物原型、有毒性的代谢物或杂质。我国在畜牧养殖方面使用较多的兽药主要有磺胺类、喹诺酮类、β-受体激动剂类、大环内酯类、糖皮质激素类、氯霉素类、头孢类、青霉素类、四环素等化合物。滥用这些药物易造成畜牧产品的严重污染，并通过代谢途径进入奶制品中，最终通过食物链可在人体内蓄积，并且这些药物具有导致过敏反应和使人体产生抗药性等副作用。因此，监测兽药在牛奶中的残留对保证奶品的安全具有积极意义。

"兽药残留量"应符合国家有关规定和公告。2002 年 12 月 24 日发布的中华人民共和国农业部公告第 235 号《动物性食品中兽药最高残留限量》中列举了 50 个药物名称的兽药残留限量要求。农业部和卫生和计划生育委员会 2013 年 9 月 16 日发布的农业部公告2013 年 1927 号发布了涉及液相色谱、气相色谱、液相质谱、气相质谱方法的 29 项食品安全国家标准，有关食品中兽药残留的检测方法（适用生乳产品）。2015 年 6 月 5 日年农业部报道，我国已对 135 种兽药做出了禁限规定，其中有兽药残留限量规定的兽药 94 种，允许使用不得检出的兽药 9 种，禁止使用的兽药 32 种；建立了兽药残留检测方法标准 519 项。

目前，国内外有关牛奶残留检测方法主要分为 3 类：微生物检测法，仪器分析法和免疫分析法。

9.3.3.1　微生物检测法

微生物检测法，又称微生物抑制试验（Microbial Inhibitions Test，MIT），是最早应用于抗生素检测的方法，是基于抗生素对微生物生理机能和代谢的抑制作用来定性或定量地确定样品中抗生素残留。常用的微生物法有纸片法（Paper Disk Method，PD）、氯化三苯基四氮唑法（Tripheye Tetrazolium Chloride，TTC）、杯碟法（Cylinder Plate Method，CP）、戴尔沃检测法（Delvotest - SP）、阻抗分析法等。

牛奶中兽药残留检测以 PD 法和 TTC 法为主。PD 法包括枯草芽孢杆菌纸片法和嗜热脂肪芽孢杆菌纸片法，两种纸片法都主要用于检测牛奶中 β-内酰胺类抗生素，前者检测的结果易出现假阳性，检测限可达 0.11 单位/毫升，且耗时较长，一般要在 32℃下培养

17～24 小时后观察有无抑菌圈；TTC 法不仅用于检测牛奶中 β-内酰胺类抗生素，亦可验证是否还存在其他抑菌物质，检测限最低可达 0.008 单位/毫升。因此，在实践中嗜热脂肪芽孢杆菌纸片法比枯草芽孢杆菌纸片法应用更为广泛。

TTC 法为定性测定牛奶抗菌类药物的方法，当在牛奶中加入嗜热链球菌进行培养时，如有抗生素存在，则菌种不繁殖，加入 TTC 指示剂后不发生还原反应，呈无色，反之 TTC 还原变为红色，样品也被染成红色；该法检测灵敏度为青霉素 0.004 单位/毫升，链霉素 0.5 单位/毫升，庆大霉素 0.4 单位/毫升，卡那霉素 5 单位/毫升。《GB/T 4789.27—2008 鲜乳中抗生素残留检验》第一法即是 TTC 法。由于该法简便、无需特殊设备，3～4 小时即可判定结果，广泛应用于牧场、乳品企业及食品卫生检测部门。

杯碟法是用含敏感菌的琼脂做成平皿，上面放牛津杯，杯中放已知抗生素标准溶液和待测牛奶，经培养后抗生素标准溶液周围不长细菌，即为抑菌圈，如待测牛奶也出现抑菌圈，表明含有抗生素。检测灵敏度为 0.01 单位/毫升。

9.3.3.2 仪器分析法

仪器分析法是利用兽药分子中的基团所具有的特殊反应或性质来测定其含量，如高效液相色谱法（HPLC）、气相色谱法（GC）、色谱质谱联用法（GC/MS、LC/MS、LC/MS/MS、TLCMS）、近红外、中红外光谱法（FT-NIR、FT-MIR）等。仪器分析法的优点是结果稳定、重复性好、精确可靠，但也存在样品前处理复杂、检测程序繁琐、检测费用高等问题。

高效液相色谱（HPLC）为主要检测手段，液相色谱-质谱联用技术（LC-MS）和气相色谱-质谱联用技术（GC-MS）占据重要位置，超高效液相色谱技术（UPLC）和超高效液相色谱-飞行时间质谱技术（UPLC-TOF）得到广泛应用，可以同时检测牛奶中多种兽药残留。

9.3.3.3 免疫分析法

间接 ELISA 法目前应用最为广泛，目前 ELISA 检测技术广泛应用于牛奶中兽药残留检测，但存在单一性和特定性的缺点，因此开发同时检测多种农药兽药残留的 ELISA 方法将会更加有意义。另外，间接 ELISA 法检测耗时长，为了能够更快速检测，基于 ELISA 法的许多新的方法相继问世，包括免疫层析法、生物传感器法等。

中国检验检疫科学研究院庞国芳院士主编的《常用兽药残留量检测方法标准选编》、中国兽医药品监察所国家兽药残留基准实验室组织编写了《兽药残留检测标准操作规程》，涉及酶联免疫快速筛选，高效液相色谱定量和高效液相色谱-串联质谱检测技术等检测手段，供参考。

9.4 饲料检测技术

9.4.1 饲料检测技术的意义

随着我国奶牛业的发展，养殖效益最大化，现代化养殖已经从迂腐的追求奶牛产量和养殖规模化，逐渐向技术管理效益最大化转变。在饲养技术管理体系上，如何保证奶牛场 TMR 日粮配比的平衡和饲料的质量安全，在饲草饲料原料、仓储管理到 TMR 日粮配制整个环节的质量监控和评价过程中，检测技术起着非常重要的作用。根据国标中各种饲料的理化和卫生指标要求，饲料检测主要化验项目包括：草料干物质、能量、粗蛋白质、中性洗涤纤维（NDF）、酸性洗涤纤维（ADF）、部分微量元素等。另外，还有掺假检验、霉菌检验等，共 30 多项指标。通过有效的饲料监测，来进一步鉴定原料品质、建立原料数据库，实现科学配制配方，配制出更合理、更精准，满足奶牛的营养需要的配方才能提高牧场产能，增加经济效益。另外，防止因饲料配方不合理而造成奶牛营养代谢疾病的发生，进而提高牛奶的品质，从饲料源头上确保牛奶质量的安全。

9.4.2 检测项目和检测标准

根据国际饲料分类原则，奶牛饲料可以分为青绿饲料、青贮饲料、粗饲料、能量饲料、蛋白质饲料、矿物质饲料、维生素饲料和饲料添加剂八类，国家对不同饲料的检测项目有明确的规定，见表 9-4。

表 9-4　各种饲料原料、干草、青贮的感官性状及理化卫生指标

饲料名称	性状	标准	理化、卫生指标
玉米	籽粒饱满整齐、均匀 色泽新鲜一致 无活虫、无霉变、无结块	GB/T 17890—2008	容重、不完善粒、杂质、水分、粗蛋白、黄曲霉毒素 B_1、玉米赤霉烯酮、呕吐毒素、赭曲霉毒素 A、T-2 毒素、伏马毒素
豆粕	浅黄褐色或浅黄色 不规则碎片状或粗粉状 色泽一致 无发酵、霉变、结块、虫蛀及异味异臭	GB/T 19541—2004	水分、粗蛋白质、粗纤维、粗灰分、尿素酶活性、氢氧化钾蛋白质溶解度、黄曲霉毒素 B_1、玉米赤霉烯酮、呕吐毒素、赭曲霉毒素 A、T-2 毒素
棉粕	黄褐色或金黄色小碎片或粗粉状，有时夹杂小颗粒 色泽均匀一致 无发酵、霉变、结块及异味异臭	GB/T 21264—2007	水分、粗蛋白、粗纤维、粗灰分、粗脂肪、黄曲霉毒素 B_1、玉米赤霉烯酮、呕吐毒素、赭曲霉毒素 A、T-2 毒素
DDGS	浅黄色或黄褐色，粉末或颗粒状，无发霉、结块 具有发酵气味，无异味，无掺假	GB/T 25866—2010	水分、粗蛋白、粗脂肪、粗纤维、粗灰分、中性洗涤纤维、磷、玉米赤霉烯酮、呕吐毒素、赭曲霉毒素 A、T-2 毒素
菜籽粕	褐色、黄褐色或金黄色小碎片或粗粉状，有时夹杂小颗粒，色泽均匀一致、无虫蛀、霉变、结块及异味异臭	GB/T 23736—2009	水分、粗蛋白质、粗纤维、粗灰分、粗脂肪、赖氨酸、黄曲霉毒素 B_1、玉米赤霉烯酮、呕吐毒素、赭曲霉毒素 A、T-2 毒素

（续）

饲料名称	性状	标准	理化、卫生指标
棉籽	籽粒饱满、均匀，表面有少量棉绒，无霉变、虫蛀、结块，无异味异臭	GB/T 11763—2008	水分、粗蛋白质、粗脂肪、黄曲霉毒素 B_1、玉米赤霉烯酮、呕吐毒素、赭曲霉毒素 A、T-2 毒素
甜菜粕	色泽浅灰，无霉变、陈旧、焦糊等异味	QB/T 2469—2006	水分、粗灰分、砷、铅、镉、汞、浸水膨胀时间、黄曲霉毒素 B_1、玉米赤霉烯酮、呕吐毒素、赭曲霉毒素 A、T-2 毒素
苜蓿草	无异味或有干草芳香味 暗绿色、绿色或浅绿色 形态基本一致，茎秆叶片均匀一致 无霉变，无结块	NY/T 1170—2006	水分、粗灰分、粗蛋白质、中性洗涤纤维、酸性洗涤纤维、黄曲霉毒素 B_1、细菌总数、霉菌、总数、沙门氏菌、氰化物、亚硝酸盐、玉米赤霉烯酮、呕吐毒素、赭曲霉毒素 A、T-2 毒素
青贮玉米	接近原色或者亮黄色/黄绿色，松散柔软，茎干分离，不粘手，甘酸或淡的酸香味，无刺鼻酸味或腐败霉烂臭味	GB/T 25882—2010	水分、粗蛋白质、中性洗涤纤维、酸性洗涤纤维、淀粉、黄曲霉毒素 B_1
羊草	色泽黄绿色，无发热霉变，无杂物（如土块、牛粪、冰雪等）	无标准	水分、粗蛋白质、中性洗涤纤维、酸性洗涤纤维、玉米赤霉烯酮、呕吐毒素、赭曲霉毒素 A、T-2 毒素

因此，根据国标中各种饲料的理化和卫生指标要求，实验室主要化验项目包括：草料干物质、能量、粗蛋白质、中性洗涤纤维（NDF）、酸性洗涤纤维（ADF）、部分微量元素等。另外，还有掺假检验、霉菌检验等，共 30 多项指标。具体见表 9-5。

表 9-5　饲料类检测项目明细

序号	类别	项目名称	标　准
1	营养成分 （12 项）	水分	GB/T 6435—2006 饲料中水分和其他挥发性物质含量的测定
2		粗蛋白	GB/T 6432—1994 饲料中粗蛋白测定方法
3		粗脂肪	GB/T 6433—2006 饲料中粗脂肪测定方法
4		粗纤维	GB/T 6434—2006 饲料中粗纤维测定方法
5		粗灰分	GB/T 6438—2007 饲料中粗灰分的测定方法
6		钙	GB/T 6436—2002 饲料中钙的测定方法
7		磷	GB/T 6437—2002 饲料中总磷量的测定方法　分光光度法
8		中性洗涤纤维	GB/T 20806—2006 饲料中中性洗涤纤维（NDF）的测定
9		酸性洗涤纤维	NY/T 1459—2007 饲料中酸性洗涤纤维的测定

（续）

序号	类别	项目名称	标　准
10	营养成分 （12 项）	盐分	GB/T 6439—2007 饲料中水溶性氯化物的测定
11		淀粉	GB/T 20194—2006 饲料中淀粉含量的测定　旋光法
12		维生素 E	GB/T 17812—2008 饲料中维生素 E 的测定　高效液相色谱法
13	毒素 （6 项）	黄曲霉毒素 B$_1$	GB/T 17480—2008 饲料中黄曲霉毒素 B$_1$ 的测定　酶联免疫吸附法 GB/T 8381—2008 饲料中黄曲霉毒素 B$_1$ 的测定　半定量薄层色谱法
14		赭曲霉毒素 A	GB/T 19539—2004 饲料中赭曲霉毒素 A 的测定
15		玉米赤霉烯酮	GB/T 28716—2012 饲料中玉米赤霉烯酮的测定　免疫亲和柱净化-高效液相色谱法 GB/T 19540—2004 饲料中玉米赤霉烯酮的测定（薄层色谱测定方法和酶联免疫吸附测定法）
16		呕吐毒素	GB/T 8381.6—2005 配合饲料中脱氧雪腐镰刀菌烯醇的测定薄层色谱法
17		T - 2 毒素	GB/T 8381.4—2005 配合饲料中 T - 2 毒素的测定薄层色谱法
18		伏马毒素	NY/T 1970—2010 饲料中伏马毒素的测定
19	重金属等 卫生指标 （8 项）	砷	GB/T 13079—2006 饲料中总砷的测定
20		铅	GB/T 13080—2004 饲料中铅的测定　原子吸收光谱法
21		氟	GB/T 13083—2002 饲料中氟的测定
22		铬	GB/T 13088—2006 饲料中铬的测定
23		镉	GB/T 13082—1991 饲料中镉的测定方法
24		亚硝酸盐	GB/T 13085—2005 饲料中亚硝酸盐的测定　比色法
25		游离棉酚	GB/T 13086—91 饲料中游离棉酚的测定方法
26		三聚氰胺	NY/T 1372—2007 饲料中三聚氰胺的测定（高效液相色谱法和气相色谱质谱联用法）

　　《GB 13078—2001 饲料卫生标准》规定了饲料、饲料添加剂产品中 17 种有害物质及微生物的允许量及其试验方法。之后对砷、铅、氟、总砷允许量指标作了修改（第 1 号修改单）并于 2004 年 4 月 1 日起实施。《GB 13078.2—2006 饲料卫生标准　饲料中赭曲霉毒素 A 和玉米赤霉烯酮的允许量》《GB 13078.3—2007 配合饲料中脱氧雪腐镰刀菌烯醇的允许量》《GB 21693—2008 配合饲料中 T - 2 毒素的允许量》公布。2009 年 6 月农业部公告（第 1218 号）规定饲料原料和饲料产品中三聚氰胺限量值定为 2.5 毫克/千克。

9.4.3　饲料检测技术的应用

9.4.3.1　在日粮营养调控中的应用

9.4.3.1.1　鉴定原料品质，控制饲料成本　企业降低原料采购成本的关键就在于科学的采购价格策略，既不能一味地等待观望低价市场的到来而坐失"适时"采购的良机，也不能无视瞬息万变的市价变化而冒高价采购的风险。要达到这一目标，必须对大宗原料质量及各指标进行检测。牧场可根据采购标准或采购合同对进货饲料进行验收，按质论价，减少损失；定期作供应商筛选，选择优势供应商；评估不同产地产品质量，采购地域优势产品。

9.4.3.1.2　建立原料数据库，科学配制配方　随着我国奶牛养殖业的快速发展，规模化、标准化养殖场不断出现，饲养管理也逐步精细化，如粗纤维、代谢能等已经被中性洗涤纤维、酸性洗涤纤维、产奶净能等取代。目前很多规模化养殖场利用 NRC、CPM 等软件配制奶牛的日粮，由于缺乏反映饲料真实价值的原料数据库，很多数据只能参照国外标准或我国奶牛饲养标准。然而我国地域广大，饲料的来源不一，区域性饲料复杂多样。许多饲料的营养价值与国外差别较大，尤其是粗饲料。甚至同一产地不同批次的饲料都存在差异。而许多养殖户，甚至一些规模化养殖场，在日粮配比上一味的参照标准理论值，配制的配方不能很好地反映奶牛真实的需要值。牧场只有建立自己的饲料原料数据库，在此基础上配制出更合理、更精准，满足奶牛的营养需要的配方才能提高牧场产能，增加经济效益，另外，防止因饲料配方不合理而造成奶牛营养代谢疾病的发生。

9.4.3.2　在牛奶质量控制上的应用

牛奶的质量受多种因素的影响，如遗传、营养、环境、泌乳期、健康状态等，其中饲料因素对牛奶质量的影响最大。除了饲料的组成对牛奶质量有影响，还要注意不使用霉败的饲料，因为饲料一旦被霉菌毒素污染，其营养品质和安全性将大大降低，霉菌毒素不仅危害动物的组织器官，还将残留在畜产品中，对人类健康产生不利影响。饲料中常见的毒素有黄曲霉毒素、赭曲霉毒素、玉米赤霉烯酮、T－2 毒素、呕吐毒素等。目前，国家饲料卫生标准已经对奶牛精料中的霉菌毒素限量进行了明确的规定，一旦检测出牛奶中霉菌毒素超标，将给牧场带来巨大的经济损失。要想使牛奶中的霉菌毒素不超标，必须严格控制饲料中的霉菌毒素含量。因此，牧场可以对每批进货饲料进行检测；对仓储饲料定期检测，从饲料源头上确保牛奶质量的安全。

9.5　PCR 检测

聚合酶链式反应（PCR）是一种用于放大扩增特定 DNA 片段的分子生物学技术，PCR 的最大特点，是能将微量的 DNA 大幅增加。PCR 是利用 DNA 在体外 95℃ 高温时变性会变成单链，低温（通常是 60℃ 左右）时引物与单链按碱基互补配对的原则结合，再调温度至 DNA 聚合酶最适反应温度（72℃ 左右），DNA 聚合酶沿着磷酸到五碳糖（$5'-3'$）的方向合成互补链，即延伸。基于聚合酶制造的 PCR 仪实际就是一个温控设备，能在变性温度，复性温度，延伸温度之间很好地进行控制。随着分子生物学技术的发展，PCR 在乳房炎病原、遗传缺陷基因、奶牛亲缘关系和个体识别检测方面得到广泛应用，并且展现出了良好的应用前景。美国的 NDHIA 下属的许多 DHI 实验室，都配备分子生物学实验室，开展对奶牛遗传缺陷基因、乳房炎病原、多种奶牛传染性疫病细菌或病毒进行检测诊断。

9.5.1 PCR 检测奶牛乳房炎

9.5.1.1 PCR 检测奶牛乳房炎的意义

奶牛乳房炎是影响奶牛业生产的最重要疾病之一，是一种世界性并且造成严重经济损失的疾病。奶牛乳房炎发生的重要原因是病原菌侵袭乳腺组织，从而导致奶产量的下降、奶质的变坏，有时可引起临床症状，甚至乳腺的损伤。PCR 方法被认为是鉴定乳房炎病原菌的一种切实有效的方法，利用这种方法，病原菌能在数小时内检测出来，并且可以检测出数量非常少的病原，尤其是多重 PCR 方法，能节省试剂的用量和缩短检测时间。通过 PCR 检测可以更有效地、更快速地检测乳房炎的病原，结合检测结果，可以准确选择治疗药物，帮助牧场更加有效的治疗乳房炎，采取有效的方法还可以减少牧场抗生素使用，并且做出一些管理上的改进，降低动物乳房炎流行病的发生，从而减少牛奶损失。

9.5.1.2 PCR 检测奶牛乳房炎的优点

①方便：PCR 检测所使用的样品不需要消毒等特殊处理（运输时要添加防腐剂），保存的例行 DHI（成分和体细胞数分析）牛奶样品，可以用作 PCR 鉴定乳房炎的病原，不需要浪费时间对样品专门收集、储存和运输，不需要单独收集样品，可以减少成本。

②特异性强：这些传染性病原体往往是由于慢性感染而导致 SCC 持续升高。在挤奶的时候，他们可以很容易在奶牛之间进行传播，并且金黄色葡萄球菌、无乳链球菌、牛支原体的治疗相当困难。而绿藻是无法治愈的。

③可靠：该实验是基于聚合酶链反应（PCR），在奶样中检测到极微量细菌的 DNA 存在。不再需要依靠细菌培养检测。美国等实验室已经证实，对保存的样品定量扩增后使其应用到 DHI 的服务中，现在乳房炎的检测已经不像先前那么困难了。PCR 可以更加具体地确定病原；确定单个奶牛或奶罐样品的乳房炎来源；确定已经得到治疗的奶牛的乳房炎来源；在它们发展临床或慢性病之前可以提早发现亚临床病例。

④快速：当我们从实验室收到样品时到检测完成检测时间大大缩短，从常规的 2～10 天减少至 1～2 天，检验结果就可以完成。

⑤灵活：可以对整个牛群进行检测，可以仅选择高体细胞数的牛，然后在 PCR 实验室检测；也可以检测同一体细胞数水平所有的牛奶样品；也可以检测上月的任何新鲜牛样以帮助预防新的乳房炎病例发生；也可选择比如新购买的或是有临床症状的奶牛或是超过 SCC 水平的奶牛进行乳房炎检测。

⑥通俗易懂：报告的阳性检测结果每种病原体表示为＋，＋＋或＋＋＋，该结果是一个通俗易懂的报告，并且可以结合其他重要的 SCC 和 DHI 信息来改进决策。

9.5.1.3 PCR 乳房炎的致病原检测项目

金黄色葡萄球菌（*Staphylococcus aureus*）、链球菌（*Streptococcus agalactiae*）、棒状杆菌（*Corynebacterium bovis*）、肠链球菌（*Streptococcus dysgalactiae*）、乳链球菌（*Streptococcus uberis*）、大肠杆菌（*Escherichia coli*）、肠球菌（*Enterococcus* sp.）、克雷白氏杆菌属（*Klebsiella* sp.）、灵杆菌（*Serratia marcescens*）、化脓性溶血性链球菌（*A. pyagenes* & *P. indolicus*）、葡萄链球菌 β-内酰胺基因（*Staphylococcal* β-lactamase gene）、酵母菌（Yeast）、牛支原体（*Mycoplasma bovis*）、支原体物种（*Mycoplasma*

Species)、无绿藻属（*Prototheca*）等。主要的四个乳房炎病原体检测，通常称之为"传染性（contagious）"病原体，包括黄色葡萄球菌、无乳链球菌、牛支原体和绿藻（*Staph. aureus*，*Strep. agalactiae*，*Mycoplasma bovis*，and *Prototheca.*）。这些传染性病原体往往是由于慢性感染而导致 SCC 持续升高。各牧场所要检测的选项，基于 PCR 检测乳房炎的成本的考虑，可以根据需要选择测定项目。

近几年，我国也开展了大量的 PCR 检测乳房炎方法的研究。张善瑞等（2008）根据金黄色葡萄球菌、无乳链球菌、大肠杆菌各自保守的 16S 或 23S rRNA 基因序列，合成了3 对特异性引物，建立了三重 PCR 检测方法。高玉梅等（2009）根据金黄色葡萄球菌、大肠杆菌、无乳链球菌和停乳链球菌 16S－23S rRNA 之间的区域以及白色念珠菌 18S rRNA 的序列设计了 5 对特异性引物，建立了检测金黄色葡萄球菌、大肠杆菌、无乳链球菌、停乳链球菌和白色念珠菌 5 种乳房炎主要病原菌的多重 PCR 方法。周斌等（2011）针对金黄色葡萄球菌、无乳链球菌在 16S rRNA 与 23S rRNA 之间的序列设计 2 对引物，酵母样真菌参照念珠菌和隐球菌的 18S rRNA 发表的序列设计引物，建立了用于检测奶牛乳房炎的多重 PCR 检测方法。聂培等（2013）针对金黄色葡萄球菌 nuc 基因、大肠杆菌 16S～23S rRNA 基因和蜡样芽孢杆菌 hblA 基因，运用 Primer 5.0 和 Oligo 7.0 软件设计了 3 对特异性引物，建立了多重 PCR 检测方法。

美国的许多 DHI 实验室，都开展了 PCR 检测乳房炎的收费服务。CANWEST DHI PCR 实验室选择检测金黄色葡萄球菌、无乳链球菌、牛支原体和绿藻。而 Lancaster DHIA PCR 实验室则是按三类检测：3 种传染性病原（金黄色葡萄球菌、无乳链球菌、牛支原体）检测项目、主要 12 种病原检测项目、主要 16 种病原检测项目等，项目不同收费标准不同，NDHIA 体系内、体系外收费也不同。

9.5.2 牛遗传缺陷基因检测

9.5.2.1 牛遗传缺陷基因检测的意义

在影响畜禽生产性能基因中常有一些隐性有害基因，这些基因导致程度不同的遗传缺陷，给畜牧生产带来一定的损失，甚至导致畜禽致畸、致残等。在现代牛育种中，人工授精技术的广泛应用，使得种质资源的国际间交换日趋频繁。这些技术和方法利用了优秀种公牛的重要经济性状，使得我国奶牛和肉牛改良工作稳步推进，种公牛培育进程也在明显加快，但是同时也大大增加了牛遗传疾病传播的危险性。如果一头种公牛是一些遗传疾病的携带者，就会给生产带来潜在的严重危险。因此，从境外或者场外引种、及冷冻精液和冷冻胚胎等遗传物质要严格把关，预防遗传缺陷疾病的侵入。

近几年，对于奶牛和肉牛隐性有害基因的检测在全世界范围内都是比较重视的，例如美国荷斯坦牛协会公牛系谱记录的遗传缺陷共 13 类，包括脊椎畸形综合征（Complex Vertebral Malformation，CVM）、白细胞黏附缺陷综合征（Bovine Leukocyte Adhesion Deficiency，BLAD）、尿核苷单磷酸盐合成酶缺失症（Deficiency of Uridine Monophos Phate Synthase，DUMPS）、蜘蛛腿综合征（Arachnomelia syndrome，AS）、胍氨酸血症（Citrullinemia，CN）、牛头犬症（Bulldog）、侏儒症（Dwarfism）、骡蹄症（Mule－foot，MF）、凝血因子Ⅺ缺失（Factor Ⅺ deficiency）、支链酮酸尿症（Maple syrup urine disease，MSUD）、无角（Polled）、甘露糖苷酶缺失症（Mannosidase Deficiency）和溶菌酶酸葡萄糖苷酶缺失症（Lysosomal Acidic α - glucosidase Deficiency）等。为进一步规范从境外引进种牛及冷冻精液、冷冻胚胎及冷冻精液的审批管理工作，保证进口遗传物质资源质量，根据《中华人民共和国畜牧法》和《中华人民共和国畜禽遗传资源进出境和对外合作研究利用审批办法》的规定，结合我国种牛遗传改良和冷冻胚胎进口技术要求，农业部制定并于 2010 年 7 月 1 日发布了《种用牛及冷冻精液和冷冻胚胎进口技术要求（试行）》（以下简称《技术要求》）。该《技术要求》中明确指出从境外引进的种牛及冷冻精液和冷冻胚胎等遗传材料，不得携带有脊椎畸形综合征（CVM）、白细胞黏附缺陷综合征（BLAD）、骡蹄病（MF）、尿核苷单磷酸盐合成酶缺失症（DUMPS）、胍氨酸血症（CN）和蜘蛛腿综合征（AS）。

借助于目前成熟的现代分子生物学和分子遗传学理论，采用 PCR - RFLP、PCR - SSCP、微卫星标记等技术对各个场中引进的种公牛、冷冻精液和冷冻胚胎进行严格把关，及时发现引起种牛遗传缺陷疾病的隐性有害基因，积极采取有效措施，保障良种奶牛和肉牛工程的建设，进而提高养牛业的经济效益。

9.5.2.1.1　脊柱畸形综合征　脊柱畸形综合征（Complex Vertebral Malformation，CVM）是一种发生在荷斯坦牛群中的常染色体隐性遗传缺陷。1999 年丹麦学者最先报道了该病的发生和症状，此后，美国、英国、日本、德国等国家都纷纷报道了 CVM 携带者或 CVM 患病个体的存在。对 CVM 患牛及正常个体的 SLC35A3 基因的 cDNA 进行序列测定，并比较两者的差异，结果仅发现一个单碱基突变（G→T 的颠换），该突变导致对应蛋白 180 位的氨基酸由缬氨酸转变为苯丙氨酸。当致病基因处于纯合状态时，CVM 对患病个体是致死性的，它造成绝大多数患病胎儿在妊娠 260 天前死亡。通过 Northern blot 法证明目标突变对 SLC35A3 内含子和外显子的剪接没有影响。

胎儿早期死亡造成母牛产奶量的下降和返情率的升高，并最终造成母牛的淘汰，给奶业生产造成巨大损失。其主要症状为早期流产、早产和死胎，其中显著特征是腿部畸形，系部呈现对称的内向僵直，另外该遗传缺陷疾病对奶牛的繁殖性状也有很大的影响，由于母牛一半以上的流产都发生在受孕后 100～120 天，这段时间是母牛的产奶高峰期，流产导致奶牛产奶量难以提高。优秀荷斯坦种公牛 CVM 携带者最早可以追溯到美国著名公牛 Carlin - M Ivanhoe Bell（注册号 1667366）的父亲 Penstate Ivanhoe Star（注册号 1441440），由于 Bell 及其后代公牛的优秀生产性能和人工授精技术的广泛应用，使得 CVM 在全世界广为流传，并给奶业生产造成巨大损失。

9.5.2.1.2　尿核苷单磷酸盐合成酶缺失症（DUMPS）　尿核苷单磷酸盐合成酶缺失症（Deficiency of Uridine Momophos Phate Synthase，DUMPS）是一种荷斯坦牛的常染色体单基因隐性遗传缺陷。Schwenger 等人在 1993 年发现杂合子的 UMPS 基因编码的 C 末端 405 密码子处存在着一个 C/T 点突变，导致精氨酸密码子 CGA 突变为终止子 TGA，使尿苷酸合成酶缺失 76 个氨基酸，导致隐性纯合子胚胎出现，由于体内尿苷酸合酶活性几乎完全丧失不能生成嘧啶核苷酸，在母畜妊娠 40～50 天死亡。1987 年检测出的大多数北美和欧洲有害基因携带者均为 Happy Herd Beautician 的后代，这头公牛在 1987 年美国荷斯坦牛协会颁布的公牛体型生产指数 TPI 排名第 5，随着 Happy Herd Beautician 冻精的大规模商业应用，将隐性有害基因广泛传播到世界各国。

9.5.2.1.3　瓜氨酸血症（CN）　瓜氨酸血症（Citrullinemia，CN）最早由 Harper 等在澳大利亚荷斯坦牛群中发现，是荷斯坦牛尿素循环发生代谢紊乱的一种常染色体单基因隐性遗传缺陷病。其分子遗传学基础为奶牛 11 号染色体上精氨酸合成酶（Arginino succinate Synthetase，ASS）基因编码的第 86 个氨基酸密码子发生无义突变（CGA→TGA），导致合成肽链缺失，使得隐性纯合个体 ASS 功能缺失。在机体内 ASS 参与肝脏的尿素循环，酶功能缺失引起的尿素循环受阻导致氨代谢障碍，发生高氨血症。隐性纯合子犊牛出生时健康，一般在 24 小时内发病，表现为逐渐加重的神经症状，病理学研究发现患病个体大脑皮层受到不同程度的损伤，犊牛从出生到发病再到死亡的全过程不超过 1 周。系谱分析发现几乎世界各国的 CN 患病犊牛都可追溯到 1 个共同祖先——澳大利亚优秀种公牛 Linmack Criss King。该公牛由于其女儿具有较高乳脂率，因此其冻精在澳大利亚、新西兰等英联邦国家被广泛使用，对澳大利亚荷斯坦牛群影响很大，也相继被传播到世界各国。

9.5.2.1.4　牛白细胞黏附缺陷综合征（BLAD）　荷斯坦牛白细胞黏附缺陷（Bovine Leukocyte Adhesion Deficiency，BLAD）是荷斯坦牛的一种重要的单碱基突变隐性遗传疾病，携带者（杂合子）表现正常。牛白细胞黏附缺陷综合征是发现较早的一种奶牛遗传性缺陷。BLAD 限制白细胞功能的发挥，降低牛体对疾病的抵抗能力，患牛会由于免疫缺损而死于痢疾或肺炎等疾病，一些诊断为 BLAD 基因携带者的公牛性状很突出，例如 1991 年 7 月美国公牛遗传评估中排名第一的公牛就是 BLAD 基因携带者，当时在全世界范围使用它的精液进行本国牛性能改良的波及面是比较广的。荷斯坦牛 BLAD 纯合子与正常荷斯坦牛相比在相同的饲养条件下，临床上表现出明显地生长缓慢，皮毛无光泽。对于病原微生物，尤其是细菌的易感性高，并以严重的重复细菌感染、缺少化脓、损伤愈合延迟和白细胞增多为主要特征。病理变化主要是在口腔内、舌和牙龈出现溃疡，严重时由于牙床的炎症而引起整个下颌肿大。咽部出现明显的炎症，呼吸道和肺部出现程度不同的炎症变化。在胃和肠道各个部分不同程度的溃疡，肾脏炎症，大多数淋巴结肿大。骨髓内的血细胞，主要是白细胞成熟中性粒细胞增多。在毒血症时，血管内的中性粒细胞浓度非常高，但在炎症部位反而很低，致使炎症长期不愈。有些病牛在出生后即发病死亡，另一些则可以存活至一岁。在荷斯坦牛育种中以剔除荷斯坦牛 BLAD 杂合子为主。优秀荷斯坦种公牛 BLAD 携带者最早可以追溯到著名种公牛 Osborndale Ivanhoe，出生于 1952 年，生产性能优秀，冷冻精液使用频率极高，几乎遍及世界各国。它的儿子和孙子（Pennstate Ivanhoe Star 和 Carlin‑M Ivanhoe Bell）也是 BLAD 携带者，均为优秀种公牛。据美国农业部 2002 年统计的数据，利用 Carlin‑M Ivanhoe Bell 通过人工授精繁殖了超过 79 000 个荷斯坦母牛后代。而通过这 79 000 个荷斯坦母牛繁殖了大约 1 200 个荷斯坦种公牛，而且这些荷斯坦牛都在用于生产。

　　1990 年 Kehrli M 等发现 BLAD 患牛患病原因与人类的 LAD 相同，也是白细胞表面 β_2 复合体表达的缺陷引起的。1992 年 Kehrli M 利用 Northern 印迹分析，发现 BLAD 纯合子 CD18 基因与正常牛 CD18 基因的转录相比较，BLAD 纯合子的 CD18 基因的转录，无论在印迹斑点大小和水平上，都无显著性差异，因此排除了遗传基因有大片段缺失和在转录方面发生障碍的可能。1992 年 Shuster 等通过分析人类 BLAD，比对荷斯坦牛 BLAD 患牛和正常牛的 CD18 基因 cDNA 序列发现，该基因 cDNA 第 383 位碱基发生 A－G 的点突变，从而导致胞外的高度保守区糖蛋白 128 位天门冬氨酸被甘氨酸所取代，致使白细胞表面的 CD18 整合素亚单位表达明显减少或缺乏，导致机体在炎症反应时外周血液中的白细胞不能通过自身整合素与血管内皮黏附分子相互作用而黏附到血管内皮上，最终无法穿过血管壁到达病原侵入部位和对病原体直接做出反应，进而导致机体发病。

9.5.2.1.5　牛凝血因子XI缺乏（FXI）　凝血因子是参与血液凝固过程的各种蛋白质组分。因子XI（Factor XI，FXI）是一种丝氨酸蛋白酶原。在传统的凝血理论中，FXI 被认为是接触凝血系统的成分之一。但近来研究发现，FXI 的主要作用是在血凝块形成后促进凝血酶的持续形成，进一步激活被凝血酶激活的纤溶抑制物，而抑制纤溶系统，起到凝血和抗凝作用。FXI 缺乏是荷斯坦奶牛 FXI 基因突变引起的凝血紊乱的一种常染色体隐性遗传疾病。凝血因子XI缺乏（Factor XI Deficiency）是荷斯坦牛的一种常染色体单基因控制的隐性遗传缺陷。该病的遗传基础是由位于牛第 27 号染色体的凝血因子XI基因外显子 12 上发生的一段 76bp 序列插入〔AT（A）28TAAAG（A）26GGAAATAATAATTCA〕。1969 年由 Kociba 等首次在荷斯坦奶牛上报道后，加拿大、英国、波兰等国家相继报道了荷斯坦牛群中存在 FXI 隐性基因。Gentry 等（1980）首次将因子XI缺乏确定为常染色体隐性遗传疾病，并认为 FXI 基因缺陷会导致全部蛋白的缺失。Marron 等（2004）通过研究发现荷斯坦牛 FXI 基因缺失时，发现在 FXI 基因外显子 12 上插入了一个大小 76bp 的片段，该片段包含一段腺嘌呤和一个终止密码子，从而终止 13、14、15 外显子编码，产生截短形式的蛋白，该蛋白高度不稳定并迅速降解，导致循环中 FXI 降低。缺陷症携带者个体一般没有直接表现症状，缺陷症纯合和杂合个体主要表现繁殖性能和成活率受到影响，以及对疫病易感。

9.5.2.1.6　蜘蛛腿综合征（AS）　蜘蛛腿综合征（Arachnomelia Syndrome，AS）是主要在欧洲瑞士褐牛和德系西门塔尔牛群体中出现的一种呈现孟德尔隐性遗传的先天性致死性遗传病。该综合征最早于由德国科学家 Rieck 和 Schade（1975）报道在荷斯坦、红色荷斯坦和西门塔尔牛群体中发现了患病个体。此后，在 20 世纪 80 年代，欧洲瑞士褐牛中也报道检测到患病个体。患有蜘蛛腿综合征的犊牛出生时已经死亡或者出生后不久死亡，主要病理特征表现为上颌前端呈圆锥形，并向上微微翘起；脊柱向背侧弯曲，呈明显"蜷缩驼背"状态；四肢僵直，骨骼畸形，后肢尤为严重，长骨骨干比正常犊牛细而脆弱，骨端正常，即所谓的"蜘蛛腿"。Drögenmüller 等报道了瑞士褐牛是由 BTA5 定位区间～7Mb 内 SUOX 基因外显子 4 上的一个 G 的插入所致。插入突变 c.363－364insG 会导致 SUOX（Sulfite Oxidase）蛋白的氨基酸序列从 124 位置发生移码突变并且由于移码提前产生终止密码子。在西门塔尔牛上，蜘蛛腿病在 2005 年重新发现：从 2005 年 10 月至 2007 年 5 月，在德国南部和奥地利被确认的有超过 130 例。通过系谱分析，发现可以追溯到一个共同祖先（Bultkamp 等，2008）。这种疾病的基因频率在母牛上有 3%。Buitkamp 等（2011）分析了西门塔尔牛群体中患有或者携带有蜘蛛腿综合征病状的个体，在 BTA23 定位区间～9cM 内的发现 MOCS1（Molybdenum Cofactor Synthesis Step 1）基因上缺失 2bp（c.1224_1225delCA 突变）引起移码导致终止翻译，导致新生犊牛表现"蜘蛛腿"

症状。SUOX 基因和 MOCS1 基因突变均使体内亚硫酸盐无法有效地转换为硫酸盐，有毒的亚硫酸盐在体内越积越多，从而损伤神经系统和大脑。

9.5.2.1.7　牛并趾症（MF）　牛并趾症（Syndactyly），也称为骡蹄症（Mule‑foot，MF），是一种常染色体的隐性遗传病，但在不同品种中表现不同的外显率，感染者一般一只或多只蹄均可表现骡蹄。最早的报道出现在 1967 年，到目前已经在多个国家的许多个品种中报到。Duchesne（2006）对 36 个患有骡蹄症的荷斯坦母牛进行了研究，发现所有感染个体的低密度脂蛋白受体结合蛋白基因（Low Density Lipoprotein Receptor‑related Protein 4，LPR4）第 33 外显子发生了两个连续碱基的突变（C4863A，G4864T），导致 LRP4 蛋白的两个遗传密码发生发改变，改变了保守性的类表皮样生长因子蛋白的结构。

9.5.2.2　牛遗传缺陷基因检测的方法

按照《NY/T 2695—2015 牛遗传缺陷基因检测技术规程》，开展奶牛和肉牛白细胞黏附缺陷、瓜氨酸血症、牛尿苷酸合酶缺乏症、牛脊椎畸形综合征、牛凝血因子 XI 缺乏症、牛并趾征、牛蜘蛛腿综合征等基因的检测和结果判定。

9.5.3　牛个体识别及亲子鉴定

9.5.3.1　牛个体识别及亲子的意义

人工授精技术和种牛遗传评定是奶牛育种工作中最为关键的两个环节，对奶牛群体遗传进展评估有着很大的影响。种公牛遗传评定也是奶牛育种中的关键和核心环节，主要是通过种公牛个体的亲缘信息来估测育种值。如果系谱信息记录有误，就很难准确地估计育种值，这将对种公牛的选择、群体遗传进展等造成严重损失，而验证种公牛通过人工授精技术提高群体遗传进展。然而，目前我国种公牛的系谱资料还不健全，亟须进一步对我国现役种公牛的资源状况和遗传基础进行调查，完善其系谱信息和生产性能记录等资料。可以说，种公牛个体识别和亲缘关系的鉴定是保证养牛业育种工作顺利进行的前提和基础。目前在牛冷冻精液生产和质量检测实践中发现，由于部分地方相关机构检验设备落后或存在技术难题以及大型仪器搬运困难等原因，易发生冷冻精液细管号码脱落、标签混淆等现象，且个别商贩甚至有意将精液标签搞混，以次充好，从中牟利。因此，个体识别和亲子鉴定工作可以更好地监测种公牛冷冻精液的品质，并且在育种过程中提供可靠的系谱信息发挥着重要意义。

家养牛被盗窃是我国常见案件类型之一，在解决盗窃牛争议案件中，牛个体识别和亲子鉴定技术起着越来越重要的作用。

另外，牛个体识别和亲子鉴定技术在鉴定克隆牛以及评估牛系谱扩增重建或新物种形成等方面也发挥着显著的作用。

9.5.3.1.1　个体识别　除同卵双生子外，每个生物个体的 DNA 分子是独一无二的；DNA 遗传标记能稳定遗传给后代，且不随营养、环境等条件而改变。因此，DNA 遗传标记是进行种公牛个体识别（同一认定）的基础。在保证受检样品组织无突变（如癌变）的前提下，如果两个个体微卫星图谱的分型结果不一致，可以排除两个个体 DNA 来自于同一个个体；如果分型相同，不能排除它们来自同一个个体，存在两种情况，一种是被检测样品确实来自一同个体，另一种是被检测样品来自不同个体，只是所检测遗传标记分型一致，随着遗传标记数量的增加，分型图谱有可能不同。此时通过偶合概率进一步分析，当检验个体和被检测个体的联合偶合概率小于5×10^{-9}时，可以认定它们来自同一个体。

9.5.3.1.2 亲子鉴定 根据孟德尔遗传分离定律和自由组合定律，亲代基因型决定子代基因型。在没有基因突变的前提下，子代的一对等位基因必定一个来自父本，一个来自母本。在配子细胞形成时，成对的等位基因彼此分离，随机地进入配子细胞。双亲的配子细胞结合形成合子，其发育出来子代的成对等位基因分别来自父本和母本。根据多个标记计算的鉴定结果在一定概率水平上可以判定争议父本（母本）是否为亲生父本（母本）。由于突变的存在，一个基因座不符合遗传规律，可能是由于突变造成的，因此一个遗传标记的不符合不能否定其亲缘关系。法医鉴定中要求2个以上不同基因座同时不符合才能否定其亲子关系。

9.5.3.2 检测方法

按照《GB/T 27642—2011 牛个体及亲子鉴定微卫星 DNA 法》执行，在联合国粮农组织（FAO）和国际动物遗传学会（ISAG）推荐的具有高度多态性的微卫星标记中，选取 11 个常染色体微卫星标记（BM1824、BM2113、ETH、ETH10、ETH225、IN-RA023、SPS115、TGLA53、TGLA122、TGLA126 和 TGLA227）以及 4 个自逸的 Y 染色体微卫星标记（MAF45、MCM158、UNM0108 和 UMN0929），采用荧光引物 PCR 和 ABI3130 遗传分析仪对牛个体基因型进行检测和分析。

9.5.3.3 认定和排除标准

9.5.3.3.1 个体识别认定和排除标准 如果两份样品的基因型不同时，可排除两份样品来源于同一个体（变异情况除外）。如果两份样品的基因型相同时，则计算总偶合概率，当其值小于该个体所在群体数量的倒数时（5×10^{-9}），认定两份样品来源于同一个体。

偶合概率（P_M）是一组微卫星座位基因型频率的乘积。

计算公式：

$$P_M = P_1 \times P_2 \times P_3 \times \cdots \cdots \times P_n$$

式中：P_n——第 n 个微卫星座位的基因型频率。

9.5.3.3.2 亲子鉴定认定和排除标准 累积非父排除率$\geqslant 99.73\%$、父子关系相对概率$\geqslant 99.95\%$或累积亲权指数$\geqslant 2\,000$，判定争议父亲为生父；累积非父排除率低于99.73%并且有 3 个以上标记不符合孟德尔遗传分离规律时，排除亲缘关系；如果累积非父排除率低于99.73%并且有 3 个以下的作为不符合孟德尔遗传分离规律时，应适当增加检测的标记数量。利用本标准的遗传标记系统，累积非父排除率在奶、肉牛中均能达到 99.99%，满足法医学要求。

10 奶牛生产性能测定实验室审核与认可

10.1 国外 DHI 审核体系概况

荷兰奶业链是由 QLIP 负责监控的，QLIP 是一个服务于奶农和乳品企业的独立组织，它在荷兰的奶业链中扮演着一个特殊的角色，QLIP 也是为奶牛群体改良（DHI）组织处理奶样的全球最大的机构之一，QLIP 成为生鲜乳检测和乳制品分析技术方面的先驱。QLIP 的核心任务是：根据乳品企业和 DHI 组织的需求进行生鲜乳和乳制品检测分析；对牧场、运输和乳品加工等生产环节进行监督和认证。所有的服务均参照相关国际标准高效地进行，并且内部质量控制体系经过了官方 ISO 认证。乳品企业支付给奶农的奶款一部分取决于 QLIP 的奶样检测结果。对于 QLIP 来说，奶样检测的核心是技术服务于质量，将成分已知的对照样与待测奶样一同置于传送带上进行对照检测，并且抽取部分奶样重新检测，用于验证检测结果的差异是否在允许范围之内。使用过的奶样瓶在清空后被粉碎，用于回收利用。

美国设有奶牛种群信息协会简称 DHIA，主要工作是促进奶牛生产性能测定的记录的精确性、可靠性和一致性；涉及其他国家和国际组织时代表奶牛群信息协会系统提出议题；组织有利于国家奶牛群信息协会会员的行业活动。其质量认证是由用户主导程序，由质量认证服务公司实施。质量认证程序主要针对三部分：现场服务供应商/技术人员/检测监督人员，计量器具/天平，DHI 实验室。DHI 实验室质量认证包括两部分：每两年进行一次现场审核，美国质量认证服务公司（Quality Certification Services Inc. QCS）每月开展对未知样品性能的分析，负责本国所有 DHI 服务机构的审核与认证。QCS 制订了统一的审核政策，针对不同的 DHI 服务机构制订了相应的审核规程，主要包括：现场服务商的审核规程、计量中心和计量员的审核规程、实验室的审核规程、信息处理中心的审核规程、ELISA 实验室的审核规程等，为我国建立 DHI 测定质量保证体系提供了借鉴［见附录：美国 DHI 实验室认证体系（QCS）及审核程序］。

10.2 国内 DHI 审核体系概况

目前我国实验室可申请以下三种资质认定：实验室认可 CNAS，检验检测资质认定 CMA，检验检测机构审查认可 CAL。其中实验室认可 CNAS 是为了提高实验室管理水平和技术能力，由第一、二、三方实验室自愿参加的，仅有国家认可，与国际接轨，现行依据包括 ISO 17025：2005，GB/T 27025—2008，CNAS CL01：2008。资质认定 CMA 主要是提高质检机构管理水平和技术能力，是强制第三方质检机构参加的，有国家和省级两级认可，主要依据是《实验室和检查机构资质认定管理办法》。审查认可 CAL 也是提高质检机构管理水平和技术能力，是强制第三方国家、部委、省质检中心参加的，有国家、部委或省两级认可，主要依据有质量法，标准化法等。后两种仅在国内使用。为了避免各质检机构重复评审，减轻质检机构的负担，2006 年国家质检总局发布《实验室和检查机构资质认定管理办法》实行三合一资质认定，现在实行的主要依据的 CNAS－CL01：2006，GB/T 20725—2008 同时兼顾资质认定评审准则的要求。

目前参与全国 DHI 项目工作的，共有 22 个实验室。随着这些年 DHI 项目工作不断推进，特别是目前新形势下，项目实施对 DHI 实验室的工作必须有高标准的要求。为加强奶牛生产性能测定项目管理，规范奶牛生产性能测定实验室工作，全面提升 DHI 实验室整体能力和水平，提高奶牛生产性能测定的准确性和利用率，农业部奶业管理办公室决定对全国 DHI 实验室开展全面系统的评审工作。2014 年上半年，农业部奶业办公室委托全国畜牧总站组织起草了《奶牛生产性能测定实验室现场评审程序》，经过多次征求意见和修改完善后，于 2014 年 3 月底正式发布。具体评审工作由全国畜牧总站组织实施。

10.2.1 申请

奶牛生产性能测定实验室向所辖省级畜牧行政主管部门提出评审申请，并提交申请材料。申请材料包括：《奶牛生产性能测定实验室评审申请表》基本情况：包括机构名称（盖章）、机构地址，实验室负责人及电话（传真）、邮政编码、电子邮箱，实验室总人数、技术人员数、初级以上专业技术或大专以上学历的占技术人员的比例、技术人员数量占总人数的比例，技术负责人职称/学历、本专业工作时间，实验室检测负责人职称/学历、本专业工作时间，数据处理负责人职称/学历、本专业工作时间，牛场服务负责人职称/学历、本专业工作时间，乳成分及体细胞检测仪台（套）数，检测项目，实验室总面积（米^2），上年度参测奶牛场数量，近三年连续参测的奶牛场数（个），上年度参测奶牛总头数（万头），系谱齐全的奶牛头数（万头），参测奶牛品种，近三年向中国奶牛数据中心提交数据的情况（由中国奶业协会提供），包括每年 DHI 项目测定任务量（万头）、报送数据量（万条）、有效数据量（万条）（首次申请不用提交）。

申请材料经当地省级畜牧行政主管部门审核批准，报送农业部奶业管理办公室。农业部奶业管理办公室审核批准后，由全国畜牧总站组织现场评审。

10.2.2 评审

10.2.2.1 组成专家组

全国畜牧总站组织有关专家成立专家评审组，并指定组长。

10.2.2.2 开展现场评审

10.2.2.2.1 专家评审组由 3 名以上专家组成。由组长召集专家组预备会，说明评审规则，对考核工作进行分工。

10.2.2.2.2 听取申请单位负责人汇报。

10.2.2.2.3 开展现场评审。审查评审表中涉及的机构与人员，质量体系，仪器设备，检测工作以及记录、报告和技术服务，设施与环境等内容，并做好相关记录。

10.2.2.2.4 形成现场评审报告（附后）。根据现场评审情况，形成评审报告，并与申请单位交换评审意见。现场评审报告一式三份，经专家组成员签字后，一份交申请单位保存，其余两份交全国畜牧总站保存。

10.2.3 评审材料报送

全国畜牧总站负责汇总现场评审报告等相关材料，以函报形式报送农业部畜牧业司，作为奶牛生产性能测定实验室整改和今后安排项目的依据。

考核评分标准及说明见表 10-1。

表 10-1 奶牛生产性能测定实验室考核评分

（一）机构与人员（15分）

序号	评审内容	考核方式	满分	评分	问题与建议
1*	有机构设置的批准文件	查阅资料	2		
2	内设机构应有业务管理、样品检测、数据处理、牧场服务等部门。有完善的管理制度，确保各部门职能明确，运行有效	查阅资料	3		
3	配备与样品检验、数据处理相适应的管理和技术人员。具有初级技术职称或大专以上学历的技术人员数量占技术人员总数的比例不低于70%	查阅资料	2		
4*	技术负责人应具有中级以上技术职称，从事本专业工作3年以上，并熟悉检测技术、数据处理和质量管理体系	查阅资料，问询	2		
5	部门负责人应具有大专以上学历或中级以上职称，在本专业工作2年以上，熟悉DHI相关业务	查阅资料，问询，理论、实际考核	3		
6*	每个部门至少配备一名质量监督员。质量监督员应了解检验工作目的、熟悉检验方法和程序，以及如何评定检验结果。内审员应经过培训并具备资格，不少于2人。所有技术人员应经专业培训，考核合格，持证上岗。上岗证应标明准许操作的仪器设备和检测项目	查阅资料	2		
7	所有人员应建立独立技术档案，内容包含教育、专业资格、培训、能力考核、奖惩等记录。有各类人员的短期和中长期培训计划，并有实施记录	查阅资料	1		

（续）

（二）质量体系（10分）

序号	评审内容	考核方式	满分	评分	问题与建议
8	建立与DHI工作相适应的质量体系，并形成质量体系文件，至少应包括质量手册、程序文件、记录文件、作业指导书等。质量手册应编写规范，覆盖质量体系的全部要素，由主任批准发布。程序文件能满足机构质量管理需要。记录文件和作业指导书符合机构实际工作要求	查阅资料，问询	3		
9	有专人负责对技术标准进行查询、收集，技术负责人负责有效性确认	查阅资料，问询	2		
10*	有质量控制措施，参加能力验证，进行实验室间比对，定期使用控制样、标准物质进行校核检验，进行重复检验或保留样再检验，确保检测结果质量。质量监督员对检测进行有效的监督，对监督过程发现的问题及处理情况有记录	查阅资料，问询，实际操作考核	2		
11	有质量体系审核程序。审核人员应与被审核部门无直接责任关系，审核发现的问题应立即采取纠正措施，审核人员应跟踪纠正措施的实施情况及有效性，并记录。有管理评审程序。管理评审提出的问题应得到落实。质量体系审核和管理评审每年至少应进行一次	查阅资料	2		
12	有抱怨处理程序。应保存所有抱怨的记录，以及针对抱怨所开展的调查和纠正措施的记录	查阅资料，问询	1		

（三）仪器设备（20分）

序号	评审内容	考核方式	满分	评分	问题与建议
13	仪器设备数量、性能应满足所开展检测工作的要求，配套设施齐全	查阅资料，问询，抽查	3		
14	仪器设备（包括软件）有档案和使用、维护记录。有专人管理保养。在用仪器设备的完好率应为100%	查阅资料，问询，抽查	3		
15	仪器设备应有唯一性标识和状态标识。有仪器设备一览表，内容包括：名称、唯一性标识、型号规格、出厂号、制造商名称、技术指标、购置时间、检定（校准）周期、用途、管理人、使用人等	现场查验	3		

（续）

（三）仪器设备（20分）

序号	评审内容	考核方式	满分	评分	问题与建议
16*	计量器具（移液器、量筒、温度计等）应有有效的计量检定或校验合格证书和检定或校验周期表，并有专人负责检定（校准）或送检	查阅资料，问询	3		
17	有仪器设备操作规程，并便于操作者对照使用	查阅资料，抽查	1		
18*	计量标准和标准物质应有专人管理，并有使用记录。参加全国统一的未知样测定，在规定时间内上传测定数据。定期使用统一的DHI标准物质进行仪器校准，并保存校准记录	查阅、核对资料	5		
19	按规定进行仪器性能核查，并保存核查记录	查阅资料，抽查	2		

（四）检测工作（25分）

序号	评审内容	考核方式	满分	评分	问题与建议
20*	有DHI工作流程图，包括从采样、检测、结果上传、出具报告到抱怨处理等各环节，并能有效运行	查阅资料，现场考核	3		
21	对政府下达的指令性检验任务，应编制实施方案，保质保量按时完成，提交总结报告	查阅资料	3		
22	采集奶样应符合《中国荷斯坦牛生产性能测定技术规范》的要求，并标明采样方式	现场考核	3		
23*	样品有专人保管，有样品与牛号对应表、唯一性标识。有措施保证样品在保存和检测期间不混淆、丢失和损坏。交接样品时应检查样品状况，做相应记录，并及时放入冷藏设施内贮存待检，避免发生变质、丢失或损坏	问询，现场考核	4		
24	检测工作应在接到样品3个工作日内完成，并保证数据的准确性、精确性和上报数据连续性	查阅资料，现场考核	3		
25	检测记录有固定格式，信息齐全、内容真实。按要求对检测结果审核并记录	查阅资料，抽查	4		

（续）

（四）检测工作（25分）

序号	评审内容	考核方式	满分	评分	问题与建议
26	有检测事故报告、分析、处理程序，并有记录	查阅资料	2		
27	检测人员工作作风严谨，操作规范熟练，数据填写清晰、完整	查阅资料，现场考核	3		

（五）记录、报告与技术服务（20分）

序号	评审内容	考核方式	满分	评分	问题与建议
28*	DHI测定原始记录应长期保存，其他记录保存期不少于三年。DHI报告及原始记录应独立归档	查阅资料	3		
29	当利用计算机或自动设备对检测数据、信息资料进行采集、处理、记录、报告、存贮或检索软件时，有保障其安全性的措施	查阅资料，抽查	2		
30	参测牛只基础信息准确、有效，填写清楚，录入正确	查阅资料，现场抽查	3		
31	测定数据及相关资料，按规定及时上传中国奶牛数据中心	查阅资料	3		
32	根据测定数据，向奶牛场出具DHI报告。DHI报告应准确、客观地报告检测结果	查阅资料，抽查	3		
33	DHI报告应及时发送，并保留送达方式、送达时间及接收人的相关记录	查阅资料，抽查	3		
34*	有技术人员为奶牛场提供服务的记录，内容包括奶牛场名称、服务时间、工作内容等	查阅资料，现场抽查	3		

（六）设施与环境（10分）

序号	评审内容	考核方式	满分	评分	问题与建议
35	有专用的检测工作场所，仪器设备应相对集中放置，相互影响的检测区域应有效隔离，互不干扰	现场查看	1		
36	检测环境条件应符合检测方法和所使用仪器设备的规定，对检测结果有明显影响的环境要素应监测、控制和记录	查阅资料，现场查看	1		
37*	样品的贮存环境应保证其在保存期内不变质	现场查看	1		

（续）

（六）设施与环境（10分）

序号	评审内容	考核方式	满分	评分	问题与建议
38	化学试剂的保存条件应符合有关规定，有机试剂的贮存场所应有通风设施	现场查看	1		
39*	毒品和易燃易爆品应有符合要求的保存场地，有专人管理，有领用批准与登记手续	查阅资料，现场查看	1		
40	配备与检测工作相适应的消防、应急安全设施，并保证其完好、有效	现场查看	1		
41	实验室的仪器设备、电气线路和管道布局合理，便于检测工作的进行，并符合安全要求	现场查看	1		
42	乳成分及体细胞仪应配置停电应急设施	现场查看	1		
43	废气、废水、废渣等废弃物的处理应符合国家有关规定，并保存相关证明或记录	查阅资料，现场查看	2		

注：1. 表中各项评分，需在完成（一）机构与人员、（二）质量体系的评审内容后，再确定；

2. 总分为100分，每项评分均可使用小数；

3. 序号栏中的"＊"代表"关键项"，共12项31分。"关键项"单项得分低于该项分数60%、总分低于28分者，现场评审判定为不合格。

11   奶牛生产性能测定与奶牛疾病

奶牛机体任何部位发生病变或生理不适首先会以产奶量和乳品质下降的形式表现出来。通过解读奶牛生产性能测定报告：一方面通过所测量体细胞数（SCC）的变化，可以及早发现乳房损伤或感染，特别是能及早发现隐性乳房炎并为其制定乳房炎防治计划提供科学依据。此外，产后体细胞数高的牛只，也可能存在卵巢囊肿、子宫内膜炎等繁殖疾病，奶牛生产性能测定已成为繁殖疾病诊断的一种辅助手段，大大提高了繁殖疾病的诊疗率；另一方面分析乳成分的变化，判断奶牛是否患酮病、慢性瘤胃酸中毒等代谢病。生产性能测定是对奶牛个体进行适时监控，可以大大提高奶牛场生产管理水平、提高兽医工作效率和质量。

11.1   DHI 测定与奶牛乳房炎的防治

牛奶是母畜哺乳幼仔时由乳腺分泌出的一种白色或略带微黄色的液体，也是为人类提供丰富营养的重要畜产品。牛奶中除各种营养素，如脂肪、蛋白质、乳糖等外，还有一定量的体细胞，国际上对奶中的体细胞数简写为 SCC，即每毫升牛奶中所含体细胞的数量。其主要成分是白细胞，约占总量的 99%，主要有两个来源：一是来自乳腺分泌组织中的上皮细胞（也称腺细胞）；二是来自与炎症进行搏斗而死亡的白细胞，包括大部分巨噬细胞、淋巴细胞等。腺细胞是正常的体细胞，是乳腺进行新陈代谢过程的产物，在奶中的含量相对恒定。而白细胞是一种防卫细胞，可以杀灭感染乳腺的病菌，还可以修复损伤的组织。当母畜受到病菌感染时，白细胞由于自身的趋化性而在受感染处蓄积。它们经血液循环进入乳腺，并通过分泌细胞间隙进入牛乳中，经实验表明，理想的 SCC 范围为第 1 胎≤15 万/毫升，第 2 胎≤25 万/毫升，第 3 胎≤30 万/毫升体细胞。

通常，影响体细胞数变化的因素有：病原微生物对乳腺组织的感染、分群或饲养模式突变产生的应激、环境、气候、遗传、胎次等，其中致病菌对体细胞的影响最大，且细菌数量的多少是影响乳房严重程度的最主要因素。因此，人们可以通过对 SCC 的监控来监督乳房及奶牛的健康状况，及时发现隐性乳房炎等疾病，提高奶牛群体的产奶量和牛群的整体健康状况。

11.1.1   DHI 测定与隐性乳房炎

奶牛隐性乳房炎是现今影响奶牛群体健康与产奶量最严重的疾病之一，据国际奶牛联合会统计，20 世纪 70 年代，奶牛临床型乳房炎患病率约为 2%，隐性乳房炎则高达 50%。在我国，发病率平均可达 70%，且造成了严重的经济损失。因此，我们应加大对奶牛隐性乳房炎的防治，稳定我国的奶牛产业。

11.1.1.1 疾病特征

此病基本无明显的临床症状，但通常通过对乳汁的检测，可发现乳汁中的体细胞数量增加，通过病理检查，可发现乳腺或乳腺叶间组织发生病变。此外，可间接引起生殖系统的感染，导致奶牛产后发情时间延长，受胎率下降等。

11.1.1.2 疾病病因

病因有以下几点因素，其中细菌感染被广泛认为是引起乳房炎最主要原因。

11.1.1.2.1 病原微生物　引起乳房炎感染的病原菌大多为金黄色葡萄球菌和链球菌，其他还有大肠杆菌、绿脓杆菌、化脓性棒状杆菌、坏死杆菌等。这些病菌一般经乳头管侵入引起发病，也有的是经胃肠道等侵入乳房而引起疾病的。

11.1.1.2.2 环境因素　如牛舍尘埃多、不清洁、不消毒；牛床潮湿，不及时冲洗、消毒；运动场泥泞、褥草不清洁；奶牛卫生条件差，乳房被泥土、粪便污染；挤奶器上的橡皮管不经常更换，或清洗挤奶器不加任何消毒剂等一系列易造成污染的情况。

11.1.1.2.3 外伤性因素　各种外伤和挤奶技术不熟练或操作不当，导致乳头管或乳池黏膜损伤，都能引发隐性乳房炎。

11.1.1.2.4 内源性感染　如产后败血症、急性子宫内膜炎、胃肠炎等疾病，病原菌随血液流入乳房区，造成局部反应性隐性乳房炎的发生。

11.1.1.2.5 饲养管理　日粮营养不均衡，对于高产奶牛，高能量、高蛋白质的日粮有利于保护和提高产奶量，同时也增加了乳房的负荷，使机体的抵抗力降低，从而引发乳房炎。而一定量的维生素和矿物质在抗感染中能起重要作用，如补充亚硒酸钠、维生素 E、维生素 A 会降低乳房炎的发病率。

11.1.1.2.6 应激　在不良气候（包括严寒、酷暑等）、惊吓、饲料发霉变质等情况下，会影响奶牛的正常生理机能，致使乳房炎发病增多。兽医操作不规范、高胎次、年龄大的奶牛也易患隐性乳房炎。

11.1.1.3 疾病的诊断

隐性乳房炎无明显的临床症状，需通过辅助仪器检测乳汁中一些指标的变化来进行疾病的诊断。

11.1.1.3.1 牛奶中体细胞的含量测定是判别隐性乳房炎的常用方法。

11.1.1.3.2 H_2O_2 玻片法（过氧化氢酶法）　即通过检测乳中白细胞的过氧化氢酶活性，来推断白细胞的含量。

11.1.1.3.3 乳汁 pH 检验法　分为试管法和玻片法。当乳汁的 PH 上升，可判定为隐性乳房炎。

11.1.1.3.4 乳汁导电性检查法　隐性乳房炎的乳汁的电导率高于正常值，但不同的个体及不同的饲养管理状况，乳汁电导率变化较大，因此在判断隐性乳房炎之前，需先确定不同牛群正常乳汁的阀值。

11.1.1.3.5 酶检验法　不同的乳房炎病原微生物感染乳腺时呈现不同的酶象变化，与阴性感染的乳腺相比，LDH、ACP、GOT、和 GPT 的活性均增加。这些都为间接诊断隐性乳房炎，判断有关的乳腺损害程度提供了科学依据。可以作为诊断隐性乳房炎和乳腺损害程度的一个重要指标。另外，N-乙酰 B-D-氨基葡萄糖苷酶（NAGASE）的检验在检验奶牛乳房炎时也常使用。认为 NAGASE 检验可作为一种快速的检查方法。

11.1.1.3.6　乳清电泳诊断法：根据健康、可疑和隐乳的乳清蛋白质含量的变化规律与电泳图谱的直观结果相一致，可直接根据乳清电泳图谱变化而判断奶牛是否患隐性乳房炎。

11.1.1.3.7　4‰氢氧化钠凝乳法：在有黑色背景的载玻片上，滴入被检乳（鲜乳或冷存 2 天内的乳）5 滴，加入 4‰氢氧化钠溶液 2 滴，搅拌均匀。判定：若形成微灰色不透明沉淀物为隐性乳房炎（－），沉淀物极微细为（±），反应物略透明，有凝块形成为（＋＋），反应物完全透明，全呈凝块状为（＋＋＋）。

11.1.1.4　防治措施

11.1.1.4.1　提高饲养管理水平

①做好挤奶卫生：母牛要整体清洁，尤其是乳房要清洁、干燥。乳头在套上挤奶杯前，用水冲洗，再用干净毛巾清洁和擦干。正确的挤奶程序是先用热的消毒液清洗乳头 30 秒之后，再用水清洗后立即擦干乳头，每一头奶牛使用一块毛巾，此时，不要急于接收牛奶，需先挤下最初几把乳检查，确定其正常后再开始正式的挤奶工作。乳房清洗后 60 秒内套上挤奶器，挤奶的同时要适当调整奶杯位置，防止吸入空气，挤奶完毕后，要先关掉真空，然后再移开挤奶器，并立即对乳头进行药浴，浸液的量以浸没整个乳头为宜。

②干奶期的预防：泌乳期末，每头母牛的所有乳区都要注入抗生素。药液注入前，要清洁乳头，乳头末端不能有感染。

③加强犊牛、后备牛的培育，及时淘汰慢性乳房炎病牛。

④保持牛群的"封闭"状态，避免因牛的引进或出入带来新的感染源。

⑤定期评价挤奶机的性能：保持挤奶机的真空稳定性和正常的脉动频率，以免损害乳头管的防护机能。要保持挤奶杯的清洁，及时更换易损坏的挤奶杯"衬里"，避免它的"滑脱"而造成感染。

⑥提高营养水平，增加青绿、青贮料饲喂量；改善畜舍环境，使畜舍通风良好，在乳房炎高发季节应定期进行消毒。

11.1.1.4.2　药物预防

①内服盐酸左旋咪唑：按每千克体重 7.5 毫克，分娩前 1 个月开始内服，效果更好。盐酸左旋咪唑虽为驱虫药，但同时具有免疫调节作用，还可以帮助牛恢复正常的免疫功能。

②补充亚硒酸钠或维生素 E：每头奶牛每天补硒 2 毫克，或每头奶牛日粮中添加 0.74 毫克维生素 E，均可提高机体抵抗微生物的能力，降低乳房炎的发病率。

③用中草药对奶牛隐性乳房炎进行防治：如复方黄连组方（黄连＋蜂胶＋乳香、没药）和复方大青叶组方（大青叶＋五倍子＋乳香、没药）制成的中药乳头药浴剂，均对奶牛隐性乳房炎有较好的疗效。

11.1.1.4.3　接种乳房炎疫苗　使用方法：肩部皮下注射 3 次，每次 5 毫升，第 1 次在牛干奶时注射 1 针，30 天后注射第 2 针，并于产后 72 小时内再注射第 3 针。此方法可有效地预防乳房炎的发生。

11.1.2　DHI 测定与临床型乳房炎

临床型乳房炎在实际生产中十分常见，该病影响力大且种类繁多，给奶牛产业带来了很多难题。以下将一一介绍各种类型乳房炎的特征及防治，以便更有效的解决一些养殖中的问题。

11.1.2.1　疾病的分类及特征

临床型乳房炎根据其临床表现，可分为以下 4 个类型：

11.1.2.1.1　浆液性乳房炎　该类型乳房炎的特征是乳房充血，皮下和叶间结缔组织常有浆液性渗出物和白细胞，常发生在母牛产后最初数日。乳房感染的部分肿胀发红，有热和痛。触之硬固，乳房上淋巴结肿大，产奶量减少。轻症者，初期乳汁变化不大，以后逐渐变成稀薄并带有絮状物，由少而多。重症者乳房肿胀很大，产奶量减少，体温升高，饮食大减甚至废绝，精神委顿。

11.1.2.1.2　卡他性乳房炎　其病理特征主要是腺泡、腺管、输乳管和乳池的腺状上皮及其他上皮细胞剥脱和变性。根据不同的病变部位，症状也略有不同，可细分为以下 2 种：

①　腺泡卡他：特点为个别小叶或数个小叶的局限性炎症，由炎症部位挤出的奶汁，呈清稀水样，含有絮状凝块。奶牛患部常常温度增高，挤奶时有痛感，体温升高（不超过 40.5℃）、食欲减退。

②　输乳管和乳池卡他：患部充血、肿胀，乳中含有絮状凝块，可阻塞输乳管，使管腔扩大，外部可摸到面团状结节或感到波动。

11.1.2.1.3　化脓性乳房炎　又分为化脓性卡他性乳房炎、乳房肿胀和乳房蜂窝织炎等几种。临床上均以患部初期发热、肿胀、疼痛，后期化脓，并伴发体温升高，乳房淋巴结肿大，饮食减少，精神委顿等特征。化脓性卡他性乳房炎的急性期过后，患部的炎症程度渐渐减轻，肿胀缩小，精神及饮食正常。但患部组织变性，乳叶萎缩，乳汁稀薄呈黄色或淡黄色。乳房脓肿可由许多小脓肿汇合而成，患部充血发红、发热、肿胀、疼痛。浅表者，肿胀可突出皮肤表面，触诊中央部有波动感，若发生在深部，触之有疼痛紧张的感觉，需要穿刺见脓确诊。

11.1.2.1.4　纤维蛋白性乳房炎　这是一种极其严重的急性乳房炎，其特征是纤维蛋白渗出到乳池和输乳管的黏膜表面，或沉淀在乳腺实质深处，可继发乳腺坏死或脓性液化。通常由卡他性乳房炎发展而来，患部热、肿、痛严重，乳房上淋巴结肿大。伴有全身症状，体温升高到 40～41℃，饮食减退或废绝。

11.1.2.2　疾病病因

11.1.2.2.1　环境卫生因素　牛床上的粪便若不能及时清理，奶牛躺下休息时乳房周围便会粘上粪便，加之久卧湿地，导致病原菌的滋长，使奶牛患病。环境卫生的消毒工作不够彻底，没有做到每周对牛群进行带牛消毒。牛舍的灭蝇不及时，导致苍蝇成群地在牛舍中对牛群干扰。各个牛舍之间距离很近，有的甚至是相连的，增加了卫生防疫的难度。牛舍之间员工的相互窜栏现象严重，造成人员带菌传播。

11.1.2.2.2　挤奶方面因素　挤奶时，乳头上积水过多，影响乳头药浴液的浓度，妨碍杀菌效果。有些挤奶工不严格执行挤奶操作规程，过度地挤压乳头，造成乳头损伤甚至出血，此状态下乳房极容易受到病原菌的侵袭，导致患病。奶杯消毒不彻底，或掉落后未冲洗就又重新套在乳房上，均会污染乳房，导致患病。过早安装挤奶杯或过晚摘下挤奶杯，都会出现空挤，损伤乳头皮肤而导致乳房炎。

11.1.2.2.3　营养方面的因素　在奶牛场中，奶牛的饲料原料品质较差，比如有的牛场饲料中的啤酒糟发热变质，有的没有合理添加维生素和微量元素，奶牛的日粮中由于各种原因流失的维生素和微量元素没能及时补充，如维生素 E 和硒、锌、维生素 A 等。奶牛场的青贮饲料发生霉变后还拿来喂牛，造成消化系统混乱，也会由于机体的内环境的改变而诱发乳房炎。

11.1.2.2.4　应激因素　牛场如地处气温在 30℃以上地区，牛场栏舍建成开放式时，即使采取降温设施也达不到预期的效果，易导致奶牛发生热应激。工作人员在挤奶车间内喧哗，特别是暴力对待牛，以及不正确的挤奶操作均可引起奶牛产生应激反应，常常听到某头牛因被鞭子打后突然停止泌乳，而下次挤奶时又可以恢复正常，这通常称之为"回奶"现象。原因是由于奶牛在受到刺激后体内分泌肾上腺素抑制了泌乳，减少了产量，导致了临床型乳房炎的发生。

11.1.2.2.5　停奶因素　奶牛进行停奶后乳房会因为突然不挤奶而出现一段时间的乳房膨胀，高度的膨胀不仅会使整个乳房变得十分脆弱，对外来微生物的抵抗力差，而且乳房的余奶也会招致许多病原微生物的生长繁殖，从而导致乳房炎的发生。

11.1.2.3　疾病诊断

无论是隐性或是临床型乳房炎，SCC 的测定都是良好的提示指标，对大型牛场而言，可以根据 DHI 记录来评估生产管理的好坏，牛场应每月定期检测，并对结果进行分析，做出相应的对策。在临床型乳房炎中，SCC 的数量大于 50 万/毫升时，就提示母牛可能患有乳房炎，同时，应根据临床症状，判断其所属类型，并进行相应的治疗。

11.1.2.4　疾病防治

11.1.2.4.1　加强管理

①注意环境的清洁与消毒：包括居住环境及挤奶等需与奶牛接触的器械等的杀菌消毒，避免感染或交叉传播，工作人员自身也应做好相应的消毒措施。

②加强挤奶管理：无论是手工挤奶还是用机器挤奶，在挤奶之前都要擦洗好乳房，确保每头牛一条毛巾，每头牛换一次水，注意先擦乳头再擦乳区，最后擦洗乳镜。在挤奶前后药浴乳头对预防乳房炎有很好的效果。利用机器挤乳还要注意每次挤奶前后对设备进行清洗及消毒，平常还应对挤奶设备进行经常的检修和保养。

③注意饲料及饲喂方法：饲料中维生素 A、维生素 E 和微量元素硒的缺乏可导致乳房炎发病率的大大增加，饲喂过多的精料将影响粗纤维的采食量，导致奶牛代谢紊乱，并进一步使奶牛对一些疾病的易感性增加。因此，及时调控饮食量及饮食结构是十分必要的措施。

④可对乳房进行按摩、冷敷、热敷和增加挤奶次数：这些都可以缓解乳房炎的症状，每次挤奶时按摩乳房 15～20 分钟，炎症初期进行冷敷，2 天后炎症不再发展时即可进行热敷；增加挤奶次数是为了有利于炎性产物的排出，保持乳导管畅通，并促进脓包的康复。

11.1.2.4.2　合理治疗

① 根据感染的细菌种类选择适合的药物，现疗效最好的应属喹诺酮类药物，如恩诺沙星、环丙沙星，它们组织穿透力最强、在体内运行迅速、发挥作用快，长期使用机体无蓄积作用，并且耐药性小，毒副作用小、安全范围大，且不会引起体内正常菌群失调，正是由于具有上述优点，使得此类药物在临床上得到广泛的应用。

②激光治疗：有研究显示，采用 8 兆瓦功率的氦氖激光照射乳中穴，照射距离为30～40 厘米，时间为 10 分钟，连续 3 天，治疗隐性乳房炎最有效。同时，陈钟鸣教授等人用激光照射、中药治疗奶牛隐性乳房炎获得了较对照组的高治愈率和有效率。

11.1.2.4.3　药物预防

① 盐酸左旋咪唑：盐酸左旋咪唑虽为驱虫药，但可增强牛的免疫功能，对奶牛隐性乳房炎有较好的预防作用。泌乳期口服 7.5 毫克/千克体重，肌内注射 5 毫克/千克体重，21 天后再用药 1 次，以后每 3 个月重复用药 1 次。或者在干奶前 7 天用药 1 次，临产前 10 天再用药 1 次，以后每 3 个月重复用药 1 次。

②亚硒酸钠维生素 E（简称硒 E 粉）：将药粉先用 75％酒精溶解，然后加适量水，均匀拌入精料中饲喂，每头每次投药 0.5 克，隔 7 天投药 1 次，共投药 3 次。

③腐殖酸：腐殖酸在自然界中广泛存在，主要功能是防病促长，也可用于多种疾病的治疗，而且资源广、成本低、使用方便、无药物残留，属于生态型制剂。实践证明，奶牛饲料中添加一定量的腐殖酸钠，对防治奶牛乳房炎、提高产奶量有明显的效果。

奶牛乳房炎是奶牛易感的顽固之症，影响牛奶的质量与产量，因此做好定期的检查和监控，并及时地做出相应的对策，才是保证奶牛健康的重要手段。DHI 检测中的 SCC 测定，不仅方便价廉，更可准确直观的反应奶牛的状况，因此，可在各大奶牛场普及利用，以促进我国奶业的健康发展。

11.2　DHI 测定与奶牛代谢性疾病的防治

奶牛机体任何部位发生病变或生理不适首先会以产奶量和乳品质下降的形式表现出来。牛奶是奶牛的一种代谢产物，其成分直接受代谢的调控而变化，其异常变化可直接或间接反映出奶牛的机体健康状况，因此，DHI 测定，解读其报告，通过分析报告中乳成分的数据变化，可以作为奶牛代谢疾病重要诊断手段，以辅助兽医进行有效诊疗。

11.2.1　奶牛亚临床酮病

酮病是泌乳奶牛在产犊后几天至几周内发生的一种代谢性疾病，以消化紊乱和精神症状为主。在我国，患有亚临床酮病的牛每天要比非酮病牛的产奶量减少 1～10 升，而且一旦开始泌乳，奶牛的亚临床酮病的发病率高达 40％，而临床型酮病的发病率仅为 5％。由于亚临床酮病不容易被发觉，往往在牧场的日常管理中被忽视，造成相当巨大的经济损失。因此，要重视酮病的监管并进行积极的防治。

11.2.1.1　疾病症状

亚临床症状表现为母牛泌乳量下降，发情迟缓等，尿酮检查呈阳性。患畜突然不愿吃精料和青贮，喜食垫草或污物，最终拒食。粪便初期干硬，后多转为腹泻，腹围收缩、明显消瘦。在左肋部听诊，多数情况下可听到与心音音调一致的血管音，叩诊肝脏浊音区扩大。精神沉郁，凝视，步态不稳，伴有轻瘫。有的病牛嗜睡，常处于半昏迷状态，但也有少数病牛狂躁和激动，无目的地吼叫、咬牙、狂躁、兴奋、空口虚嚼、步态蹒跚、眼球震颤、颈背部肌肉痉挛。呼出气体、乳汁、尿液有酮味，加热后更明显。泌乳量下降，乳脂含量升高，乳汁易形成泡沫，类似初乳状。尿呈浅黄色，易形成泡沫。

11.2.1.2　疾病病因

奶牛酮病主要是由于脂肪摄入量过高，常见产后 1~1.5 个月的高产母牛，饲喂蛋白饲料过多，而碳水化合物和蛋白质不足，从而导致营养失调，使奶牛不仅运动功能受阻，同时畜产品的产量和质量也受到了严重影响。此外，管理不当，牛的真胃变位，前胃迟缓、创伤性网胃炎，产后瘫痪，胎衣不下，饲料中毒等原因，也可发生继发性酮病。

11.2.1.3　疾病诊断

除临床症状外，国际上现应用 DHI 测定技术对奶牛群体实行监管。具体措施如下：

①在 DHI 报告中，当牛奶中的脂肪含量大于 4.5％且蛋白质含量变化不明显时，就意味着奶牛可能已患有酮病或这正处于潜伏期，值得注意的是，有时在 DHI 测定中并无直接的乳汁含量测定，而是以乳脂率/乳蛋白率比值的方式表现，比率增高，提示有酮病发生的可能，应引起重视。

②关注产奶量的变化，以每年为单位，分为总产奶量，月产奶量和日产奶量，将它们分别作记录，并与上月相同情况下的产奶量进行比较，如果发现数据有较大幅度的波动时，就要注意奶牛的健康状况了。

③关注日粮的配比是否存在比例不当的问题。若临床无明显症状，且未发现其他流行疾病时，就需要通过对血酮的检验来进行诊断。其方法是取硫酸铵 100 克，无水碳酸钠 100 克和亚硝基铁氰化钠 3 克，研细成粉末，混匀后取 0.2 克放置于载玻片上，加尿液或乳汁 2~3 滴，加水作对照，出现紫红色者为阳性，不出颜色变化为阴性。

11.2.1.4　疾病防治

11.2.1.4.1　*酮病预防*　预防酮病最重要的原则，就是应避免一切在产前、产后泌乳早期影响奶牛干物质采食量的因素。

①干奶期应供给充足的并有一定长度的粗饲料，以刺激瘤胃功能。日粮的改变应逐步进行，防止出现应激。产前两周开始增加精料，以调整瘤胃微生物菌群，并逐步向高产日粮转变。

②奶牛产犊时不能过肥，体况评分保持在 2.5~3 分（5 分制）为宜，超过此标准即可认为过肥。

③如果整个牛场酮病高发，可在产前日粮中添加尼克酸，每天 6 克/头，并可延续到产后 2~3 周。尼克酸影响日粮的适口性，因此应注意添加量，勿影响奶牛的采食量。

④饲料中加入丙酸钠或丙二醇等生糖前质对酮病有预防作用。有报道称，产前 2 周~产后 7 周，日粮中添加 120 克丙二醇，每天 2 次，酮病的发病率可降低 18％。

⑤莫能菌素可调节瘤胃微生物菌群的数量，对酮病也有良好的预防作用。但目前美国和欧盟已经全面禁用离子载体类药物，应谨慎使用。

11.2.1.4.2　酮病治疗

①尽快恢复血糖水平。

②补充肝脏三羧酸循环中必需的草酰乙酸，使体脂动员产生的脂肪酸完全氧化，从而降低酮体的产生速度。

③增加日粮中的生糖物质，特别是丙酸。

静脉注射 50％葡萄糖溶液 500 毫升，可暂时恢复血糖水平，一般可维持 2 小时。也可口服生糖物质，如丙二醇 150 毫升，每天 2 次，以维持血糖水平。丙酸钙在瘤胃中发酵并可引起消化系统紊乱，甘油在瘤胃中不但可转化为丙酸，也可以转化为生酮酸，因此在治疗时丙二醇的效果要好于丙酸钙和甘油。通常在丙二醇中加入钴盐，在钴缺乏地区，每天应至少添加 100 毫克钴。

④可采用糖皮质激素类药物进行治疗，可单独使用，或配合葡萄糖疗法，或紧接着口服补充生糖前质。激素治疗通过利用脂肪酸氧化过程中衍生的乙酰-CoA 降低酮体的产生，并通过增加肝脏中的生糖前质达到回升血糖的目的。地塞米松、倍他米松以及氟地塞米松均有很好的治疗效果。通常一次剂量即可，但有时 2～3 天后可能复发。应注意的是，糖皮质激素类药物可影响食欲和产奶量。

⑤静脉注射 50％葡萄糖溶液 500 毫升；接着注射一次剂量的糖皮质激素；最后口服丙二醇 150 克，每天 2 次，连用 3～4 天。

⑥如果牛场大群奶牛同时发病，可在日粮中添加粉碎的玉米。玉米可在小肠内迅速消化，快速提高血糖水平。

11.2.2　奶牛瘤胃酸中毒

瘤胃酸中毒即谷物酸中毒。临床上以消化障碍、精神高度兴奋或沉郁，瘤胃兴奋性降低，蠕动减慢或停止，瘤胃内 pH 降低，脱水，衰弱为典型特征。

11.2.2.1　疾病症状

在早期，不易发现，但当奶牛一旦出现精神沉郁，食欲停止，瘤胃弛缓，消化紊乱，行走不稳，肌肉震颤，瘫痪卧地时，就已经严重影响到奶牛的发育，而且此病起病较急，且进展较快，发病后期将出现体温低于正常，脉搏、呼吸变快，眼结膜紫色，眼窝下陷，呻吟，磨牙，昏迷，尿呈酸性。此时，奶牛已无法挽救。本病呈散发性、冬春季多发，该病常引起死亡。

11.2.2.2　疾病病因

饲养管理差是发生本病的根本原因。当牛采食的玉米和块根类比例过大，干奶牛过肥；精料比例过高，粗料品质低，均可导致瘤胃内容物乳酸产生过剩，pH 迅速降低，酸度增高，其结果造成瘤胃内的细菌、微生物群落数量减少和纤毛虫活力降低，引起严重的消化紊乱，使胃内容物异常发酵，导致酸中毒。

11.2.2.3　疾病诊断

在疾病初期，病情较轻。会出现偶尔的腹痛、厌食，但精神尚好，通常拉稀便或腹泻，瘤胃蠕动减弱，可以几天不见反刍。随着病情的发展，病情逐渐加重，24～48 小时后卧地不起，部分走路摇摆不定或安静站立，食欲废绝，不饮水。体温 36.5～38.5℃偏低，心跳次数增加，伴有酸中毒和循环衰竭时心跳更加迅速（心率每分钟在 100 次以内治疗比每分钟达 120～140 次效果好），呼吸快浅，每分钟 60～90 次。通常伴随腹泻，如果没有腹泻是一种不好的预兆，粪便色淡，有明显的甘酸味，早期死亡的粪便无恶臭。作瘤胃触诊时，可感内容物坚实呈面团样，但吃得不太多时有弹性或有水样内容物，听诊可听到较轻的流水音，重病牛走路不稳，呈醉步，视力减退，冲撞障碍物，眼睑保护反射迟钝或消失。

DHI 报告中显示乳成分发生改变，早期乳脂率/乳蛋白率＜1。本病发展较快，故一旦发现，应立即采取治疗措施。

11.2.2.4　疾病预防

11.2.2.4.1　酸中毒预防　在疾病的预防上，应严格控制精料喂量。日粮供应合理，精粗比要平衡，严禁为追求乳产量而过分增加精料喂量。根据奶牛分娩后发病多的特点，应加强产奶牛的饲养，对高产奶牛在 40％玉米青贮料（或优质干草）、60％精饲料（按干物质计）的平衡日粮中添加 1％～2％的碳酸氢钠长期饲喂。干奶期精料不应过高，以粗料为主，精料量以每天 4 千克为宜。牛只每天运动 1～2 小时；对产前产后牛只应加强健康检查，随时观察奶牛异常表现并尽早治疗。同时，要参考 DHI 中乳成分的报告分析，它可以更早的发现疾病，使患病牛尽快得到治疗，减少了经济效益损失。

11.2.2.4.2　酸中毒治疗原则

①抑制乳酸的产生和酸中毒；

②其次应排出有毒物质，制止乳酸继续产生，解除酸中毒和脱水；

③强心输液，调节电解质，维持循环血量；

④促进前胃运动，增强胃肠机能；

⑤利用抗组胺制剂消除过敏性反应，镇静安神。

实践证明治疗本病的关键环节是泻下和保护胃肠黏膜，对采食大量整粒精料或粉料且采食后不久，瘤胃内精料还来不及或仅部分发酵产生乳酸时，尽早使用大量油类泻药将其泻下。以体重 400 千克奶牛为例，一次可灌服液体石蜡 1 500～2 500 毫升，切记量要足，否则会因达不到泻下和保护胃肠黏膜的目的而延误治疗。对食入大量粉料过久或采食精料时间较长，已经在瘤胃发酵产生大量乳酸的病牛，首先要用 10％石灰水，5 000～10 000 毫升反复洗胃后再灌入液体石蜡 1 500～2 500 毫升，以利排出大量乳酸并保护胃肠黏膜，并且胃管要多放置片刻，以利瘤胃内气体充分排出。值得注意的是对采食大量整粒精料的牛，整粒料洗胃往往是洗不出的，所以应尽早采取泻下或手术治疗。

11.3　DHI 测定与奶牛繁殖疾病的防治

奶牛的繁殖病，会造成产犊间隔延长，这会对牛群整体的质量和日后的经济效益产生不良影响。因此，我们需要随时监督，随时预防这类疾病，以保证牛群整体的健康和发展。围产期奶牛护理不当，将影响其"高峰产奶量"的发挥，应保持产犊环境干净，避免子宫感染，注意产后护理、测量体温及饲料变化过程。若母牛产后受到应激或细菌感染，将不能达到理想的峰值水平。由于奶牛营养饲喂不当、产犊环境不清洁及助产不当等会导致产后并发症，并发症可影响高峰产奶量。因此，DHI 与奶牛繁殖疾病密切相关，对繁殖疾病监测起到了很好的辅助作用，对改善奶牛饲养管理有重要指导作用。

11.3.1　卵巢囊肿

卵巢囊肿指在奶牛的卵巢上可观察到囊性肿物，数量为 1 个到数个，其直径约为 1 厘米至几厘米，主要分为是卵泡囊肿、黄体囊肿、子宫内膜性囊肿、包含物性囊肿和卵巢冠囊肿等 5 种。

11.3.1.1　疾病症状

11.3.1.1.1　卵泡囊肿　是牛群中最常见的一种，通常是后天性的，眼观，囊肿卵泡比正常卵泡大，直径可达 3～5 厘米，囊肿壁薄而致密，内充满囊液。镜检时，可见卵泡的颗粒细胞变性减少甚至完全消失。同时见子宫内膜肥厚，腺体增生并分泌多量黏液蓄积于腺腔内，内膜表面被覆黏液与脱落破碎上皮细胞混合物，呈脓样。发生卵泡囊肿时，常伴发脑垂体、甲状腺和肾上腺增大，有时会继发乳腺肿瘤。

11.3.1.1.2　黄体囊肿　多发生于单侧，大小不等，囊腔形状不规则且充满透明液体。破裂后可引起出血。镜检时，见囊肿壁多由多层的黄体细胞组成，细胞质内含有黄体色素颗粒和大量脂质。有时黄体细胞在囊壁分布不均。一端多而另一端少，当囊壁很薄时，贴有一层纤维组织或透明样物质的薄膜和多量黄体细胞。

若发生两侧性黄体囊肿，常为多发性小囊肿，呈圆球形，囊壁光滑，缺乏正常动物排卵小泡黄体化产生的排卵乳状。

11.3.1.1.3　子宫内膜性囊肿　当子宫内膜种植到卵巢时，形成子宫内膜性囊肿，其囊壁由子宫内膜上皮细胞组成，囊腔内充满棕褐色的物质，内含血源性色素，所以也称巧克力囊肿。

11.3.1.1.4　包含物性囊肿　此种囊肿少见，多发生于老年动物。属于小囊肿，数量多时，卵巢的切面呈蜂窝状。镜检可见囊肿由一层扁平上皮细胞形成。

11.3.1.1.5　卵巢冠囊肿　主要见于卵巢系膜和输卵管系膜之间，其大小从 1 厘米至几厘米，单个或多个分布。镜检见囊壁由单层扁平上皮、立方上皮或柱状上皮细胞组成。

11.3.1.2　疾病的病因

11.3.1.2.1　卵巢囊肿与黄体囊肿　一般认为是由促卵泡激素分泌过多或黄体激素分泌不足引起的，一些影响排卵过程的因素，如饲料中缺乏维生素 A 或含有大量的雌激素，激素制剂使用不当，子宫内膜炎、胎衣不下以及卵巢的其他疾病因素也均可引起卵泡囊肿的发生。

11.3.1.2.2　子宫内膜性囊肿　主要是由于脱落的子宫内膜上皮细胞经输卵管反流入腹腔，种植在卵巢引起。也可见于腹膜、肺等组织器官。

11.3.1.2.3　包含物性囊肿　卵巢表面的一部分上皮细胞被包埋在卵巢基质中，并被分割形成一些小的囊肿，当其数量相当多时，可形成蜂窝状的卵巢。

11.3.1.2.4　卵巢冠囊肿　由于胚胎时中肾残留管扩张而成为卵巢冠纵管，形成囊肿。

11.3.1.3　疾病的诊断

临床症状中可见病畜发情时间变长，阴户有较多液体流出，体内出现子宫壁松弛、肿胀增厚，子宫角不收缩。直肠检查时，卵巢明显增大。此外，若产后 DHI 报告中发现有体细胞数量的增加，并伴有相似的临床症状，则提示可能有本病的发生，在管理时要适当提高重视。

11.3.1.4　疾病的治疗

11.3.1.4.1　西药疗法

①对卵泡囊肿的治疗：

A. 肌内注射促黄体释放激素，每天 1 次，连用 3～4 次，总量不得超过 3 000 微克。一般在用药后 15～30 天内，囊肿会逐渐消失而恢复正常发情排卵。

B. 1 次静脉注射绒毛膜促性腺激素 0.5 万～1 万单位，或肌内注射 1 万单位。

C. 1 次肌内注射促黄体素 100～200 单位，一般用药 3～6 天囊肿形成黄体化，症状消失，15～30 天恢复正常发情周期。

D. 肌内注射促排 3 号 200～400 微克，促使卵泡黄体化，15 天后再肌内注射前列腺素 $F_2\alpha$ 2～4 毫克，早晚各 1 次。

②对黄体囊肿的治疗：

A. 对舍饲的高产奶牛应增加运动，减少挤奶量，改善饲养管理条件。

B 绒毛膜促性腺激素一次肌内注射 2 000～10 000 单位或静脉注射 3 000～4 000 单位即可。

C. 促黄体素 100～200 单位，用 5～10 毫升生理盐水稀释后使用。用药后一周未见好转时，可第二次用药，剂量比第一次稍加大。

D. 挤破囊肿法：将手伸入直肠，用中指和食指夹住卵巢系膜，固定卵巢后，用拇指压迫囊肿使之破裂。为防止囊肿破裂后出血，须按压 5 分钟左右，待囊肿局部形成凹陷时，即可达到止血的目的。

11.3.1.4.2　中药疗法　以活血化瘀、理气消肿为治疗原则。消囊散：炙乳香、炙没药各 40 克，香附、益母草各 80 克，三棱、莪术，鸡血藤各 45 克，黄柏、知母、当归各 60 克，川芎 30 克，研末冲服或水煎灌服，隔天 1 剂，连用 3～6 剂。

11.3.1.5　疾病的预防

对舍饲高产奶牛，需适当增加运动、减少挤奶量。同时，注重加强饲养管理，如日粮中的精、粗饲料比要平衡，无机盐、维生素的供应要适量。严禁为追求产量而过度饲喂高蛋白质饲料。在配种季节内，饲料中应含有充足的维生素；在发情旺盛（卵泡迅速发育）、排卵和黄体形成期，不要剧烈运动。对正常发情的牛，及时进行交配和人工授精。

11.3.2　子宫内膜炎

子宫内膜炎是子宫黏膜发生黏液性或化脓性炎症，为产后流产最常见的一种生殖器官疾病。根据病理过程和炎症性质可分为急性黏液脓性子宫内膜炎、急性纤维蛋白性子宫内膜炎、慢性卡他性子宫内膜炎、慢性脓性子宫内膜炎和隐性子宫内膜炎。

11.3.2.1　疾病症状

多在产后一周内发病，轻度的没有全身症状，发情正常，但不受胎；重度的则伴有全身症状，如：体温升高，脉搏、呼吸加快，精神沉郁，食欲下降，反刍减少等。患牛拱腰，举尾，有时努责，不时从阴道内流出大量污红色或棕黄色黏液脓性分泌物，有腥臭味，内含絮状物或胎衣碎片，常附着尾根，形成干痂。直肠检查子宫角变粗，宫壁增厚，敏感，收缩反应弱。严重时子宫内蓄积有渗出物，用手触摸会有波动感。

11.3.2.2 疾病原因

产房卫生条件差，临产母牛的外阴、尾根部污染粪便而未彻底洗净消毒；助产或剥离胎衣时，术者的手臂、器械消毒不严，胎衣不下腐败分解，恶露停滞等，均可引起产后子宫内膜感染。

产后早期能引起子宫内膜炎的细菌有：化脓性放线菌、坏死梭杆菌、拟杆菌、大肠杆菌、溶血性链球菌、变形杆菌、假单胞菌、梭状芽孢杆菌。产后治疗不及时或久治不愈常转为慢性子宫炎，子宫内由多种混合菌变成单一的化脓性放线菌感染。此外，子宫积水、双胎子宫严重扩张、产道损伤、低血钙、分娩环境脏等都能引起子宫感染。在极冷极热时，身体抵抗力降低和饲养管理不当都会使子宫炎的发病率升高。另外，一些传染病如滴虫病、钩端螺旋体、牛传染性鼻气管炎、病毒性腹泻等都能引起子宫发炎。慢性子宫炎多由急性炎症转化而来，有的因配种消毒不严而引起的，没有明显的全身症状。

11.3.2.3 疾病诊断

轻度的子宫内膜炎较难确诊，尤其在患隐性子宫内膜炎时更是如此。但是一般 DHI 报告中体细胞数的增加，会提示有炎症的发生，若伴有不受胎的症状，提示可能子宫有炎症发生，需考虑对子宫做相应的检查，同时兼顾对发情时分泌物的性状的检查、阴道检查、直肠检查和实验室检查一起进行诊断。具体检查情况如下：

11.3.2.3.1 发情分泌物形状的检查 正常发情时分泌物的量较多，清亮透明，可拉成丝状。而子宫内膜炎的病畜的分泌物量多，且较稀薄，不能拉成丝状，或量少且黏稠，混浊，呈灰白色或灰黄色。

11.3.2.3.2 阴道检查 阴道内可见子宫颈口不同程度的肿胀和充血。在子宫颈封闭不全时，会有不同形状的炎性分泌物经子宫颈排出。

11.3.2.3.3 直肠检查 母牛患慢性卡他性子宫内膜炎时直肠检查子宫角变粗，子宫壁增厚，弹性减弱，收缩反应减弱，但也有的病畜查不出明显的变化。

11.3.2.3.4 实验室诊断

A. 子宫分泌物的镜检检查：将分泌物涂片可检查脱落的子宫内膜上皮细胞、白细胞或脓球。

B. 发情时的分泌物的化学检查：用 4‰氢氧化钠 2 毫升加等量分泌物煮沸后冷却，残留物若呈无色则为正常，若呈微黄或柠檬黄说明子宫内膜炎检查呈阳性。

11.3.2.3.5 慢性子宫颈炎 类似处是有些脓性分泌物流出。不同处是患慢性子宫颈炎，可引起结缔组织增生，子宫颈黏膜皱襞肥大，呈菜花样。直肠检查子宫颈变粗，而且坚实。

此外，可借助每月 DHI 的报告对奶牛的炎症症状进行监督，若发现有体细胞急剧或连续几个月缓慢升高的现象，应警惕此病的发生。

11.3.2.4 疾病防治

11.3.2.4.1 产房要彻底打扫消毒，对于临产母牛的后躯要清洗消毒，助产或剥离胎衣时要无菌操作。

11.3.2.4.2　控制感染、消除炎症和促进子宫腔内病理分泌物的排出，对有全身症状的进行对症治疗。如果子宫颈未开张，可肌内注射雌激素制剂促进开张，开张后肌内注射催产素或静脉注射 10％氯化钙溶液 100～200 毫升，促进子宫收缩而排出炎性产物。然后用 0.1％高锰酸钾液或 0.02％新洁尔灭液冲洗子宫，20～30 分钟后向子宫腔内灌注青霉素、链霉素合剂，每天或隔天一次，连续 3～4 次。

11.3.2.4.3　对于纤维蛋白性子宫内膜炎，禁止冲洗，以防炎症扩散，应向子宫腔内注入抗生素，同时进行全身性治疗。

11.3.2.4.4　对于慢性化脓性子宫内膜炎的治疗可选用中药当归活血止痛排脓散，组方为：当归 60 克、川芎 45 克、桃仁 30 克、红花 20 克、元胡 30 克、香附 45 克、丹参 60 克、益母 90 克、三菱 30 克、甘草 20 克，黄酒 250 毫升为引，隔日 1 剂，连服 3 剂。

11.4　DHI 测定与奶牛蹄病的防治

奶牛蹄病是奶牛生产中的常见病，轻则引起奶牛跛行，重则引起奶牛瘫痪，如不加以重视，则会增加生产成本，降低经济效益。临床上主要有蹄叶炎和腐蹄病两种。发生炎症势必会导致白细胞在受感染处蓄积，它们经血液循环进入乳腺，并通过分泌细胞间隙进入牛乳中，最终会导致 SCC 含量增高。因此依据 DHI 检测报告中 SCC 数量变化，结合奶牛病理表现，帮助兽医更好地诊断奶牛蹄病。

11.4.1　蹄叶炎

蹄叶炎病是指蹄真皮的弥漫性、无败性炎症，是奶牛饲养中的一种常见病，如果治疗不及时将给饲养者带来很大的经济损失。

11.4.1.1　疾病症状

蹄叶炎的临床症状为坡形，是一种影响蹄真皮生理功能的疾病。急性蹄叶炎的发病率为 0.6％～1.2％。患牛不愿运动，喜卧，两前肢腕关节跪地或交叉站立，急性和亚急性病例表现出体温升高和呼吸频率加快的症状。慢性患牛常表现为蹄变形，可造成产奶量下降，繁殖性能低下等问题，由此造成淘汰率的升高。

11.4.1.2　疾病病因

一是由于营养管理不当而引起，如突然采食大量谷物饲料或日粮内易消化的碳水化合物含量异常升高，使细菌大量增殖，产生大量乳酸，奶牛瘤胃无法及时吸收，造成酸中毒和消化系统功能紊乱。其次，管理不善也可诱发蹄叶炎。包括圈舍条件差，特别是地面质量差、有垫草及奶牛运动量少等。

11.4.1.3　疾病诊断

由于病畜存在炎症，血液中 SCC（大多数为白细胞）会有明显的增加，引起 SCC 急剧增高。因此，早期的蹄叶炎可借助 DHI 中体细胞的增高协助临床症状进诊断。

11.4.1.4　疾病防治

对于蹄叶炎的预防要比治疗更为重要，平时做好相关工作，可以大大减少经济损失，提高效益。

11.4.1.4.1　蹄叶炎预防

①配制营养均衡的日粮，符合奶牛营养需要的日粮，保证精粗比、钙磷比适当，注意日粮阴阳离子差的平衡。以上措施均是为了保证牛瘤胃内 pH 在 6.2～6.5 之间，也可以适当的添加缓冲剂，防止酸中毒等症状。

②加强牛舍卫生管理，保持牛舍、牛床、牛体的清洁、干燥。

③据统计，散放式的牛舍中 85% 的奶牛吃料后会睡在牛床上，由于牛床洁净干燥，可减少细菌繁殖，防止蹄病的发生。注意保持牛床上足够多的干燥清洁垫料。促使奶牛的休息时间保持在 4 小时以上。

④定期喷蹄浴蹄，夏季每周用 4% 硫酸铜溶液或消毒液进行一次喷蹄浴蹄，冬季每 15～20 天进行一次。喷蹄时应扫去牛粪、泥土垫料，使药液全部喷到蹄壳上。浴蹄可在挤奶台的过道上和牛舍放牧场的过道上，让奶牛上台挤奶和放牧时走过，达到浸泡目的。注意要经常更换药液。

⑤适时正确地修蹄护蹄，矫正蹄的长度、角度，保证身体的平衡和趾间的均匀负重，使蹄趾发挥正常的功能。专业修蹄员每年至少应对奶牛进行两次维护性修蹄，修蹄时间可定在分娩前的 3～6 周和泌乳期 120 天左右。修蹄时要注意角度和蹄的弧度，适当保留部分角质层，蹄底要平整，前端呈钝圆。

⑥定期对牛群进行 SCC 的检测可以起到良好的监督作用，维护奶牛的健康，及时发现疾病并进行治疗。

11.4.1.4.2　蹄叶炎治疗

对于不同性质的蹄叶炎有不同的疗法，下面我们分开来说明。

①泻血疗法：对体格健壮的病畜，发病后可用小宽针扎蹄头放血，放血 100～300 毫升。

②冷却或温热疗法：发病最初 2～3 天内，对病蹄施行冷蹄浴，让病畜站立于冷水中，或用棉花绷带缠裹病蹄，用冷水持续灌注，每日 2 次，每次 2 小时以上。3～4 天后，若未痊愈，改用温热疗法，如用 40～50℃ 的温水加入醋酸铅进行温蹄浴，或用热酒糟、醋炒麸皮等（40～50℃）温包病蹄，每日 1～2 次，每次 2～3 小时，连用 5～7 天即可。

③普鲁卡因封闭疗法：掌（跖）神经封闭，用加入青霉素 20 万～40 万单位的 1% 普鲁卡因注射液，分别注入掌（跖）内、外侧神经周围各 10～15 毫升，隔日一次，连用 3～4 次。

④脱敏疗法：病初可试用抗组胺药物，如盐酸苯海拉明 0.5～1 克，内服，每日 1～2 次；或 10% 氯化钙液 100～150 毫升、维生素 C 10～20 毫升，分别静注；0.1% 肾上腺素 2～3 毫升皮下注射，每日 1 次。

⑤清理胃肠：对因消化障碍而发病者，可内服硫酸镁或硫酸钠 200～300 克，常水 5 000 毫升混合液，每日 1 次，连服 3～5 次。

⑥慢性蹄叶炎疗法：根据病情除适当选用上述疗法外，还需采用持续的温蹄浴，并及时修整蹄形，防止形成芜蹄。对个别引起蹄踵狭窄或蹄冠狭窄的病例，可用锉薄狭窄部蹄壁角质，以缓解压迫，并配合合理的装蹄疗法。

对已形成芜蹄的病例，可锉去蹄尖下方翘起部，适当削切蹄踵负面，少削或不削蹄底和尖负面。在蹄尖负面与蹄铁之间留出约2毫米的空隙，以缓解疼痛。修配蹄铁时，在铁头两侧设侧铁唇，下钉稍靠后方。也可装橡胶蹄枕或橡胶掌。此外，应及时对日粮进行调整，采用逐步过渡的方式减少或更换某种配料，同时要注意日粮中矿物质和维生素的用量。

11.4.2 腐蹄病

腐蹄病在我国各地都表现出较高的发病率。舍饲牛群中发病率高达30％～40％，腐蹄病严重影响奶牛的产奶和运动能力，患病奶牛最终招致淘汰。

11.4.2.1 疾病症状

病牛常常表现为喜爬卧，站立时患肢不负重或各肢交替负重。蹄间和蹄冠皮肤有充血和红肿的症状。严重时，蹄间溃烂，还会出现恶臭分泌物。蹄底角质部呈黑色，用叩诊锤或手按压蹄部时出现痛感。由于角质溶解，蹄真皮过度增生，有肉芽突出于蹄底。球节感染发炎时，球节肿胀、疼痛。严重时，体温升高，食欲减少，严重跛行，甚至卧地不起，消瘦。用刀切削扩创后，蹄底小孔或大洞即有污黑的臭水流出，趾间也能看到溃疡面，上面覆盖着恶臭的坏死物。重者蹄冠红肿，痛感明显。

11.4.2.2 疾病病因

11.4.2.2.1 环境因素

①奶牛蹄球损伤、蹄间溃疡、皮炎、角质延长等均能引发该病，促使化脓性棒状杆菌及其他化脓菌的二重感染。

②在阴雨潮湿季节，畜舍、运动场积有粪尿，场地泥泞，蹄冠周围或蹄间有污泥易形成蹄间的缺氧状态，有利于细菌的繁殖，加大了细菌感染概率。

③奶牛长期营养不良、饲养管理不当，机体抵抗力就会降低，使发病率逐渐增多。

11.4.2.2.2 病原菌 该病多由节瘤拟杆菌和坏死厌气丝杆菌、坏死梭杆菌等多种病菌协同感染引起。节瘤拟杆菌引起的炎性损害作用很小，但它能产生蛋白酶，消化角质，使蹄的表面及基层易受侵害。在坏死厌气丝杆菌、坏死梭杆菌等病菌的协同作用下，产生明显的腐蹄病损害。此外还有化脓性棒状杆菌和其他化脓性细菌、结节状拟杆菌等也可引起该病。

11.4.2.2.3 遗传因素 蹄病与遗传有一定的关系，遗传力为0.09～0.31，一般在0.15～0.22（Distl，1990）。因此，在选种育种时，也可将此遗传病考虑在内，减小后期培育的经济损失。

11.4.2.3 疾病诊断

11.4.2.3.1 根据腐蹄病的特殊临床症状及病理变化做出初步诊断。

11.4.2.3.2 为了进一步确诊，在病蹄匣深部，需用镊子进行无菌操作，采取病料，涂片，碱性美蓝染色，若镜检时发现长丝状，无运动的杆菌，即坏死丝杆菌，同时还见有其他杂菌存在，即可确诊为腐蹄病。

11.4.2.3.3 由于腐蹄病病期较长，造成SCC数值的缓慢增长，通常跨度变化可长达几个月，由正常的10万增至200万左右。因此，当我们对牛群进行DHI检测时，要注意与之前月份的 DHI 检测报告结果进行对比，如连续几个月均发现体细胞数的异常上升就应当采取相应的预防治疗措施。

11.4.2.4 疾病防治

11.4.2.4.1 腐蹄病预防

①畜舍、运动场要清洁干燥，定期清除污物，冲刷牛舍及牛床，定期消毒，加强运动场管理，及时剔除可能造成奶牛蹄部损伤的砖块、石头、铁丝头、玻璃碎片等异物。

②在多雨湿热季节应该定期用 10％硫酸铜溶液浸泡牛蹄，每次约 10 分钟，并应尽可能地保持畜舍的干燥，加强通风。

③定期修整牛蹄：减少腐蹄病发生的诱因，发现病例应该及时隔离治疗，同时更应该加强护理，防止交叉感染，对牛群进行认真观察，及时发现病牛。

④疫苗免疫：应用国产疫苗，免疫期为 6 个月，免疫保护率 80％以上，奶牛群中未发病的奶牛应全部紧急注射，以防出现新病例。

⑤日粮营养要合理：一般日粮营养中钙、磷比例以 1.4：1 为宜。日粮中注意维生素，矿物质的供给量，可适当补给维生素 A、维生素 D 和鱼肝油等。

11.4.2.4.2 腐蹄病治疗

①蹄部处理：清洗、除创或修蹄以去除腐败物、脓液后，用 0.5％高锰酸钾溶液清洗，之后用 10％～20％硫酸铜溶液或 5％～10％福尔马林浸泡蹄部约 10 分钟，并用以下制剂之一进行涂擦或填塞。A. 将青霉素 10 万单位，鱼肝油 50 毫升，蒸馏水 5 毫升，制成乳剂，用棉球蘸满塞入患部。B. 松节油 20 毫升，鱼肝油 20 毫升混匀，用棉球蘸满塞患部。C. 高锰酸钾粉末 95 克，磺胺 50 克，研成细末，撒敷患部。D. 松节油 3 毫升，塞洛仿 5 毫升，蓖麻油（或鱼肝油）100 毫升蘸塞患部。

②中药青黛散治疗：青黛 60 克，龙骨 6 克，冰片 30 克，碘仿 30 克，轻粉 15 克。共研成细末，在去除坏死部分后将青黛散塞于创内，包扎蹄部。

③取桐油 150 克，放在铁瓢里加热煮沸后，加入明矾 2 克，用棉球或纱布蘸取热桐油涂烫伤口，涂烫后再用凡士林或黄蜡填孔封口，最后将蹄包扎。

④取血竭桐油膏（桐油 150 克熬至将沸时缓慢加入研细的血竭 50 克，并搅拌，改为文火，待血竭加完搅匀到黏稠状态即成），以常温灌入腐烂空洞部位，灌满后用纱布绷带包扎好，10 天后拆除。

⑤一般性病例可用血竭松香桐油膏（1：1：3）填充。每天清洗换药 1 次，后延至 2～3 天换 1 次；慢性顽固性病例可用血竭粉直接填塞创口或瘘管内，然后用烙铁烙化封口，蹄裂严重的用乌金膏（血竭粉 30 克，松香 45 克，黄蜡 15 克，人发烧炭 15 克熔化成膏状）填充后用消毒纱布 8～10 层包扎，3 天换药 1 次。3 次为 1 个疗程。

⑥血竭白及散。组方：血竭 100 克，白及 100 克，儿茶 50 克，樟脑 20 克，龙骨 100克，乳香 50 克，没药 50 克，红花 50 克，朱砂 20 克，冰片 20 克，轻粉 20 克，将上药共研为细末备用。

⑦枯矾 500 克，陈石灰 500 克，熟石膏 400 克，没药 400 克，血竭 250 克，乳香 250克，黄丹 50 克，冰片 50 克，轻粉 50 克共为极细末。填塞病牛蹄部脓腔，并用绷带包扎蹄，连用 3 剂。

⑧将包有碘片的药棉塞入潜洞，用适量松节油喷在包有碘片的药棉上。由于碘与松节油反应放热，从而起烧烙作用。对于特别严重的病例，在碘片-松节油疗法的基础上，将烧烙后的潜洞填入中药。药方如下：地榆炭 50 克，冰片 50 克，黄芩 50 克，黄连 50 克，黄柏 50 克，白及 50 克。研成粉末，用凡士林调匀，涂于患处，进行包扎，3 天后换药，3 次用药后痊愈。

⑨外敷方：雄黄、大黄、白芷、天花粉各 30 克，野芋头、山乌龟各 200～500 克，将诸药混合捣烂，加少量白酒、棕片，包敷患部。1～2 天换药 1 次，每天用白酒喷洒，以保持敷药外湿润。内服药：金银花 100 克，防风 50 克，川芎、桂枝、木香、陈皮、木通、香附、腹毛、泽泻、白芍各 30 克，绿豆 200 克，连翘、白芷、天丁、熟地各 40 克，甘草 20 克，煎水灌服或自饮。日服 1 剂，每剂服 2 次，直至痊愈。加减：前肢肿胀加桑枝 50 克，后肢肿胀加牛膝 50 克；肿消后还跛行时减去泽泻、陈皮、腹毛，加大活血 60 克。

⑩次醋酸铅溶液 128 毫升，硫酸铜 64 克，醋酸 500 毫升混匀向患部注入溶液 1～2 次，如溃疡一时不能愈合，用中药血竭研成粉撒布在患部溃疡面，再用烙铁轻烙，使血竭熔化形成一层保护膜，外用绷带包扎，每隔 3～5 天处理一次。处理后保持蹄部清洁、干燥。蹄冠炎、球节炎，用 10% 鱼石脂酒精绷带包扎患部。

⑪对于蹄底出现溃疡性漏洞时，首先用 5% 的双氧水溶液冲洗，然后用"补蹄膏"配合消炎粉调和成糊状涂抹红肿部位，并用棉球蘸取药膏填塞溃疡部位，每天 1～2 次，7 天后痊愈。

⑫对于有全身症状的，可用青霉素 100 万～200 万单位加 5～10 毫升注射用水稀释后进行肌内注射，日注 1 次，连注 3～7 天。也可用磺胺类药和链霉素注射。重症病例应同时添入结晶消炎粉和青霉素粉（80 万单位）或用青霉素鱼肝油乳剂（青霉素 20 万单位，溶于 5 毫升注射用水中，再加入 50 毫升鱼肝油混合搅拌呈乳剂）纱布条填充后用 8～10 层消毒纱布包扎。

⑬遇到慢性顽固性病例时，可直接填入高锰酸钾粉或硫酸铜粉，之后涂上鱼石脂药膏，再在患肢系部皮下注射普鲁卡因青霉素 80 万单位 2～3 次。

附录一　中国荷斯坦母牛品种登记实施方案

一、必要性

品种登记，是将符合品种标准的牛登记在专门的登记簿中或特定的计算机数据管理系统中。品种登记是奶牛品种改良的一项基础性工作，其目的是要保证荷斯坦奶牛品种的一致性和稳定性，促使生产者饲养优良奶牛品种和保存基本育种资料和生产性能记录，以作为品种遗传改良工作的依据。国内外的奶牛群体遗传改良实践证明，经过登记的牛群质量提高速度远高于非登记牛群，因此，系统规范的品种登记工作，已成为奶业生产特别是实施奶牛群体遗传改良方案中不可缺少的一项基础工作。

本实施方案是根据国际上现行的登记办法，结合我国当前实际而制定的，还需要通过实践和根据国际上奶牛品种登记的发展变化，不断进行修改，以完善我国的奶牛品种登记制度。

二、登记条件

根据系谱凡符合以下条件之一者即可申请登记：

1. 双亲为登记牛者；
2. 本身已含荷斯坦牛血液 87.5% 以上者；
3. 在国外已是登记牛者。

三、登记办法

1. 在农业部畜牧业司和全国畜牧总站指导下，由中国奶业协会承担中国荷斯坦奶牛品种登记工作。

2. 犊牛出生后三个月以上即可申请登记。

3. 牛只登记是终生累积进行的过程，对登记牛，还要对其以后新产生的生产性能记录不断地进行补充纪录。

4. 登记工作可使用中国奶业协会设计的"中国荷斯坦母牛品种登记表"（附表1）和中国奶牛数据处理中心开发的"中国荷斯坦奶牛品种登记系统"进行，软件可以从中国奶业协会网站下载，根据地方需要，中国奶牛数据处理中心可提供培训。

5. 各省（直辖市、自治区）将登记牛只资料收集整理后，定期通过网络传送到中国奶业协会中国奶牛数据处理中心。

6. 每年年底中国奶业协会向全国畜牧总站报送登记牛的资料和统计信息，经审核后由农业部畜牧业司公布。

7. 登记牛转移时需通过当地奶业（奶牛）协会，办理转移手续，并变更其记录。

四、牛只编号

牛只编号全部由数字或数字与拼音字母混合组成。通过牛号可直接得到牛只所属地区、出生场和出生年代等基本信息。牛只编号具有唯一性，并且使用年限长，保证100年内在全国范围内不会出现重号，以保证信息的准确性。

1. 编号方法

2位品种＋3位国家代码＋1位性别＋12位牛只编号。

牛只编号由12个字符组成，分为4个部分，如下图所示：

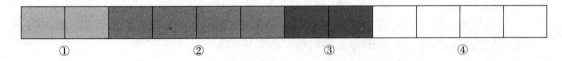

①全国各省（直辖市、自治区）编号，按照国家行政区划编码确定，由两位数码组成，第一位是国家行政区划的大区号，例如，北京市属"华北"，编码是"1"，第二位是大区内省（自治区、直辖市）号，"北京市"是"1"。因此，北京编号是"11"。这一部分由全国统一确定，见下表。

牛只省、自治区、直辖市编号表（1998年）

省（自治区、直辖市）	编号	省（自治区、直辖市）	编号	省（自治区、直辖市）	编号
北京	11	安徽	34	贵州	52
天津	12	福建	35	云南	53
河北	13	江西	36	西藏	54
山西	14	山东	37	重庆	55
内蒙古	15	河南	41	陕西	61
辽宁	21	湖北	42	甘肃	62
吉林	22	湖南	43	青海	63
黑龙江	23	广东	44	宁夏	64
上海	31	广西	45	新疆	65
江苏	32	海南	46	台湾	71
浙江	33	四川	51		

②牛场编号，这个编号占4个字符，由数字或由数字和阿拉伯字母混合组成，可以使用的字符包括0，1，2，3，4，5，6，7，8，9，a，b，c，d，e，f，g，h，i，j，k，l，m，n，o，p，q，r，s，t，u，v，w，x，y，z。省内牛场编号可以使用的排列组合个数为36^4（1 679 616）。该编号在全省（自治区、直辖市）范围内不重复。例如牛场编号可以为0001，xyz1等。有条件的省（自治区、直辖市）可在自行编订后报送中国奶业协会中国奶牛数据处理中心备案；没有条件的省（自治区、直辖市）可直接向中国奶业协会中国奶牛数据处理中心申请，中国奶业协会中国奶牛数据处理中心将协助进行编订。

③牛只出生年度的后两位数，例如2002年出生即为"02"。

④场内年内牛只出生的顺序号，4位数字，不足4位数以0补齐。可以满足单个牛场每年内出生9 999头牛的需要，这部分由牛场（合作社或小区）自己编订。

2. 编号的使用

（1）此编号规则主要应用于荷斯坦奶牛。在进行荷斯坦奶牛登记管理时，可以仅使用12位牛只编号。如果需要与其他国家和其他品种牛只进行比较，可以在牛只编号前加上2位品种编码，3位国家代码和1位性别编码，品种代码见附表2。公牛编号方法另有规定，具体请参见《中国荷斯坦种公牛后裔测定实施方案》。

（2）12位牛只登记号只出现在牛只档案或谱系上，牛号应写在牛只的塑料耳牌上，耳牌佩戴在左耳上。

（3）对现有在群牛只，在进行品种登记或者良种登记时，如现有牛号与以上规则不符，必须使用此规则进行重新编号。同时如果出生日期不详，则不予登记。

（4）国家统一牛只编号考虑到牛场内管理方便，牛场可以使用国家统一牛只编号的后6位作为牛场内牛只管理编号。

例如：北京市西郊一队奶牛场，有一头荷斯坦母牛出生于2003年，在某奶牛场出生顺序是第89个，其编号应按如下办法：

北京市编号为11，该牛场在北京的编号0001，该牛出生年度编号为03，出生顺序号为0089，所以该母牛的全国统一编号为110001030089。

推荐该牛场使用030089作为该牛场内部管理编号。

五、登记内容

参见"中国荷斯坦母牛品种登记表"（附表1）。要求将表格内容尽量填全，每头登记牛必须要有父亲、母亲、出生日期及品种纯度的信息。

有条件的单位最好提供每头登记牛的头部照片及左右侧照片，以备牛号与牛不符时对照查询。

登记表的填写应由专人负责、手写字迹清楚，不能随意涂改，最好使用钢笔或签字笔，防止脱色。

附表1　中国荷斯坦母牛品种登记

省（直辖市、自治区）名称：_____省（直辖市、自治区）代码：_____牛场名称：_____牛场代码：_____登记日期：_____登记人：_____

牛号	父号	母号	外祖父	出生日期	出生场	出生重（千克）	毛色[a]	品种纯度[b]	登记时胎次	是否胚胎移植	受体牛号	体型总分

胎次	初配日期	配妊日期	配妊次数	与配公牛	流产日期	产犊日期	产犊难易[c]	干奶日期	305天产奶量	305天乳脂率	305天蛋白率	全期产奶量	是否为DHI
1													
2													
3													
4													
5													

牛号	父号	母号	外祖父	出生日期	出生场	出生重（千克）	毛色a	品种纯度b	登记时胎次	是否胚胎移植	受体牛号	体型总分

胎次	初配日期	配妊日期	配妊次数	与配公牛	流产日期	产犊日期	产犊难易c	干奶日期	305天产奶量	305天乳脂率	305天蛋白率	全期产奶量	是否为DHI
1													
2													
3													
4													
5													

牛号	父号	母号	外祖父	出生日期	出生场	出生重（千克）	毛色a	品种纯度b	登记时胎次	是否胚胎移植	受体牛号	体型总分

胎次	初配日期	配妊日期	配妊次数	与配公牛	流产日期	产犊日期	产犊难易c	干奶日期	305天产奶量	305天乳脂率	305天蛋白率	全期产奶量	是否为DHI
1													
2													
3													
4													
5													

a. 毛色：1—黑白花，2—全黑，3—全白，4—红白花；b. 品种纯度：1—100%，2—93.75%，3—87.5%；c. 产犊难易：1—顺产，2—助产，3—难产，4—剖腹产。

附表2　中国牛只品种代码编号

品种	品种代码	品种	品种代码
荷斯坦牛	HS	利木赞	LM
沙西瓦	SX	莫累灰	MH
娟珊牛	JS	抗旱王	KH
西门塔尔	XM	辛地红	XD
兼用短角	JD	婆罗门	PM
草原红牛	CH	丹麦红牛	DM
新疆褐牛	XH	皮埃蒙特	PA
三河牛	SH	南阳牛	NY
肉用短角	RD	秦川牛	QC
夏洛来	XL	延边牛	YB
海福特	HF	鲁西黄牛	LX

（续）

品种	品种代码	品种	品种代码
安格斯	AG	晋南牛	JN
复州牛	FZ	摩拉水牛	ML
尼里/拉菲水牛	NL	金黄阿奎丹	JH
比利时兰	BL	南德文	ND
德国黄牛	DH	蒙贝利亚	MB

附录二 中国荷斯坦牛青年公牛后裔测定

1 范围

本标准规定了中国荷斯坦牛公牛后裔测定的实施主体、实施方案、公牛遗传评定和结果公布等。

本标准适用于中国荷斯坦牛公牛后裔测定。

2 规范性引用文件

下列文件对于本文件的应用是必不可少的。凡是注日期的引用文件，仅注日期的版本适用于本文件。凡是不注日期的引用文件，其最新版本（包括所有的修改单）适用于本文件。

GB/T 3157　中国荷斯坦牛

GB 4143　牛冷冻精液

NY/T 1450　中国荷斯坦牛生产性能测定技术规范

3 术语和定义

下列术语和定义适用于本文件。

3.1 后裔测定 Progeny Test

根据公牛后代的生产性能测定记录、体型鉴定评分以及繁殖、健康、长寿性等功能性状数据，使用特定的统计分析方法估计各性状的育种值，并以此为基础计算选择指数，评定公牛种用价值的技术过程。

3.2 计划选配 Planed Mating

根据育种目标选择综合遗传素质优秀的公牛与母牛进行有计划配种、获得具有优良血统和遗传基础公犊牛的方法。

3.3 基因组选择 genomic selection; GS

借助覆盖全基因组的遗传标记信息，对重要经济性状进行遗传标记辅助选择的技术。

3.4 参测公牛 Testing Bull

通过计划选配等方式获得、经基因组选择具有潜在种用价值的公犊牛，生长发育达到性成熟、具有精液生产能力，且体型外貌符合种用标准，可参加后裔测定。

3.5 试配冷冻精液 Sampling Frozen Semen

参测公牛的冷冻精液。

3.6 后裔测定奶牛场 Progeny Testing Farm

承担参测公牛后裔测定的奶牛场。

3.7 个体育种值估计 Estimation of Individual Breeding Value

根据公牛个体及其亲属（祖先、同胞及后裔等）相关性状的表型、遗传联系以及基因组检测信息，使用特定的统计学方法得到各性状估计育种值的过程。

3.8 综合选择指数 Total Selection Index

根据群体遗传改良方案的育种目标，将公牛个体各重要经济性状的估计育种值，按照其重要性分别进行加权，形成评价公牛相对综合遗传素质的指数。

3.9 验证公牛 Proven Bull

经后裔测定，具有较高选择准确性、综合选择指数排名靠前的公牛。

4 后裔测定的基本要求

4.1 实施主体

4.1.1 奶牛育种机构为中国荷斯坦牛公牛后裔测定的实施主体，应持有行业行政主管部门核发的《种畜禽生产经营许可证》。

4.1.2 具备培育种公牛的能力，有育种部门负责后裔测定工作的组织实施。

4.1.3 奶牛育种机构负责计划选配、培育参测公牛、制定后裔测定方案、选定后裔测定奶牛场、分发和使用试配冷冻精液，并及时收集与配母牛的配种、产犊记录及公牛女儿体尺体重、繁殖、健康和长寿性等性状数据。

4.2 实施形式

奶牛育种机构可通过自行或合作等多种形式实施公牛后裔测定。

4.3 参测公牛的基本条件

4.3.1 符合 GB/T 3157 品种标准要求，在畜牧行业主管部门授权的机构登记且获得官方系谱。

4.3.2 经检测确认不携带国际公认的主要遗传缺陷基因。

4.3.3 经基因组检测和基因组选择，达到相应选择标准。

4.3.4 生长发育正常，无外貌缺陷，检疫合格。

4.3.5 繁殖能力正常，冷冻精液质量符合 GB 4143 要求。

4.3.6 年龄≤24 月龄。

4.4 后裔测定奶牛场的基本条件

4.4.1 饲养规模不少于 100 头成母牛，饲养管理工艺规范，牛群健康，生产性能水平达到所在区域牛群的平均水平。

4.4.2 采用 GB/T 3157 规定的个体识别号，具有完整的个体系谱档案。

4.4.3 按 NY/T 1450 要求进行生产性能测定，定期进行个体体型鉴定，并具有规范的繁殖记录系统。

4.4.4 自愿承担公牛后裔测定试配工作，并设有专人管理，按要求完成公牛后裔测定的各项工作。

5 后裔测定试配冷冻精液的分配与使用

5.1 每头参测公牛提供 600 剂以上试配冷冻精液。

5.2 每头参测公牛的试配冷冻精液分配到不少于 5 个不同省（直辖市、自治区）的 20 个奶牛场，每个省（直辖市、自治区）分配到不少于 3 个奶牛场。

5.3　试配冷冻精液的使用应遵循随机原则，并在 4 个月内完成配种工作，与配母牛优先选择第一胎母牛。

6　后裔测定数据收集

6.1　组织后裔测定的机构应该在试配冷冻精液分发后 6 个月内，汇总试配冷冻精液的所有配种记录（表 A.1），并及时上报畜牧行业主管部门授权的机构。

6.2　试配冷冻精液分发后 18 个月内，由组织后裔测定的机构汇总参测公牛所有后代出生记录（表 A.2），并上报畜牧行业主管部门授权的机构。后裔测定奶牛场应保留参测公牛的全部健康女儿。

6.3　参测公牛的所有健康女儿应适时配种，组织后裔测定的机构及时汇总参测公牛女儿配种记录（表 A.3）及产犊记录（表 A.4）并上报畜牧行业主管部门授权的机构。

6.4　参测公牛女儿头胎产犊后，应按 NY/T 1450 要求进行生产性能测定。测定数据由具有生产性能测定资质的机构收集并上报畜牧行业主管部门授权的机构。

6.5　参测公牛女儿应在头胎产犊后 30～180 天，由专业鉴定员进行体型鉴定，鉴定结果上报畜牧行业主管部门授权的机构。

7　公牛遗传评定

畜牧行业主管部门授权的机构根据参测公牛的基因组检测数据及其女儿的相关数据，进行参测公牛的各性状个体育种值估计，并计算综合选择指数进行排序。

8　后裔测定结果公布

全国统一进行遗传评估后，公布后裔测定结果及验证公牛。

附　录　A

（规范性附录）

公牛后裔测定记录表

A.1　公牛配种记录表

参测公牛配种记录见表 A.1。

表 A.1　参测公牛配种记录

牛场名称	公牛个体编号	与配母牛个体编号	与配母牛胎次	配种日期	配种员	冻精剂数	妊娠鉴定日期	妊检结果

A.2　公牛后代出生记录表

参测公牛后代出生记录见表 A.2。

表 A.2　参测公牛后代出生记录

牛场名称	公牛个体编号	与配母牛个体编号	与配母牛产犊日期	犊牛性别	公牛后代个体编号	产犊难易性[a]	初生重（千克）	公牛后代生活力[b]	备注[c]

a：1-顺产，2-轻度助产，3-重度助产，4-难产（剖腹产）；

b：1-活牛；2-死胎或生后 24 小时内死亡；3-犊牛出生后 48 小时内死亡；

c：1-流产，2-雌性双胎，3-雄性双胎，4-雌雄双胎。

A.3　公牛女儿配种记录表

参测公牛女儿配种记录见表 A.3。

表 A.3　参测公牛女儿配种记录

牛场名称	公牛女儿个体编号	父亲个体编号	与配公牛个体编号	首次配种日期	繁殖员	配准日期	繁殖员	配种次数	妊娠鉴定日期	妊检结果

A.4　公牛女儿产犊记录表

参测公牛女儿产犊记录见表 A.4。

表 A.4　参测公牛女儿产犊记录

牛场名称	公牛女儿个体编号	父亲个体编号	产犊日期	犊牛性别	产犊难易性[a]	初生重（千克）	公牛女儿后代生活力[b]	备注[c]

a：1-顺产，2-轻度助产，3-重度助产，4-难产（剖腹产）；

b：1-活牛；2-死胎或生后 24 小时内死亡；3-犊牛出生后 48 小时内死亡；

c：1-流产，2-雌性双胎，3-雄性双胎，4-雌雄双胎。

附录三 中国荷斯坦牛体型鉴定规程

1 范围

本标准规定了中国荷斯坦牛体型鉴定的基本要求、体型鉴定的实施、体型鉴定方法、各部位线性评分功能分和体型总分的计算方法以及体型等级的划分等。

本标准适用于中国荷斯坦牛母牛的体型鉴定。

2 规范性引用文件

下列文件对于本文件的应用是必不可少的。凡是注日期的引用文件，仅注日期的版本适用于本文件。凡是不注日期的引用文件，其最新版本（包括所有的修改单）适用于本文件。

GB/T 3157—2008　中国荷斯坦牛

3 术语和定义

下列术语和定义适用于本文件。

3.1 体型鉴定 Type Classification

对奶牛体型进行数量化评定的方法。针对每个体型性状，按生物学特性的变异范围，定出性状的最大值和最小值，然后以线性的尺度进行评分。

3.2 线性分 Linear Score

用1至9的整数来表示奶牛体型性状生理表现从一个极端向另一个极端变化的程度。

3.3 功能分 Functional Score

将线性分转化为反映奶牛生理功能理想程度的分值。取值范围为50～100。

3.4 缺陷性状 Defective Trait

群体发生频率较低的体型外貌缺陷。不进行线性评分，只作扣分依据。

4 基本要求

4.1 鉴定牛的基本条件

符合GB/T 3157要求，且泌乳天数在30～180天的健康母牛。

4.2 鉴定员的基本条件

经奶牛体型鉴定的专业培训、考核，取得了专业鉴定员资格。定期参加鉴定员之间、各区域之间的鉴定比对，以保证体型鉴定结果的准确性。

5 体型鉴定的实施

5.1 现场鉴定

由鉴定员到现场对符合鉴定条件的母牛进行体型鉴定。

5.2 体型鉴定的方法

5.2.1 体型鉴定性状

包括 20 个线性评分性状和 23 个缺陷性状，见附录 A。

5.2.2 体型性状线性评分

20 个体型性状的线性评分见附录 B，图示评分与测量方法见附录 C。

5.2.3 缺陷性状扣分

23 个缺陷性状相对于总分的扣分见附录 D。

5.3 各部位评分与体型总分的计算

5.3.1 体型性状线性分与功能分的转换

体型性状线性分与功能分的转换见附录 E。

5.3.2 各部位评分的计算

将体型性状功能分合并为 5 个部位的评分，包括体躯容量、尻部、肢蹄、泌乳系统和乳用特征。各性状功能分在部位评分中的权重见附录 F。各部位评分的计算公式如下：

$$SubS_i = \sum_{j=1}^{m} (X_j \times w_{ij}) - \sum_{k=1}^{n} D_k$$

式中：

$SubS_i$——部位 i 评分；

m——部位 i 所包含的线性评分性状数；

X_j——部位 i 体型鉴定性状 j 的功能分，$j=1，2，\cdots m$；

w_{ij}——部位 i 体型鉴定性状 j 的权重，$j=1，2，\cdots m$；

D_k——部位 i 缺陷性状 k 的扣分，$k=1，2，\cdots n$；

n——部位 i 中所包含的缺陷扣分性状数；

$\sum$——总和。

5.3.3 体型总分的计算

各部位在体型总分中的权重见附录 F。体型总分的计算公式如下：

$$S = \sum_{j=1}^{5} (SubS_i \times w_j)$$

式中：

S——体型总分；

w_j——体型鉴定部位 i 的权重，$j=1，2，\cdots 5$。

5.4 体型等级的划分

体型等级根据体型鉴定总分划分为 6 个等级，见表 1。

表 1　中国荷斯坦牛母牛体型鉴定等级划分

体型鉴定等级	体型总分范围
优（Ex）	90～100 分
很好（VG）	85～89 分

（续）

体型鉴定等级	体型总分范围
好＋（GP）	80～84 分
好（G）	75～79 分
一般（F）	65～74 分
差（P）	65 分以下

注：Ex－excellent，VG－very good，GP－good plus，G－good，F－fair，P－poor。

6　体型鉴定记录要求

鉴定员应记录鉴定牛的牛号、牛场、系谱、胎次、鉴定日期、产犊日期/乳房空/满/鉴定员相关信息以及各体型性状鉴定结果、总分和等级划分结果。可采用奶牛体型性状线性评分及缺陷性状扣分记录表记录，参见附录 G。

7　体型鉴定结果报送

鉴定员在体型鉴定后及时将结果上报畜牧行业主管部门授权的机构。

附　录　A

（规范性附录）

线性评分性状及缺陷性状

中国荷斯坦牛体型鉴定的线性评分性状及缺陷性状见表 A.1。

表 A.1　中国荷斯坦牛体型鉴定的线性评分性状及缺陷性状

分类	线性评分性状	缺陷性状
体躯容量	体高	1.1 双肩峰
	胸宽	1.2 背腰不平
	体深	1.3 整体结构不匀称
	腰强度	1.4 凹腰
		1.5 体弱
尻部	尻角度	2.1 肛门向前
	尻宽	2.2 尾根凹
		2.3 尾根高
		2.4 髋部偏后

（续）

分类	线性评分性状	缺陷性状
肢蹄	蹄角度	3.1 卧系
	蹄踵深度	3.2 后肢抖
	骨质地	3.3 飞节粗大
	后肢侧视	3.4 蹄叉张开
		3.5 后肢前踏或后踏
	后肢后视	3.6 过于纤细
		3.7 前蹄外向
		3.8 蹄瓣不均衡
泌乳系统	乳房深度	4.1 乳区不匀称
	中央悬韧带	4.2 乳房形状差
	前乳房附着	4.3 前乳房短
	前乳头位置	4.4 后乳房短
	前乳头长度	4.5 乳头不垂直
	后乳房附着高度	4.6 有瞎乳区
	后乳房附着宽度	
	后乳头位置	
乳用特征	棱角性	

附　录　B

（规范性附录）

中国荷斯坦牛体型性状线性评分

中国荷斯坦牛体型性状线性评分应按照表 B.1 执行。

表 B.1　奶牛体型性状线性评分

部位	体型性状	线性分									单位
		1	2	3	4	5	6	7	8	9	
体躯容量	体高	≤130	132	135	137	140	142	145	147	≥150	厘米
	胸宽	≤13	16	19	22	25	28	31	34	≥37	厘米
	体深	60：40		55：45		50：50		45：55		40：60	
	腰强度	极弱		弱		中等		强		极强	
尻部	尻角度	≤−4	−2	0	2	4	5.5	7	8.5	≥10	厘米
	尻宽	≤10	12	14	16	18	20	22	24	≥26	厘米

（续）

部位	体型性状	线性分									单位
		1	2	3	4	5	6	7	8	9	
肢蹄	蹄角度	≤20	30	35	40	45	50	55	60	≥70	°
	蹄踵深度	≤0.5	1	1.5	2	2.5	3	3.5	4	≥4.5	厘米
	骨质地	极粗、圆、疏松				中等				极宽、扁平、细致	
	后肢侧视	≥165	160	155	150	145	140	135	130	≤125	°
	后肢后视	飞节内向后肢X状				中等				飞节间宽后肢平行	
泌乳系统	乳房深度	≤-1	0	4	7	10	12	14	16	≥18	厘米
	中央悬韧带	≤0	0.5	1.5	2	3	4	5	6	≥7	厘米
	前乳房附着	极弱		弱		中等		强		极强	
	前乳头位置	极外		偏外		中间		偏内		极内	
	前乳头长度	≤2	3	3.5	4	5	6	7	8.5	≥10	厘米
	后乳房附着高度	≥32	30	28	26	24	22	20	18	≤16	厘米
	后乳房附着宽度	≤8	9.5	11	12.5	14	15.5	17	18.5	≥20	厘米
	后乳头位置	极外		偏外		中间		偏内		极内	
乳用特征	棱角性	极差		差		中等		明显		极明显	

附　录　C

（规范性附录）

中国荷斯坦牛各体型性状鉴定部位评分与测量方法示意图

C.1　体高

测定部位见 GB/T 3157—2008 中 3.5，测定方法见图 C.1。

C.2　胸宽

测定两前肢内侧胸底的宽度，测定部位及评分见图 C.2。

C.3　体深

评定最后一根肋骨处腰椎至腹底部的垂直距离与最后一根肋骨处腰椎至地面垂直距离的比例关系，评定部位及评分见图 C.3。

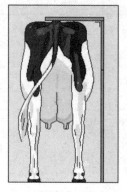

a)测量部位后视   b)测量部位俯视

图 C.1　体高评分示意图

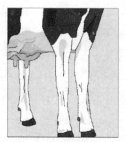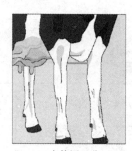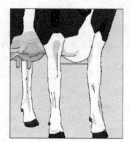

a)极窄评 1 分   b)中等评 5 分   c)极宽评 9 分

图 C.2　胸宽示意图

a)极浅评 1 分   b)中等评 5 分   c)极深评 9 分

图 C.3　体深评分示意图

C.4　腰强度

评定牛臀（十字部）与背之间脊椎骨的连接强度及腰椎横突发育状态，评定部位及评分见图 C.4。极强个体背部的脊椎骨微有隆起，其腰椎横突发育长而平；极弱个体背部下凹，其腰椎横突发育短而细。

C.5　尻角度

测定腰角与坐骨结节的相对高度差，测定部位及评分见 C.5。

C.6　尻宽

测定两坐骨结节间的宽度，测定部位及评分见图 C.6。

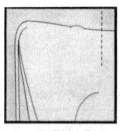 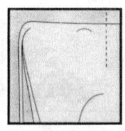 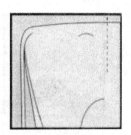

a)极弱评 1 分　　　　　b)中等评 5 分　　　　　c)极强评 9 分

图 C.4　腰强度评分示意图

  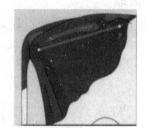

a)逆斜评 1 分　　　　　b)理想评 5 分　　　　　c)极斜评 9 分

图 C.5　尻角度评分示意图

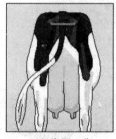 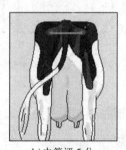 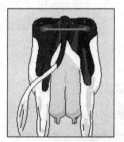

a)极窄评 1 分　　　　　b)中等评 5 分　　　　　c)极宽评 9 分

图 C.6　尻宽评分示意图

C.7　蹄角度

测定后蹄壁前沿与地面所形成的夹角，测定部位及评分见图 C.7。

a)极低评 1 分　　　　　b)中等评 5 分　　　　　c)极陡评 9 分

图 C.7　蹄角度评分示意图

C.8　蹄踵深度

测定后蹄的蹄踵上沿与地面之间的距离，测定部位及评分见图 C.8。

a)极浅评1分　　　　b)中等评5分　　　　c)极深评9分

图C.8　蹄踵深度评分示意图

C.9　骨质地

评定后肢骨骼的细致程度与结实程度，评定部位及评分见图C.9。

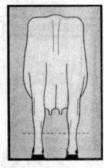 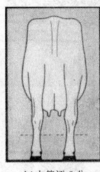 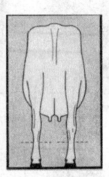

a)极粗圆评1分　　　　b)中等评5分　　　　c)极细评9分

图C.9　骨质地评分示意图

C.10　后肢侧视

测定后肢飞节处的弯曲程度，即胫骨与跗骨之间的夹角，测定部位及评分见图C.10。

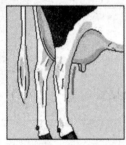  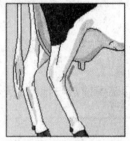

a)极直评1分　　　　b)中等评5分　　　　c)极曲评9分

图C.10　后肢侧视评分示意图

C.11　后肢后视

测定后肢飞节的内向程度，测定部位及评分见图C.11。

C.12　乳房深度

测定乳房底部到飞节的垂直距离，测定部位及评分见图C.12。

C.13　中央悬韧带

测定中央悬韧带基底部与乳房底部的垂直距离，测定部位及评分见图C.13。

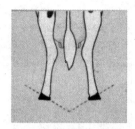 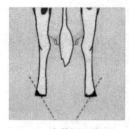 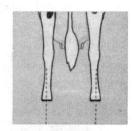

a)极 X 形评 1 分　　　　b)中等评 5 分　　　　c)极平行评 9 分

图 C.11　后肢后视评分示意图

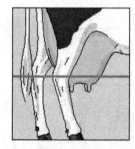 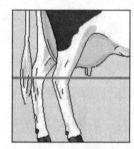 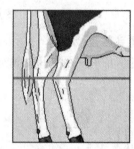

a)极深评 1 分　　　　b)中等评 5 分　　　　c)极浅评 9 分

图 C.12　乳房深度评分示意图

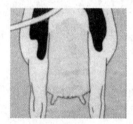 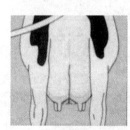 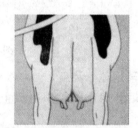

a)极弱评 1 分　　　　b)中等评 5 分　　　　c)极强评 9 分

图 C.13　中央悬韧带评分示意图

C.14　前乳房附着

评定前乳房与体躯腹壁连接附着的强度，评定部位及评分见图 C.14。

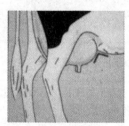 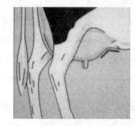 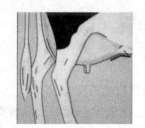

a)极弱评 1 分　　　　b)中等评 5 分　　　　c)极强评 9 分

图 C.14　前乳房附着评分示意图

C.15　前乳头位置

测定前乳头基底部所在乳区的相对位置，测定部位及评分见图 C.15。

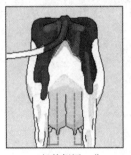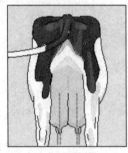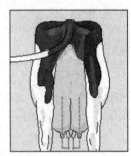

a)极外侧评 1 分　　　　　b)中间评 5 分　　　　　c)极内侧评 9 分

图 C.15　前乳头位置评分示意图

C.16　前乳头长度

测定乳房前乳头的长度，测定部位及评分见图 C.16。

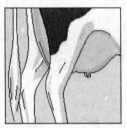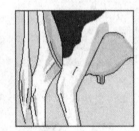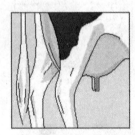

a)极短评 1 分　　　　　b)中等评 5 分　　　　　c)极长评 9 分

图 C.16　前乳头长度评分示意图

C.17　后乳房附着高度

测定后乳房乳腺组织的最上缘与阴门基底部之间的垂直距离，测定部位及评分见图 C.17。

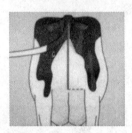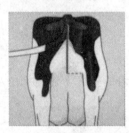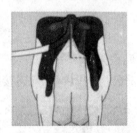

a)极低评 1 分　　　　　b)中等评 5 分　　　　　c)极高评 9 分

图 C.17　后乳房附着高度评分示意图

C.18　后乳房附着宽度

测定后乳房乳腺组织上缘的宽度，测定部位及评分见图 C.18。

C.19　后乳头位置

评定后乳头基底部在所在乳区的相对位置，评定部位及评分标准示意图见图 C.19。

C.20　棱角性

评定骨骼轮廓清晰度、肋骨开张程度、肋间距的大小、股部大腿肌肉的凸凹程度以及鬐甲棘突的高低等，评定部位及评分标准示意图见图 C.20 和图 C.21。

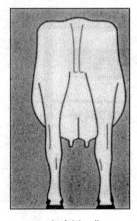 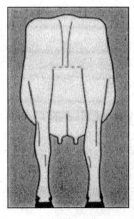 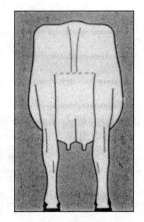

a)极窄评1分　　　　　　b)中等评5分　　　　　　c)极宽评9分

图C.18　后乳房附着宽度评分示意图

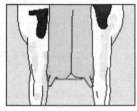 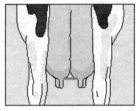 

a)极外侧评1分　　　　　　b)中间评5分　　　　　　c)极内侧评9分

图C.19　后乳头位置评分示意图

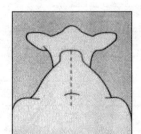 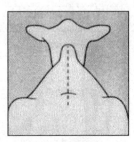 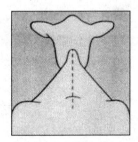

a)极差评1分　　　　　　b)中等评5分　　　　　　c)极明显评9分

图C.20　棱角性评分头颈部示意图

a)极差评1分　　　　　　b)中等评5分　　　　　　c)极明显评9分

图C.21　棱角性评分体侧示意图

附 录 D

（规范性附录）

体型鉴定中缺陷性状扣分

中国荷斯坦牛体型鉴定中缺陷性状扣分按表 D.1 执行。

表 D.1 体型鉴定中缺陷性状扣分

部位	缺陷性状	扣分值
体躯结构	双肩峰	1
	背腰不平	1
	整体结构不匀称	1
	凹腰	1
	体弱	1
尻部	肛门向前	2
	尾根凹	1
	尾根高	0.5
	髋部偏后	1.5
肢蹄	卧系	1
	后肢抖	3
	飞节粗大	1
	蹄叉张开	0.5
	后肢前踏或后踏	1.5
	过于纤细	1
	前蹄外向	1
	蹄瓣不均衡	1
泌乳系统	乳区不均衡	2
	乳房形状差	2
	前乳房短	1
	后乳房短	1
	乳头不垂直	1
	有瞎乳区	3

附　录　E

（规范性附录）

体型鉴定各性状线性分与功能分对照

中国荷斯坦牛体型鉴定各性状线性分与功能分的转换见表 E.1。

表 E.1　体型鉴定各性状线性分与功能分对照

部位		体型性状	线性分								
			1	2	3	4	5	6	7	8	9
体躯容量		体高	57	64	70	75	85	90	95	100	95
		胸宽	55	60	65	70	75	80	85	90	95
		体深	56	64	68	75	80	90	95	90	85
		腰强度	55	60	65	70	75	80	85	90	95
尻部		尻角度	55	62	70	80	90	80	75	70	65
		尻宽	55	60	65	70	75	79	82	90	95
肢蹄		蹄角度	56	64	70	76	81	90	100	95	85
		蹄踵深度	57	64	70	75	80	85	90	95	100
		骨质地	57	64	69	75	80	85	90	95	100
		后肢侧视	55	64	75	80	95	80	75	65	55
		后肢后视	57	64	69	74	78	81	85	90	100
泌乳系统	乳房形态	乳房深度	55	65	75	85	95	85	75	65	55
		中央悬韧带	55	60	65	70	75	80	85	90	95
	前乳房	前乳房附着	55	60	65	70	75	80	85	90	95
		前乳头位置	57	65	75	80	85	90	85	80	75
		前乳头长度	50	60	70	80	90	80	70	60	50
	后乳房	后乳房附着高度	58	65	68	70	75	80	85	90	95
		后乳房附着宽度	58	65	68	70	75	80	85	90	95
		后乳头位置	57	65	75	80	85	90	85	80	75
乳用特征		棱角性	57	64	69	74	78	81	85	90	95

附　录　F

（规范性附录）

中国荷斯坦牛体型鉴定各性状功能分在各部位评分中的权重以及各部位评分在总分中的权重见表 F.1。

表 F.1　体型鉴定各性状功能分及部位评分的权重

部位及权重	体型性状	性状权重％
体躯容量 18％	体高	25
	胸宽	35
	体深	25
	腰强度	15
尻部 10％	尻角度	40
	尻宽	45
	腰强度	15
肢蹄 20％	蹄角度	25
	蹄踵深度	15
	骨质地	15
	后肢侧视	25
	后肢后视	20
泌乳系统 42％	乳房形态 20％	乳房深度	55
		中央悬韧带	45
	前乳房 35％	前乳房附着	45
		前乳头位置	25
		前乳头长度	18
		乳房深度	12
	后乳房 45％	后乳房附着高度	30
		后乳房附着宽度	30
		后乳头位置	14
		乳房深度	12
		中央悬韧带	14
乳用特征 10％	棱角性	80
	骨质地	20

附　录　G

（资料性附录）

奶牛体型鉴定线性评分及缺陷性状扣分记录表

体型鉴定数据可用附表 G.1 记录。

附表 G.1　奶牛体型性状线性评分及缺陷性状扣分记录

牛号		牛场				鉴定日	产犊日
父号		母号		外祖父号			出生日
胎次		乳房　空/满	级别			总分	鉴定员
分类	5分	评分性状	得分				缺陷性状
结构/容量 (18%)	140厘米 25厘米 腹围 平	体高 胸宽 体深 腰强度	低 窄 浅 弱	1 2 3 4 5 6 7 [8] 9 1 2 3 4 5 6 7 8 [9] 1 2 3 4 5 6 [7] 8 9 1 2 3 4 5 6 7 8 [9]		高 宽 深 强	1.1 双肩峰 1.2 背腰不平 1.3 整体结构不匀称 1.4 凹腰 1.5 体弱
尻部 (10%)	4厘米 18厘米	尻角度 尻宽	高 窄	1 2 3 4 [5] 6 7 8 9 1 2 3 4 5 6 7 8 [9]		低 宽	2.1 肛门向前 2.2 尾根凹 2.3 尾根高 2.4 髋部偏后
肢蹄 (20%)	45° 2.5厘米 中等 145° 中等	蹄角度 蹄踵深度 骨质地 后肢侧视 后肢后视	低 浅 粗圆 直 X形	1 2 3 4 5 6 [7] 8 9 1 2 3 4 5 6 7 8 [9] 1 2 3 4 5 6 7 8 [9] 1 2 3 4 [5] 6 7 8 9 1 2 3 4 5 6 7 8 [9]		陡 深 扁平 弯 平行	3.1 卧系 3.2 后肢抖 3.3 飞节粗大 3.4 蹄叉张开 3.5 后肢前踏/后踏 3.6 过于纤细 3.7 前蹄外向 3.8 蹄瓣不均衡
泌乳系统 (42%)	10厘米 3厘米	乳房深度 中央悬韧带	深 弱	1 2 3 4 [5] 6 7 8 9 1 2 3 4 5 6 7 8 [9]		浅 强	
前乳房	中等 中间 5厘米	前乳房附着 前乳头位置 前乳头长度	弱 向外 短	1 2 3 4 5 6 7 8 [9] 1 2 3 4 5 [6] 7 8 9 1 2 3 4 [5] 6 7 8 9		强 向内 长	4.1 乳区不匀称 4.2 乳房形状差 4.3 前乳房短 4.4 后乳房短 4.5 乳头不垂直 4.6 有瞎乳区
后乳房	24厘米 14厘米 中间	后附着高度 后附着宽度 后乳头位置	低 窄 向外	1 2 3 4 5 6 7 8 [9] 1 2 3 4 5 6 7 8 [9] 1 2 3 4 5 [6] 7 8 9		高 宽 向内	
乳用特征 (10%)	中等	棱角性	缺乏	1 2 3 4 5 6 7 8 [9]		明显	

注：得分一栏中方框数字代表该性状理想得分。

附录四 美国现场 DHI 数据收集程序

美国建立了完善的 DHI 数据收集程序，对我们今后完善 DHI 体系具有重要参考价值。

DHI 体系组织的各个级别的机构、奶牛场以及 DHI 技术员都遵守统一的数据收集程序。使用的标准格式必须达到基本的最低标准来确保 DHI 记录可以提供精确的、统一的和完整的相关信息。所有 DHI 的附属公司、现场服务商、实验室、奶牛处理记录中心和计量中心必须持续受到认证来证明其遵守相关标准。

为保证该技术规程在奶牛行业中的实施，奶牛场或奶农必须以书面形式（登记表或服务合同）表示其遵守相关程序以及道德准则。

1 定义

奶牛群，是按照下面标准合乎奶协记录计划的畜群：

①一次繁育得到的接受单一管理系统的所有奶农，与物主是谁无关。

②如果农场有两个或多个明星的族群可以算作是一个复合型的奶牛群或者是按照族群分开的若干个奶牛群。

一般来讲，群体的编号需要按照上面提到的原则进行。但是，有些分开的群体编号也是在法律范围内可以接受的，比如：

①农场主可以按照独立的管理系统来操作分开的单位群体，并且在两个管理单位之间没有牛的交换。

②两个不同业主的牛群需要界定为一个群，而这两个群有不同的管理目的并且没有彼此间交换牛，并且一个业主希望测试而另一个业主不希望测试。

③农场中有两个或多个不同的族群可以安排其中一个进行测试而其他的则不需要。

测试，即在农场收集样品的全过程，包括下述的一部分或全部：牛奶生产过程的称重，牛奶重量的电子采集，牛奶样品的采集和分析，其他数据的采集。由于真实的组分测试并不在农场中产生，这些过程需要标记是实验室测试还是组分检测。

测试日，测试日即为牛奶称重和取样当天的 24 小时。牛群进行每日牛奶记录需要较长的时间间隔（一般为 5、7 或 10 天），这样可以评价 24 小时的检测日产品是否正确的标记。

DHIA 技术员，技术员及相关的人员，比如监督人、测试员、独立的服务提供者等，定义为 DHIA 服务公司认证的进行产品生产信息采集的相关人员。DHIA 技术员可以雇佣其他人来辅助其进行数据采集，但 DHIA 必须进行监督并对他们的工作负责。

DHIA 服务分公司，是指导 DHI 对奶农服务的组织，经常协调 DHI 服务提供商的相关活动。

DHIA 服务提供商，是由 QSC 公司认证的可以为 DHIA 提供一项或多项服务的机构。包括：

①现场服务商：是负责收集数据、采集样品并进行 DHIA 报告递送的机构；

②实验室：负责测量 DHIA 牛奶样品成分的相关设施；

③奶产品记录中心：针对按照标准程序和准则对 DHIA 记录进行校准等过程进行记录的机构；

④测量中心：对称重设备和取样设备进行维修、检测和校准的机构。

2　数据采集程序

（1）牛奶重量及样品采集

在无外界条件干扰的情况下测量单个奶牛的产量。

牛奶取样需要在所有牛奶中选取，并且具有代表性。

所有的设备每次使用必须按照厂商的说明进行操作。

①有监督的测试：DHIA 技术员必须尽可能精确的记录检测日的生产数据和样品采集。如果某些设备或程序未规定必须由认证的 DHIA 技术员进行操作，那么 DHI 技术员可以雇佣其他人员辅助完成相关任务。

②部分监督的测试：DHIA 技术员采集生产数据或奶牛相关信息的工作要求至少在检测日一次挤奶中完成。如果采集工作是在检测日其他挤奶过程中完成，那么也认为数据是正确和准确的。

③物主进行的测试：检测日的生产数据或奶牛信息可以由 DHI 技术员之外的人员进行记录。

④有监督的电子测试：DHI 技术员可以使用电子记录设备进行数据采集，包括奶牛身份信息，牛奶称重，牛奶样品的采集等都认为是较优的操作规范。

⑤部分监督的电子测试：DHI 技术员进行有监督的电子测试，但是奶牛信息需要手动的录入。

⑥物主进行的电子测试：使用电子检测设备检测每日生产数据和奶牛身份信息而没有 DHI 技术员的监督。

（2）标准设备

①DHIA 服务附属公司：DHIA 附属服务公司所有拥有的、租赁的或使用的用于数据记录及样品采集的设备。

A. 在 DHIA 测试中必须使用得到 DHIA 认可的模型和型号

B. 使用时必须状态良好

C. 一年至少一次或者怀疑数据可信时必须可以得到精确的验证。在测试前必须进行检测。

a. 便携式设备必须有计量中心检测过的标签

b. 固定的电子计量设备必须有 DHIA 服务公司对其进行的精度验证的记录。DHIA 提供的或者挤奶系统的软件可以用来检测计量设备的准确度。

D. 如果设备超出了容错范围则必须接受修理并在之后使用前进行校准检测。

②生产者拥有的设备：生产者拥有的用于称重机样品采集的设备，DHI 服务公司与生产者对其负有共同责任。

（3）记录程序

为满足对单个奶牛的管理要求需要提供记录计划。四个常用的程序列举如下：

①DHI 常规检查：技术员需要在 24 小时内对牛群中所有牛的奶产量和取样进行检测。

②DHI 上、下午监督：技术员交替在上午和下午取奶过程中进行称重和取样。如果畜群在 24 小时取奶两次，其奶量和样品采集在两个连续的测试周期中进行交替进行。如果畜群在 24 小时取奶三次，进行两次产奶称重和一次样品采集。

③DHI - APCS 检查：技术员对 24 小时内的每次取奶进行称重，取其中一次的样品进行成分分析。如果畜群在 24 小时取奶两次，其样品采集在两个连续的测试周期中进行交替进行。如果畜群在 24 小时取奶三次，循环进行样品采集。

④DHI - MO 和 DHI - MO - AP 检查：技术员对 24 小时内的每次取奶进行称重和取样。不进行样品成分分析。

⑤其他记录程序由 DHI 测定中心提供使用。试验规程的列表和相关描述可以在奶协网站上进行查询。

对上述程序获得的数据的场外使用，由使用者自行决定。

（4）哺乳记录的校准方法——总的哺乳量和哺乳日期需要按照 ICAR 提供的方法进行计算

①间隔测试方法（TIM）：该方法经常用来计算哺乳量和哺乳日期。测试的间隔（从前一个测试日到当前测试日的天数差）平均分成两个部分。前半个测试期的产量按照上一个检测日的信息计算，后半个测试期的产量按照当前检测日的信息计算。两部分测试结果总和即为最终结果。

哺乳期第一天到第一次检测日之间的总的生产量基于第一个检测日的相关信息计算；而最后一个检测日到记录结束日之间的总的生产量基于最后一个检测日的相关信息计算。不管是哪种情况，都必须用一个回归系数进行计算以获得实际牛奶产量。下一个测试的间隔从之后的一天开始。允许 DRPC 对测试间隔的结果按照泌乳曲线进行校准，该方法可以对结果进行调整并使得结果更接近于实际的日产量。

②最佳预测法：该方法通过检测测试日的产量来预测泌乳总量。该方法更加精确可以用来校准 DHI 的记录结果。

（5）测试用牛

①在同一畜群中的奶牛有相同的畜群号码，产犊的奶牛将被安排进 DHI 记录计划。如果奶牛永远的脱离其群体则其 DHI 记录将被移除。作为胚胎受体的奶牛也包含在其内。

② 如果奶牛处于干奶期，那么需要将其从畜群中分离出来，或者将其分配入干奶牛群中。干奶期的牛的数据不包含在畜群的平均值及其他信息中。干奶期的牛产下小牛后会恢复到泌乳期，干奶期的牛产量数据将影响牛群的平均值。

（6）身份鉴别

①奶牛必须有一个永久的单一的号码以便进行遗传评估。永久的身份识别码包含 US-DA 动物识别耳标号、ID 耳标号、国家统一的序列耳标或者繁育相关的注册号。如果耳标不在耳朵上，那么其号码必须与照片、描述或商标及纹身相互参照以保证其在畜群中的

唯一。

②对于一个有监督的测试，技术员在取奶过程中必须可以快速精确地区分出牛。所有明显的标记必须相互符合。如果进行遗传评估则要求其多项标记之间相互印证。

③当奶牛进入到群体中后其身份信息记录（有监督的、电子的和无监督的）的改变将作为其永久记录进行标记，并在奶协和发行记录中持续传递。这种变化会发生在下面数据内容中：牛的 ID 号码，牛的出生日期或公牛的 ID。

（7）收集罐的测量

每次装货时，收集罐的重量需要记录并标明取奶的数量（或日期）。如果取货量少于一整天的产量，那么技术员应该记录其每天运输量的最佳估算值。

如果收集罐的重量未知，那么相关信息及其原因都应该记录。

某一天收集罐的重量将用来检测来确定畜群产量的分值。

（8）新牛

刚分娩过的母牛会在 4 天或更晚的时间分泌牛奶，此时需要进行称重和取样，相关数据需要加上从分娩到产奶之间的天数差。记录从分娩当日算起。

（9）干奶期牛

干奶期从不产奶的当天算起。如果奶牛在测试当天进入干奶期，那么其产量则按照上一次测量日的量进行估算，这是符合 DHIA 要求的。

（10）奶牛脱离畜群

奶牛脱离群体的当天即为在畜群中的最后一天，当天的产量仍然算数。

（11）奶牛进入畜群

任何产奶母牛进入畜群即开始接受产量的记录，计算时参照其在上一个畜群中最后一天的产量。

（12）伤、病牛

所有伤、病牛的实际产量都要进行记录，并将其标记为非正常状态。牛奶重量则按照 DRPC 对于奶牛产奶量超过容错范围（如下）的校准标准进行调整。

百分比＝27.4＋0.4×上次测试间隔（比如，28 天的测试间隔，比值＝27.4＋0.4×28＝38.6%，如果减产超过 38.6% 则需要调整测试结果）。

这个调整不适用于泌乳开始和结束时的日产奶重量调整。

如果第一个测试日的结果是异常的，那么获得正常结果的检测日的结果将用于该项调整。

（13）流产或早产牛

如果奶牛在预产期前 30 天或更长的时间前发生分娩，不管是否是干奶期都认为是不正常的（流产）。如果奶牛的分娩在预产期前 30 天内，则认为是正常分娩。

如果奶牛仍然在进行泌乳时流产并带有小于 152 天的小牛，那么该记录可以继续进行。如果繁殖日期不可用，即其在泌乳期流产并泌乳少于 200 天，其当前记录可继续进行。除了上述的特殊情况，那么其记录需要停止直至下一个泌乳期的到来。

（14）未进入干奶期的产犊母牛

如果母牛未进入干奶期而产犊，那么其记录在产犊前应该立即停止，新的泌乳期在产犊时开始。

（15）产前牛奶

产前牛奶不应该算作是泌乳的一部分，因此不应该记录在其终身产奶记录中。

（16）每天超过两次挤奶的牛

如果畜群或母牛每日挤奶超过两次，那么在测试日也进行正常的取奶操作。

根据 DHIA 的规程，对于每日挤奶超过两次的牛的泌乳记录应该标明是总的产量或是一次挤奶的产量。

如果牛群中所有或部分奶牛每日挤奶超过两次，该牛群的平均值，记录时也同样进行标记。其日产量和次数应该与邻近的一次接近。

（17）牛奶和/或样品的遗失

如果测试日未能得到所有牛奶的重量及样品，那么遗失的数据可以进行估算或者按照 DRPC 划定的测试周期进行估计。所有估测的或遗失的数据都要被正常的标记。只有在进行遗传评估时才需要发送实际数据。DHIA 技术员需要记录丢失或遗失的奶的重量及取样。所有产量的调整需要由 DRPC 根据常规程序进行。

①第一个测试日的重量或样品遗失

A. 丢失的牛奶重量值及样品组分的百分比需要按照 DHIA 的程序根据成功测试结果的值进行计算。包含第一个测试日且产犊后超过 90 天的记录不可以用于遗传评估。

B. 如果没有检测牛奶样品，成功检测成分比例的数据可以直接使用。

②第一个间隔后遗失一个或多个间隔的

A. 丢失的牛奶重量值及样品组分的百分比需要按照 DHIA 的程序根据成功测试结果的值进行计算。

B. 奶重量及组分比例需要按照 TIM 的方法进行记录和描述。

C. 如果样品没有进行测试，组分的数据可以按照 DHIA 的程序进行评估。

D. 如果畜群的重量测量有超过一天或一个重量的遗失，需要用到 AM/PM 因子进行称重和组分分析的预测。该产量应该被认为是实际产量。

③新进入畜群的奶牛

A. 购买的产奶奶牛需要有相关的产量信息及在畜群中的信息。在买方的信息从进入买方的畜群的第二天开始算起，使用成功测试的结果计算。TIM 方法用来进行计算。干奶期的奶牛将在卖方的畜群中计算天数，直到买方购买的第二天再开始测试。

B. 如果购买的产奶期奶牛没有可用的数据，则需要参照其产犊期的相关记录。如果该牛的产犊日期不明确，那么该牛将只接受间隔测试。DRPC 将扩展其记录到产奶期以便管理方便。但只有实际数据才可用于遗传评估。

（18）标准计算

①携带犊牛的时间＝当前的样品日期－有效的繁殖日期＋1。

②开放时间＝有效的繁殖日期－之前的产奶日期。

③妊娠时间＝泌乳期－有效的繁殖日期。

④干奶时间＝下一次泌乳日期－干奶期开始日。

⑤产犊间隔＝下一次泌乳日期－当前泌乳日期。

⑥泌乳时间＝干奶日期－上一次泌乳日期，或者 ＝离开畜群日期－上一次泌乳日期＋1，或者 ＝当前测试日期－上一次泌乳日期＋1。

⑦计算奶牛的年龄要按照泌乳期的年月日减去出生日期的年月日。如果天数是正数则去掉，如果结果是负数，则月份加－1。如果月数是正数，则年月即为奶牛的年龄。如果月数是负数，则加 12 个月，年数加 1。得到的年月即为奶牛的年龄。

⑧调整结果至 24 小时。

当牛奶称量时按照间隔而非 24 小时时，其产量应该按照 A/P 因子或如下方法调整为 24 小时间隔。

24 除以测量间隔时间，再乘以间隔测量得到的总的记录结果。

比如：A. 25 小时间隔，24/25×65 磅*＝62.4 磅测试日的奶产量；

B. 20 小时间隔，24/20×65 磅＝78 磅测试日的奶产量；

C. 168 小时间隔，24/168×525 磅＝75 磅测试日的奶产量。

（19）验证性测试

需要进行验证性测试来保证奶牛和畜群符合相关产业的需求。

验证性测试需要按预先安排的规程进行，并得到相关的单位、牧场主及当事人等方面的同意。

验证性测试要求包含整个畜群。可接受的验证步骤如下：

· 定期测试后不同的技术员立即进行重复性的检测。

· 除了定期测试外，不同的技术员测试牛群中的一个产奶量。

· 不同的技术员按照定期测试流程测试牛群。

畜群页面用来验证测试结果。相关信息称作验证性检测。

（20）重新测试

如果某一成员对畜群定期测试结果不满意，则需要进行重新检测。该要求需要在测试日开始后 15 天内提出。

如果之前的检测结果存在明显的差异，则重新测试的结果将更换之前的结果。如果没有差别时，两次检测结果都需要保留以供裁决。

（21）生产报告

按照中国奶业协会的要求，泌乳记录少于等于 305 天的情况下需要计算。

所有进行遗传评估的记录必须经过 DRPC 的加工处理。电子的畜群报告和奶牛产乳记录则按照标准的记录格式，并描述采集记录的情况。

（22）年平均值

畜群和公司每年的平均值都需要进行计算。这些结果都按照中国奶业协会相关政策进行总结和递交。畜群的平均数据发布之前需要将其 365 天的全年记录进行提交。

（23）牛群记录的转移

用于转接业务的畜群需要由不同的服务商提供畜群记录，并签署新服务商的转接目的。

---

* 磅为非许用单位，1 磅≈0.453 6 千克。

①当前的服务商必须在受到转接目的后的 15 个工作日内转移畜群记录。

②转接过程中的所有消费都由要求转接的牧场主所承担。

（24）单个奶牛记录的转移

包括奶牛 ID 及其群信息的相关记录需要在购买者发出通知后 10 日内完成转交。最好将奶牛单页的信息副本发送给购买者。

（25）机器挤奶程序

①检测日牛奶重量需要在机器挤奶程序获得的值基础上乘以 24。

②牛奶的采集需要使用中国奶业协会验收的取样设备进行挤奶。

（26）数据收集等级

该统计结果由中国奶业协会在测试日在监督下获得的完整的相关数据计算，以得到评价泌乳量的准确的指数。

附录五 美国 DHI 实验室认证体系（QCS）及审核程序

1 各类 DHI 机构审核的一般程序

1.1 现场服务商的审核程序

QCS 按照奶牛育种委员规定的合同对 DHI 现场服务商进行审核。审核一般程序如下：

（1）QCS 管理者可以实施现场和非现场审核。

（2）包括文件和记录审核、现场审核。

（3）由申请认可的 DHI 现场服务商充分授权的代表提出正式申请，提交申请资料，交纳申请费用。

（4）在指定的审核日期前 60～90 天，评审组人员联系现场服务商并发送审核筹备指南，说明审核所需文件和档案。如果安排现场审核，评审人员需要明确可以进行现场审核的备选时间。审核开始之前，现场服务商需要提前将电子数据提交给评审员预览，以便开展后续的现场审核工作。如果进行场外审核，评审员会确定一个双方都认可的时间（从审核周期完成 30 天之内）来保证电子传输的数据的顺利完成。为了方便现场服务商的数据传递，QCS 会提供一个安全的公共邮箱。

（5）在评审期间，评审组应分析在文件和记录的审查及现场评审中收集的所有相关信息和证据，并将结果填入一个标准的现场服务商审核报告中。该报告描述了审核过程中发现的不足并给出改进意见。

A. 如果发现小的缺陷，评审员会告知现场服务商提供整改意见，并允许其在下一次审核前完成整改。

B. 如果审核发现缺陷对认证结果至关重要，评审员会提供整改工作任务的详细清单，并要求现场服务商在认证报告发布前完成整改。

（6）现场审核完成后，评审员要向现场服务商管理者陈述审查发现的情况。

（7）一旦 QCS 的管理者回到办公室，就编写最终报告和说明文件以确认更新认证或者描述认证需要的步骤。按审核报告描述的制作适宜数量的副本，装订并邮寄。

A. 如果认证获得批准且审核费也已经缴纳，证书邮寄给现场服务商。

B. 如果还需要提供另外的材料，证书将被扣留直到现场服务商解决了审核报告中指出的缺陷。

（8）非现场审核在 QCS 的办公室进行，有最终报告，说明文件和认证通知书，按现场审核一样的方法处理。

（9）当审核过程结束，证书也已经出具后，QCS 管理部门会在 QCS 网站上更新经认证的现场服务提供者名单。

1.2 计量中心和计量员的审核规程

1.2.1 计量中心的审核

QCS 按照奶牛育种委员规定的合同对 DHI 计量中心进行审核。审核一般程序如下：

（1）QCS 管理者实施对计量中心的审核。

（2）在指定的审核日期前 60~90 天，评审组人员联系计量中心，并且制定现场审核的时间表。

（3）在评审期间，评审组对计量中心的运行和维护进行审查，并将结果填入一个标准的计量中心审核报告中。该报告描述了审核过程中发现的不足并给出改进意见。

A. 如果发现小的缺陷，评审员会告知计量中心、提供改正意见，并允许其在下一次审核前完成改正。

B. 如果审核发现缺陷是对认证结果至关重要的，那么评审员会提供整改工作任务的详细清单，并要求计量中心在认证报告发布前完成。

（4）现场审核完成后，评审员要向计量中心人员和/或管理者陈述审查发现的情况。

（5）一旦 QCS 的管理者回到办公室，就编写最终报告和说明文件以确认更新认证或者描述认证需要的步骤。按审核报告描述的制作适宜数量的副本，装订并邮寄。

A. 如果认证获得批准且审核费也已经缴纳，证书邮寄给计量中心。

B. 如果还需要提供另外的材料，证书将被扣留直到计量中心解决了审核报告中指出的缺陷。

（6）非现场审核在 QCS 的办公室进行，有最终报告，说明文件和认证通知书，按现场审核一样的方法处理。

（7）当审核过程结束，证书也已经出具后，QCS 管理部门会在 QCS 网站上更新经认证的计量中心提供者名单。

1.2.2 计量员的审核

QCS 按照奶牛育种委员规定的合同对 DHI 计量员进行审核。审核一般程序如下：

（1）QCS 管理者实施对计量员的审核。

（2）在指定的审核日期前 30~60 天，评审组人员联系计量员，并且制定现场审核时间表。

（3）在评审期间，评审组对计量员的理论知识和操作计量中心仪器的能力进行审查，并将结果填入一个标准的计量员审核报告中。该报告描述了审核过程中发现的不足并给出改进意见。

A. 如果发现小的缺陷，评审员会告知计量员、提供改正意见，并允许其在下一次审核前完成改正。

B. 如果审核发现缺陷是对认证结果至关重要的，那么评审员会提供整改工作任务的详细清单，并要求计量员在认证报告发布前完成。

（4）现场审核完成后，评审员要向计量员陈述审查发现的情况。

（5）一旦 QCS 的管理者回到办公室，就编写最终报告和说明文件以确认更新认证或者描述认证需要的步骤。按审核报告描述的制作适宜数量的副本，装订并邮寄。

A. 如果认证获得批准且审核费也已经缴纳，证书邮寄给计量员。

B. 如果还需要提供另外的材料，证书将被扣留直到计量员解决了审核报告中指出的缺陷。

(6) 非现场审核在 QCS 的办公室进行，有最终报告，说明文件和认证通知书，按现场审核一样的方法处理。

(7) 当审核过程结束，证书也已经出具后，QCS 管理部门会在 QCS 网站上更新经认证的计量员名单。

1.3　DHI 实验室的审核规程

QCS 按照奶牛育种委员规定的合同对 DHI 实验室进行审核。审核一般程序如下：

(1) 在正常情况下，实验室的审核工作由实验室评审员来完成。而在特殊情况下，其他评审员也可以进行实验室审核。

(2) 在指定的审核日期前约 60 天，评审员联系实验室，并且制定现场审核时间表。

(3) 在评审期间，评审组对实验室进行全面审查，并将结果填入一个标准的实验室审核报告中。该报告描述了审核过程中发现的不足并给出改进意见。

A. 如果发现小的缺陷，评审员会告知实验室、提供改正意见，并允许其在下一次审核前完成改正。

B. 如果审核发现缺陷是对认证结果至关重要的，那么评审员会提供工作任务的详细清单，并要求实验室在认证报告发布前完成。

(4) 现场审核完成后，评审员要向实验室管理者陈述审查发现的情况。

(5) 一份复印格式的完整审核报告稍后会被提交给 QCS 管理者审阅。

一旦接到报告，QCS 管理者会撰写一份说明材料，确认更新认证或者描述认证需要的步骤。按审核报告描述的制作适宜数量的副本，装订并邮寄。

A. 如果认证获得批准且审核费也已经缴纳，证书邮寄给实验室。

B. 如果还需要提供另外的材料，证书将被扣留直到实验室解决了审核报告中指出的缺陷。

(6) 当审核过程结束，证书也已经出具后，QCS 管理部门会早 QCS 网站上更新经认证的实验室名单。

1.4　未知样品检测项目的审核规程

1.4.1　QCS 按照奶牛育种委员规定的合同执行未知样项目。该项目的一般程序如下：

(1) 在每个月二十日左右的星期一（节假日除外），标物制备者向每一个经过认证的 DHI 实验室发送两套 12 个样品的未知样，运输必须采用 1～2 天的航空快递形式。也可以向设备制造商以及其他认为需要的特殊实验室另外发送样品。

(2) 实验室需要按照日常操作流程进行样品的分析，并在该周周五 24 点前将检测结果提交到"未知样网络管理平台"。

(3) 实验室登录数据库并完成数据上传后，将收到"数据输入确认报告"，该报告显示未知样的标准值。

(4) 下一个周一，实验室评审员下载未知样品检测的原始结果并且分析其精确性和一致性。

(5) 一旦实验室审核员对数据进行了分析，做出了认为有必要的任何调整，正确的数据被上传到"未知样网络管理平台"。

（6）然后审核员会提示网站为实验室发送"未知样证明报告"，并向 QCS 管理者提交一份简要报告。QCS 签约的实验室审核员可以在"未知样项目"相关的任何通信中复制 QCS 管理者的报告。

（7）QCS 管理者审阅总结报告，立即跟踪有仪器超出许可范围的实验室。

1.4.2　为了能建立一个正常的"未知样项目"程序，QCS 制定了如下的规定作为该计划的补充。

（1）网站需要在数据输入截止日期达到后关闭数据输入功能。在截止后，所有数据必须直接发送给平台管理人员以便保证数据能同批次处理。实验室评审员可以拷贝这些数据，但不能为实验室录入这些延后的数据。

（2）提交时间晚的数据将不被列入批量数据中。除非实验室在数据提交截止日期前预先向平台管理人员提交延期申请，而且申请必须是由于正当原因，比如：仪器影响、预期可用的结果等。在一年之中，任何实验室如果有超过两次无故延迟提交数据的现象，会使其各自的认证状态变为临时状态。

（3）未知样结果的总结报告，包括数据录入延期都将纳入审核报告中，并会对实验室通过还是不通过认证提供决定依据。

（4）当前的或者历史的未知样证明和比较报告都可以直接从网站上下载。

1.5　DHI 数据处理中心的审核规程

QCS 按照奶牛育种委员规定的合同对 DHI 数据处理中心进行审核。审核一般程序如下：数据处理中心的审核工作由奶牛记录处理中心评审员来完成。

（1）在审核之前，评审员给数据处理中心发送审核所需要的文件和资料清单说明。

（2）一旦接到数据，审核员就审阅文件，分析数据，并将结果填入一个标准的奶牛数据处理中心审核报告中。该报告描述了审核过程中发现的不足并给出改进意见。

A. 如果发现小的缺陷，评审员会告知实验室、提供改正意见，并允许其在下一次审核前完成改正。

B. 如果审核发现缺陷是对认证结果至关重要的，那么评审员会提供工作任务的详细清单，并要求奶牛记录处理中心在认证报告发布前完成。

（3）非现场审核完成后，评审员要向 QCS 管理者提交一份复印格式的完整审核报告供审阅。

（4）一旦接到报告，QCS 管理者会撰写一份说明材料，确认更新认证或者描述认证需要的步骤。按审核报告描述的制作适宜数量的副本，装订并邮寄。

A. 如果认证获得批准且审核费也已经缴纳，证书邮寄给实验室。

B. 如果还需要提供另外的材料，证书将被扣留直到奶牛记录处理中心解决了审核报告中指出的缺陷。

（5）当审核过程结束，证书也已经出具后，QCS 管理部门会在 QCS 网站上更新经认证的奶牛记录处理中心名单。

1.6　测试牛群项目的审核规程

QCS 按照奶牛育种委员规定的合同实施"测试牛群"项目。该项目一般程序如下：

（1）每月一次，数据处理中心的评审员为两个测试群创建一组新的数据并将数据发布给数据处理中心。

（2）奶牛记录处理中心被要求依照相应的测试计划，按日常处理程序将数据录入并进行数据处理。然后将结果提交给 AIPL。

（3）数据录入 AIPL 比较数据库后，数据将会被进行比对，数据处理中心的评审员浏览每个数据处理中心的比较报告，并对其进行分析。

（4）数据处理中心的评审员要求奶牛记录处理中心在一年里提交多次对测试牛群项目的标准传送文件。文件报告都会进行相应的对比分析。

（5）数据处理中心的评审员对结果进行总结和发布。

1.7　投诉处理的审核程序

为了确保对缺陷的投诉的合法性和处理的一致性，建立了如下的程序。

（1）只针对有受害者署名的书面投诉进行调查。

（2）投诉应该对违反道德规范和数据采集统一规程的违规和不足进行准确的描述，并提供合理原因以便进行调查。

（3）QCS 工作人员在收到投诉后，会将投诉信复印转发给各方当事人。

（4）QCS 工作人员将对投诉进行及时调查并撰写事实报告。报告应该包括处罚建议、补救措施和/或解决投诉的期限。

（5）报告将发送给纠纷涉及的各方当事人。

（6）如果任何一方认为 QCS 工作人员提出的解决方案不可接受，事件将提交给 QCS 顾问委员会进行审议。

（7）如果任何一方认为 QCS 顾问委员会提供的解决方案不可接受，事件将提交给奶牛育种委员会进行审议。

（8）奶牛育种委员会的决定是最终决议。

2　各类 DHI 机构现场审核程序

2.1　计量中心现场审核的实施

2.1.1　计量中心的组件和认证

为了确保计量中心的设备正确地安装和配置，评审员可以批准有资格的人员协助计量中心进行设计与施工并允许他们发行条件性认证。如果可以，由评审员来提供一个资格人员的名单。

2.1.2　首次审核认证

在获得初始认证前，计量中心必须递交一个现场审核并证明符合一般审核指导方针、道德准则和统一的数据收集过程等手册的所有要求。

2.1.3　审核

一旦获得认证，计量中心需要进行两年一次的现场审核，以便更新认证。在此期间，评审员可以根据情况随时附加审核内容。

2.1.4　审核的日程安排

每个计量中心将会被指派一个审核周期。审核工作必须在审核周期中 60 天内完成。

2.1.5　便携式的计量中心

有的服务提供商不仅有固定的计量中心还会使用便携式计量中心进行场外的标定检测，因此需要在同一时间针对便携式计量中心进行分开审核。

2.1.6　认证周期

认证周期将从现场审核当天算起，直到第 26 个月的最后一天。如果计量中心在第 14 个月的最后一天仍然没能更新自己的认证，那么将被归入未认证类别。

如果在审核期间评审员发现中心没有能够按照标准程序执行规程，那么会提前终止认证周期。

2.1.7　取消认证的程序

如果计量中心没能达到 CDCB 制定的标准的最低限度或者中心未能对评审员提出的问题在规定时间内作出的答复，那么将被取消认证资格。

2.1.8　对认证取消的上诉

根据"对认证取消的上诉的政策和程序"，参照"一般审核准则"的详细规定进行。

2.1.9　计量中心的审核周期（月/年）

计量中心需要接受强制性的两年一次的现场审核。

2.1.10　检测/检定设备的审核

（1）设备责任制

计量中心有责任去获取并维护设备来进行正常的校准和维修，以保障样品装置的正常使用。

（2）水测试方法所需设备

①每个设备都需要有从厂商得到的说明书来进行校准检测。

②一个容量瓶或者精度在 1% 内的测量工具。

③一个 40 磅容量的桶。

④真空泵。

⑤一个带有开关的真空收集器，比如挤奶器。

⑥2~3 个真空管。

⑦一个液面仪固定架。

（3）标准水测试方法所需设备

除了上边提到的设备，计量中心需要一米进口真空软管，一个每分钟 8 磅水流的限制器，一个在大气压力下每分钟 0.141 6 米^3 的进气阀。进气阀孔径 24~36 英尺*。流出气体的孔径与 60 号的钻头或者 16G 的注射针相当。

（4）快速水测试方法所需设备

除了上边提到的设备，计量中心需要有一个可以控制 40 磅水流的快流控制平台，同时配备一个可以产生合适水流的垂直管。

（5）检测天平测试方法所需设备

为了检测天平的精度，计量中心必须可以准确称量下述砝码，并且不能超过 1% 的

---

* 英尺为非许用单位，1 英尺＝0.304 8 米。

误差。

①如果重量按照磅来计量，天平必须可以准确测量出 10、20、30、40、50 磅的增重。

②如果重量按照千克来计量，天平必须可以准确测量出 5、10、15、20 和 25 千克的增重。

2.1.11　检测员的审核和认证

（1）检测人员的训练和有条件的认证

为了确保检测人员得到正确的培训，可以完成维修和检测，评审员可以批准有资质的人员作为培训师并允许其发行有条件的认证。

（2）首次审核认证

在取得首次认证之前，检测中心必须提交一份现场审核报告并且证明符合以下所有指南，包括一般审核准则、道德规范和统一的数据采集程序。

（3）检测技术人员培训

为了保持认证水平，每个检测人员在评审员的批准下必须每 2 年参加至少 1 次的技能技术培训。

（4）资格展示

现场审核过程中，每个检测技术员必须展示其负责的检测专项技能。

（5）计量模型的认证

CDCB 对于计量技术员的资格认证是有特殊模型的。当引进新的模型时，厂商有责任对技术人员进行岗前培训。

（6）认证周期

认证周期将从审核当天算起，直到第 26 个月的最后一天。如果计量技术人员在第 26 个月的最后一天仍然没能更新自己的认证那么将被归入未认证类别。

如果在审核期间评审员发现中心没有能够按照标准程序执行规程，那么会提前终止认证周期。

（7）授权认证培训师

作为检测技术人员的培训师不需要接受现场审核

（8）取消认证程序

如果检测技术人员没能达到 CDCB 制定的标准的最低限度或者技术员未能对评审员提出的问题作出及时的答复，那么将被取消认证资格。

（9）对认证取消的上诉

根据"对认证取消的上诉的政策和程序"，请参照"一般审核准则"的详细规定进行。

2.1.12　校准检测报告的审核

（1）校准检测报告

审核员必须向用户提供完整的报告来保证便携式检测或大规模检测的准确。

以下文件需要以计算机电子表格格式提供，手册清单或其他材料并且必须包括一个检测数据的汇总报告。

①检测的机构、模型和单一的识别号码。

②检测的业主。

③检测技术员的名字。

④标准检测的日期。

⑤初始检测的读数。

⑥真实检测的读数。

（2）标准检测的阅读

技术员必须记录真实的标准检测读数并记录在报告文件中，并包括相应的计量瓶或分度。

（3）标准检测的标签或标记

检测员必须在进行对客户的计量前，对每个便携式仪器进行定期的校准并以标签、刻印等形式标记在仪器上。

（4）修正后的计量或刻度的标准

为了避免仪器运行的误差，检测员必须在仪器进行维修后进行校准。

2.1.13 标准水测试程序的审核

（1）合格的便携式设备

检测员必须证明每个计量模型适合相应的检测标准。

（2）真空系统和设备构成

检测员必须证明其具备计量中心设备和标准水测试设备的知识基础。

（3）初始水测量

检测员必须证明使用容量瓶或精确的仪器完成初始水测量。如果采用重量检测或者快流平台检测水测量，我们认为是不合格的。

（4）持续的水测量

检测员必须证明其采用了一系列计量器检测了水的体积。被认可的方法包括工作浮筒或者精度1%的数字标尺。

（5）流率

检测员必须证明其具备对流率在标准水测试方法中的相关知识。

（6）可接受的读数和最小数量的校准检查要求

检测员必须证明其对可接受的标准检测结果和最少数量的校准检测要求相关知识的理解。

2.1.14 快速水流测试程序的审核

（1）合格的便携式设备

计量技术员必须证明每个计量模型适合相应的检测标准。

（2）真空系统和设备构成

计量技术员必须证明其具备计量中心设备和快速水测试设备的知识基础。

2012年1月1日前，用设备制造商提供的方式完成所有的校准。

（3）初始水测量

计量技术员必须证明使用容量瓶或精确的仪器完成初始水测量。如果采用重量检测或者快流平台检测水测量，我们认为是不合格的。

（4）持续的水测量

计量技术员必须证明其采用了一系列计量器检测了水的体积。被认可的方法包括工作浮筒或者精度 1% 的数字标尺。

（5）流率

计量技术员必须证明其具备对流率在标准水测试方法中的相关知识。

（6）可接受的读数和最小数量的校准检查要求

计量技术员必须证明其对可接受的标准检测结果和最少数量的校准检测要求相关知识的理解。

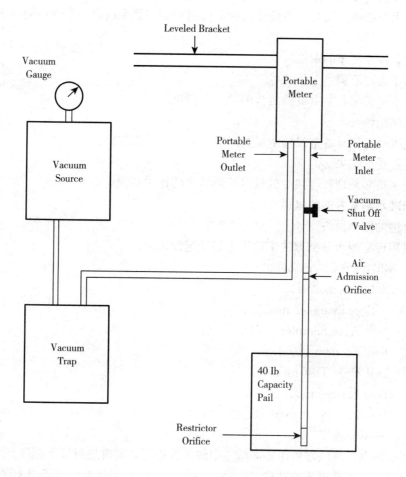

2.1.15　双重水流测试程序的审核

（1）合格的便携式设备

计量技术员必须证明每个计量模型适合相应的检测标准。

（2）真空系统和设备构成

计量技术员必须证明其具备计量中心设备和双重水测试设备的知识基础。

2012 年 1 月 1 日前，用设备制造商或评审员提供的方式完成所有的校准。

（3）初始水测量

计量技术员必须证明使用容量瓶或精确的仪器完成初始水测量。如果采用重量检测或者快流平台检测水测量，我们认为是不合格的。

（4）持续的水测量

计量技术员必须证明其采用了一系列计量器检测了水的体积。被认可的方法包括工作浮筒或者精度 1% 的数字标尺。

（5）流率

计量技术员必须证明其具备对流率在标准水测试方法中的相关知识。

（6）可接受的读数和最小数量的校准检查要求

计量技术员必须证明其对可接受的标准检测结果和最少数量的校准检测要求相关知识的理解。

2.1.16　重量检测程序的审核

（1）重量检测范围

计量技术员必须具备重量检测范围的相关知识。

（2）定标操作

计量技术员必须具备重量检测操作和调节的相关工作技能。

（3）可接受的结果

计量技术员必须理解可接受的校准检测结果的相关知识。

2.1.17　标准水测试方法的描述

（1）合格的便携设备

可以使用标准的水测试方法来矫正下述便携设备的模型。

①Foss Milko‐Scope models；

②Waikato MK 5 models；

③Waikato SpeedSampler models；

④Tru‐Test Auto Sampler models；

⑤Tru‐Test Economy models；

⑥Tru‐Test Ezi‐Test models；

⑦Tru‐Test Farmer models；

⑧Tru‐Test Pull‐Out models。

（2）标准检测的程序

为了保证标准水测试方法在标准检测中的正确进行，需要进行以下程序。

①使用容量瓶或者相关的精确的设备，量程为 16 升、16 千克、35.3 磅水，放到 40 磅容量的桶中。

②便携式设备需要放置在水平支架上进行检测。

含有气体限流装置和空气进入阀的吸入式胶头应该连接在便携式计量器的入口，并且要保证空气进入阀离入口至少有 24 英寸*的距离。吸入式胶头的另一端放置在 40 磅容量的桶中。2012 年 1 月 1 日前，在设备制造商或评审员提供的方式完成所有的校准。

③连接在真空源的软管的另一端需要连接在真空聚集槽上，而真空槽应该用软管与便携式测量设备出口相连。

---

* 英寸为非许用单位，1 英寸=0.025 4 米。

④真空泵打开后必须可以提供 15 英寸的真空。

⑤真空聚集槽的阀门需要保持开放，保证水可以被吸入便携式测量设备的入口，并且流速约为每分钟 8 磅，同时吸入空气的速率为 $\frac{1}{2}$CFM。

⑥空气和水的混合物通过便携式测量设备，水被真空聚集槽所捕获。

⑦便携设备上显示的半月板最低的水位即为标准检测的读数。

⑧残存在检测设备中的水需要释放到真空聚集槽中，关闭真空阀门。

⑨将真空聚集槽中的水转移到 40 磅容量的桶中，如果需要，重复步骤⑥～⑨。

（3）可接受的读数和最小数量的校准检查要求

对于 Foss、Waikato 和 Tru-Test 检测设备，为了保证符合 CDCB 的要求，可以参考下面的指南需要来检测相关的精度和校准检测数量。

①计量读数在 35.7 和 37.1 磅之间是在 2% 容错范围中，并被认为是精确的。不需要进行额外的校准检测。

②计量读数在 35.3～35.6 磅或者 37.2～37.5 磅是在 2%～3% 容错范围中。需要进行额外的校准检测才能达到 CDCB 的要求。

③计量读数在小于 35.3 磅或者大于 37.5 磅容错范围超出了 3%，对于牛奶重量的检测室不准确的。便携式检测设备必须进行修理和准确度检测后才可使用，如果仪器的检测范围始终超出 3%，该仪器不得再用于进行后续检测。

2.1.18　快速水测试方法的描述

（1）合格的便携设备

可以使用快速水测试方法来矫正下述便携设备的模型。

①Foss Milko-Scope models；

②Tru-Test Auto Sampler models；

③Tru-Test Economy models；

④Tru-Test Ezi-Test models；

⑤Tru-Test Farmer models；

⑥Tru-Test Pull-Out models；

⑦Tru-Test Electronic Milk Meters（EMM）。

（2）标准检测的程序

为了保证快速水测试方法在标准检测中的正确进行，需要进行以下程序。

①使用容量瓶或者相关的精确的设备，量程为 16 升、16 千克、35.3 磅水，放到快速水流装置中并且检测漂浮指示器的设置。

便携式设备需要放置在水平支架上进行检测。对于 Tru-Test 设备，烧瓶的密封口到进水口底部需要 63 英寸。

②真空管连接在快速设备的进水管和便携设备入口之间。连接要保证相对较直。2012 年 1 月 1 日前，用设备制造商或评审员提供的方式完成所有的校准。

③连接在真空源的软管的另一端需要连接在真空聚集槽上，而真空槽应该用软管与便携式测量设备出口相连。

④真空泵打开后必须可以提供 15 英寸的真空。

⑤快流装置的进水口阀门需要保持开放，使得水流入便携设备入口。按照下面所述：

A. 对标准口径 Tru – Test 设备，快流装置需要空 68 秒。

B. 对大口径 Tru – Test 设备，快流装置需要空 65 秒。

⑥水通过便携式测量设备，并被真空聚集槽所捕获。

⑦关闭快速设备上进水口阀。

⑧便携设备上显示的半月板最低的水位即为标准检测的读数。

⑨残存在检测设备中的水需要释放到真空聚集槽中。

⑩将真空聚集槽中的水转移到快流装置中，如果需要，重复步骤⑥～⑩。

（3）可接受的读数和最小数量的校准检查要求

对于合格的计量设备，需要参照下面所述指标来确定相对精度和最小数量的校准检查要求。

①计量读数在 35.7 和 37.1 磅之间是在 2% 容错范围中，并被认为是精确的。不需要进行额外的校准检测。

②计量读数在 35.3～35.6 磅或者 37.2～37.5 磅是在 2%～3% 容错范围中。需要进行额外的校准检测才能达到 CDCB 的要求。

③计量读数在小于 35.3 磅或者大于 37.5 磅容错范围超出了 3%，对于牛奶重量的检测室不准确的。便携式检测设备必须进行修理和准确度检测后才可使用，如果仪器的检测范围始终超出 3%，该仪器不得再用于进行后续检测。

2.1.19 双重水测试方法的描述

（1）合格的便携设备

可以使用双重水测试方法来矫正下述便携设备的模型。

①Foss Milko – Scope models。

②Waikato Mark 5 models。

③Waikato SpeedSampler models。

④Tru – Test Economy models。

⑤Tru – Test Ezi – Test models。

⑥Tru – Test Farmer models。

（2）标准检测的程序

为了保证双重水测试方法在标准检测中的正确进行，需要进行以下程序。

①使用容量瓶或者相关的精确的设备，量程为 16 升、16 千克、35.3 磅水，放到 40 磅容量的桶中。

②待检测的设备需要放置在水平支架上进行检测。分别标记为 X 和 Y。

③含有气体限流装置和空气进入阀的吸入式胶头应该连接在便携式计量器 X 的入口，并且要保证空气进入阀离入口至少有 24 英寸的距离。2012 年 1 月 1 日前，在设备制造商或评审员提供的方式完成所有的校准。

④吸入式胶头的另一端放置在 40 磅容量的桶中。

⑤用一根软管连接便携设备 X 的出口和设备 Y 的入口。

⑥用一根软管连接真空泵和真空聚集槽。

⑦用一根软管连接真空聚集槽和便携设备 Y 的出口。

⑧真空泵打开后必须可以提供 15 英寸的真空。

⑨真空聚集槽的阀门需要保持开放保证水可以被吸入便携式测量设备 X 的入口，并且流速约为每分钟 8 磅，空气被吸入空气进入口，速率为 $\frac{1}{2}$ CFM。

⑩空气和水的混合物通过便携式测量设备 X，知道通过便携设备 Y。

⑪水通过便携测量设备 Y 后，被真空聚集槽所捕获。

⑫便携设备 X 上显示的半月板最低的水位即为标准检测的读数。

⑬残存在检测设备 X 中的水需要释放到设备 Y 中，包括样品中捕获的水。

⑭便携设备 Y 上显示的半月板最低的水位即为初步标准检测的读数。

⑮残存在检测设备 Y 中的水需要释放到真空捕获器中设备 Y 中，关闭真空阀门。

⑯将真空聚集槽中的水转移到 40 磅容量的桶中，如果需要，重复步骤⑨～⑯。

（3）可接受的读数和最小数量的校准检查要求

对于 Foss、Waikato 和 Tru - Test 检测设备，为了保证符合 CDCB 的要求，可以参考下面的指南需要来检测相关的精度和校准检测数量。

①计量读数在 35.7 和 37.1 磅之间是在 2％容错范围中，并被认为是精确的。不需要进行额外的校准检测。

②计量读数在 35.3～35.6 磅或者 37.2～37.5 磅是在 2％～3％容错范围中。需要进行额外的校准检测才能达到 CDCB 的要求。

③ 计量读数在小于 35.3 磅或者大于 37.5 磅容错范围超出了 3％，对于牛奶重量的检测室不准确的。便携式检测设备必须进行修理和准确度检测后才可使用，如果仪器的检测范围始终超出 3％，该仪器不得再用于进行后续检测。

2.1.20　重量测试方法的描述

（1）标准检测的程序

为了保证重量测试方法在标准检测中的正确进行，需要进行以下程序。

①吊秤悬挂在一个安全的结构上或者固定在一个安全的平面上，一个吊桶或者提桶需要悬挂在吊秤上，并且指针调到 0。

②将检测砝码放到桶中，按照下面列表增加砝码。

③记录读数，并与下表中的数值比对。

A. 如果读数落在下面的预期范围中，则认为是在可接受误差范围内的。

B. 如果读数不在下面的预期范围内，则认为是超出了可接受的误差范围，测量装置不可以进行后续的服务，需要进行维修或者更换。

（2）可接受的读数和最小数量的校准检查要求

下表展示了标准检测中可接受的读数。所有的读数需要在已知的重量误差 3％以内。

核查重量	10 磅	20 磅	30 磅	40 磅	50 磅
可接受范围（磅）	9.7～10.3	19.4～20.6	29.1～30.9	38.8～41.2	48.5～51.5

2.2 现场服务商现场审核的实施

该手册的目的在于确保国家遗传评估项目中所有记录的准确性和一致性。

2.2.1 现场服务的审核认证

（1）首次审核认证

在获得初始认证之前，现场服务商需要递交一个现场审核报告，并证明符合一般审核指导方针、道德准则和统一的数据收集过程等手册的所有要求。

（2）审核

一旦获得认证，现场服务商需要接受每隔一年一次的现场审核以便更新认证。评审员对其进行两年一次的现场审核。评审员或者相关的合作组织可以在任何时间要求进行额外的审核。

（3）审核的日程安排

每个现场服务商将会被指派一个现场审核周期。审核工作必须在审核周期中60天内完成。

（4）审核周期

审核周期开始于审核周期月的第一天并在当月的最后一天结束。只有在那个月的数据和相关活动才可以被用于审核。

（5）认证周期

认证周期将从现场审核当天算起，直到第14个月的最后一天。如果现场服务商在14个月的最后一天仍然没能更新自己的认证那么将被归入未认证类别。

如果在审核期间评审员发现现场服务商没有能够按照标准程序执行规程，那么会提前终止认证周期。

（6）取消认证的程序

如果现场服务商没能达到CDCB制定的标准的最低限度或者未能对评审员提出的问题在规定时间内作出的答复，那么将被取消认证资格。

（7）对认证取消的上诉

根据"对认证取消的上诉的政策和程序"，参照"一般审核准则"的详细规定进行。

2.2.2 现场服务商的审核周期月/年

现场服务商需要接受一年一次的审核。其中现场审核两年一次，如果没有特殊说明，现场审核后的下一个年份将进行非现场审核。

2.2.3 现场服务技术员的初始培训和后续培训

（1）初始培训责任

现场服务商必须对经授权的可以独立进行现场服务的技术员进行初始培训和后续的培训。现场服务助理、辅助工人和样品携带人员可以免除相关培训。

（2）培训员

培训员必须有资质提供所有的初始培训和后续培训。

（3）培训形式

现场服务商需要向技术员提供现场相关工作需求技术及资源最优利用等相关技术的培训。

（4）培训最低需要求

现场技术员培训的最低要求为在没有监督时可独立进行测试，包括：

· 牛奶计量和取样装置的操作；

· 至少 3 个畜群的饲养等技术；

· 数据录入；

· 道德规范和统一的数据采集。

（5）后续培训主题的建议

建议继续深入教育的相关主题如下：

· 道德规范和统一的数据采集程序；

· 正常程序的操作规程；

· 计量操作；

· 适当情况下的电子记录和采样器操作；

· 样品分析流程；

· 实验室的参观。

（6）文件

为现场服务技术员起始培训所提供的文件在每次审核时都需要更新。该文件必须包含如下内容：

· 雇佣技术员的名字和日期；

· 培训员的名字和资质；

· 培训期间实习所用畜群的详细信息；

· 培训期间教授的主题；

· 技术员获得授权的时间等信息。

（7）文件的核实

技术员必须对各自的培训课程进行学习和面谈以确保初始培训的正常进行。

2.2.4 现场服务技术员的继续教育

（1）继续教育责任

现场服务商必须对经授权的可以独立进行现场服务的技术员进行继续教育。现场服务助理、辅助工人和样品携带人员可以免除相关培训。

（2）继续教育培训员

培训员必须有资质提供所有的继续培训。

（3）培训形式

现场服务商需要向技术员提供现场相关工作需求技术及资源最优利用等相关技术的培训。比如大小会议和技术员单独培训，等等。

（4）继续教育主题的建议

建议继续教育的相关主题如下：

· 即将用到的数据录入的方法和程序；

· 新样品的测试分析和结果；

· 后续的计量模型和牛奶测量技术；

· 乳品加工报告和总结；

· 现场服务商的政策等；

・国家及乳制品业的发展动态。

（5）文件

为现场服务技术员进行继续教育所提供的文件在每次审核时都需要更新。该文件必须包含如下内容：

・技术员的名字；

・培训员的名字和资质；

・培训期间教授的主题。

（6）文件的核实

技术员必须对各自的培训课程进行学习和面谈以确保继续教育的正常进行。

2.2.5　便携式计量设备的校准检测

（1）设备使用的认可

所有进行重量测量及取样的设备必须得到国家奶牛改良协会或 ICAR 的认可。用到的设备型号必须在 QCS 公司的网站上可以查到或者有 DHIA/QCS 的许可。

（2）认证的计量中心

当对便携式设备进行校准时需要使用认证的计量中心。所使用的计量中心必须在 CD-CB 的网站上有备案，或者按照评审员的要求选择。

（3）由认证的计量技术员进行操作

所有的便携设备的校准必须由认证的技术员完成。该技术员需在 CDCB 网站上授权认证，或符合评审员的要求。

（4）库存需求

现场服务商必须对便携设备的唯一识别号进行核实并对可用设备进行列表，表中包括每次审核后增加和移除的设备。

（5）校准时间间隔

所有的重量检测和样品测试设备必须进行年度的校准检测。特殊情况下可以延伸至 14 个月。超出 14 个月后且未进行校准检测的设备测得的数据在提交给遗传评估项目时必须进行标记。

（6）计量设备维修后的校准

便携设备在接受维修后可能会影响其准确度，因此在使用前必须由认证的计量中心的认证技术员进行检测和校准。

（7）新设备的校准

新的便携设备根据厂商的要求至少 12 月内不需要进行检测校正，但我们要求在使用前必须得到认证的计量技术员的校准检测。

（8）校准检测的标签/标记

每个便携式仪器进行定期的校准并将最后一次校准的日期以标签、刻印等形式标记在仪器上。

（9）校准检测文件

便携设备校准检测的相关文件必须提交给评审员。该文件需要以电子格式提交并包括下面的内容：

①厂商或计量模型。

②计量设备的识别号。

③进行校准检测的计量中心及计量技术员的名字。

④标准检测的日期。

⑤第一次校准检测的读数。

⑥如果 CDCB 要求，也需要提供第二次校准检测的读数。

⑦如果超过两次校准，则需提供最后一次校准检测的读数。

2.2.6　天平校准检测

（1）认可的形式

所有用于测量牛奶重量的天平必须符合 CDCB 对于遗传评估程序的重量容错范围。相关设备必须在 QCS 公司网站上有备案或得到国家奶牛群改良协会的认可。

（2）由认证的计量技术员进行操作

所有的称重设备的校准必须由认证的技术员完成。该技术员需在 CDCB 网站上授权认证，或符合评审员的要求。

（3）库存需求

现场服务商必须对称重设备的唯一识别号进行核实，并对可用设备进行列表，包括每次审核后增加和移除的设备。

（4）校准时间间隔

所有的天平必须进行年度的校准检测。特殊情况下可以延伸至 14 个月。超出 14 个月后且未进行校准检测的设备测得的数据在提交给遗传评估项目时必须进行标记。

（5）计量设备维修后的校准

设备在接受维修后可能会影响其准度，因此在使用前必须由认证的计量中心的认证技术员进行检测和校准。

（6）新设备的校准

所有新设备使用前必须得到认证的计量技术员的校准检测。

（7）校准检测的标签/标记

每个仪器进行定期的校准并将最后一次校准的日期以标签、刻印等形式标记在仪器上。

（8）校准检测文件

设备校准检测的相关文件必须提交给评审员。该文件需要以电子格式提交并包括下面的内容：

①厂商或计量模型。

②计量设备的识别号。

③进行校准检测的计量中心及计量技术员的名字。

④标准检测的日期。

⑤根据 CDCB 要求进行的每次校准检测的读数。

2.2.7　电子仪表校准检测

（1）认可的形式

所有用于电子称重和取样的设备必须得到 DHIA 或 ICAR 的认可。相关设备必须在

QCS公司网站上有备案或得到国家奶牛群改良协会的认可。

（2）由认证的计量技术员进行操作

如果电子设备并非用于校准检测，计量设备的厂商代表和设备经销商和认证的计量技术员必须进行检测。

（3）库存需求

现场服务商必须知道畜群名称、设备厂商和型号名称以及电子计量设备的数量。

（4）校准时间间隔

所有的电子称重和取样设备必须进行年度的校准检测。特殊情况下可以延伸至14个月。超出14个月后且未进行校准检测的设备测得的数据在提交给遗传评估项目时必须进行标记。

（5）计量设备维修后的校准

电子设备在接受维修后可能会影响其准度，因此在使用前必须进行检测和校准。

（6）新设备的校准

所有新设备使用前必须得到认证的计量技术员或设备厂商代表的校准检测。

（7）校准检测文件

每次设备校准检测的相关文件必须在审核时进行提交。

如果电子计量设备是通过水测试方法进行检测，那么该文件以签名的声明提交，其中包括电子设备的检测和操作结果都应在误差的允许范围内。

如果电子计量设备是通过统计分析的方法进行的检测，那么该文件则要以电子表格、手册清单或其他材料形式以表明结果在ICAR规定的5％容错范围内。电子计量测试的程序是包括每次计量结果和实际的牛奶测量值的比较的软件分析报告。该报告必须指明每个设备、每次比较的观测次数。在审核期间该报告的副本必须在服务分公司中保存至少一天。

设备厂商提供的程序也可以用来检测设备的精确性，但需要得到评审员的批准。

2.2.8　Metatron 分析的统计方法

（1）为了评价计量设备统计分析的可靠性，需要制作一个13列的电子表格来容纳所有数据。具体设置如下。

①A列为计量设备的编号。

②B-K列被用来记录10次牛奶分析和Metatron分析数据。

③L列记录10次牛奶分析的平均值。

④M列计算每次牛奶分析结果与L列中平均值的偏差。

⑤第1行为列标题。

⑥第2行记录Metatron分析的数据。

⑦余下的行直到最后一行记录Metatron分析的平均值。

⑧最后一行记录电子计量过程中得到的牛奶的总重量。

⑨检测M列中计算的值：

A. 如果单个计量结果与平均值的偏差在5％以内，则认为是在容错范围内；

B. 如果单个计量结果与平均值的偏差超出5％，则认为是超出了容错范围，需要进行维修。

⑩收集槽的重量或者电子计量器采集到的每日运输奶的重量需要进行比较：

A. 如果每日收集槽重量与分析结果的比值在 96％～110％，则认为结果是可信的，并且设备的校准是正确的；

B. 如果每日收集槽重量与分析结果的比值超出了上述范围，则认为结果是可疑的，并且认为设备是未校准的。

（2）备选的校准检测

如果电子设备不是用于校准检测、为通过校准检测或者不是可用的型号，那么需要用便携设备来进行牛奶的称重和取样。

2.2.9　牛奶生产量和出售量的比较

（1）比较程序

现场服务商必须提供一个程序来比较每日牛奶生产的重量和奶发货的重量。

（2）可接受的偏差

该系统需要描述用于畜群分析时偏差超出了 96％～110％ 范围时的分析系统。

（3）报告要求

因为 96％～110％ 范围是为了调整正常牛奶使用，包括家用和小牛的哺乳，所以需要记录真实的牛奶运输的量，即集液管量或牛奶售量。

当记录了牛奶运输量时，正常程序是记录至少三个收集桶的量。然而，现场服务商并没有可行的备选方式可以选择。

（4）文件

包含收集桶或牛奶销售量的相关文件需要在审核时进行提交。该文件包含：

· 年产量的差异量超出 96％～110％ 的畜群列表；

· 针对牛奶量缺少的合理解释。

（5）备选程序

如果现场服务商可以证明其可选的程序符合或者胜过推荐的程序，那么允许其使用备选程序。但在进行备选程序前，评审员需要仔细检查该程序并且实验室需要收到授权书后方可进行测试。

2.2.10　签署声明

（1）签署声明的必要性

每个畜群需要经过现场服务商的测试，并将记录提交给遗传评估项目。同时，需要按照道德准则、统一数据提交程序、CDCB 的标准来签署声明。该声明需要在现场服务商办公室进行备份。

（2）文件

所有签署的声明必须在现场审核过程中进行提供。而在非现场审核中需要提供声明的副本，如果评审员有要求还需要提交声明原件以备审阅。

（3）备选程序

如果现场服务商可以证明其可选的程序符合或者胜过推荐的程序，那么允许其使用备选程序。比如：

①针对持续遵守相关政策的资格证明或服务协议。

②为防止生产者为了不愿意进行声明的签署，对有宗教信仰的生产者的声明或信件的承认。

但在进行备选程序前，评审员需要仔细检查该程序并且实验室需要收到授权书后方可进行测试。

2.3　DHI 实验室现场审核的实施

该现场审核的目的在于确保国家遗传评估项目中所有记录的准确性和一致性。

2.3.1　实验室的审核认证

（1）首次审核认证

在获得初始认证之前，实验室必须出具证明表示实验室的仪器在 4 个连续月内运转正常，并能在误差范围之内准确的检测样品。在这些完成后，实验室需要递交一个现场审核报告，并证明符合一般审核指导方针、道德准则和统一的数据收集过程等手册的所有要求。

（2）审核

一旦获得认证，实验室需要接受每隔一年一次的现场审核，以便更新认证。在此期间，实验室必须遵从评审员的要求来观察样品的日常分析。

实验室如果在规定时间内未能处理审核报告中提及的不足之处，那么实验室需要接受后续额外的审核内容。评审员或者相关的合作组织可以在任何时间要求进行额外的审核。

（3）审核的日程安排

每个实验室将会被指派一个现场审核周期。审核工作必须在审核周期中 60 天内完成。

（4）审核周期

审核周期开始于审核周期月的第一天并在当月的最后一天结束。只有在那个月的数据和相关活动才可以被用于审核。

（5）认证周期

认证周期将从现场审核当天算起，直到第 26 个月的最后一天。如果实验室在第 26 个月的最后一天仍然没能更新自己的认证那么将被归入未认证类别。

如果在审核期间评审员发现实验室没有能够按照标准程序执行规程，那么会提前终止认证周期。

（6）未知样品的每月审核

虽然两年一次的现场审核对于实验室的认证是必需的，但是未知样品检测必须接受每月一次的检测，并且检测合格后才能允许其认证资格的继续。要求实验室所有的设备都符合相关要求。如果数据提交晚的话则不被囊括到本批次数据中。除非实验室在数据提交截止期前预先与平台数据管理人员提交延期申请，而且申请必须是由于正当原因，比如：仪器因素、预期可用的结果等。在一年之中，任何实验室如果有超过两次无故延迟提交数据的现象，我们会将其得到的认证状态改成临时认证。

（7）样品错误读数的报告

实验室禁止提交虚假的样品分析结果来替代仪器真实的数据，不管样品检测结果的读数高还是低。

（8）取消认证的程序

如果实验室没能达到指定标准的最低限度或者未能对评审员提出的问题在规定时间内作出的答复，那么将被取消认证资格。

（9）对认证取消的上诉

根据"对认证取消的上诉的政策和程序"，参照"一般审核准则"的详细规定进行。

2.3.2 实验室的审核周期月/年

实验室需要接受强制性的两年一次的现场审核。下面是针对每两年每个月需要进行的现场审核内容的时间表。

2.3.3 对实验室管理人员培训的审核

（1）继续教育的处理

实验室必须向实验室管理人员提供每年一次的额外的培训。

（2）培训的形式

实验室为实验室管理者提供继续教育的内容应该是可以改进其当前的工作。

（3）文件

为实验室管理者提供的继续教育的文件在每次审核时都需要更新。该文件必须包含如下内容：①实验室管理人员的名字；②培训课程和科目的描述；③培训中涉及的主题的列表。

（4）文件的核实

实验室管理人员需要对单人的培训记录进行浏览和面谈以确保继续教育的正常进行。

2.3.4 对实验室技术员培训的审核

（1）培训的处理

实验室必须向实验室所有的技术人员岗前培训、跟踪培训和继续教育。

（2）培训师

培训师必须有足够的资质。比如，当安装一个新的分析仪器时，最好由仪器厂商代表来提供培训。

（3）最低培训要求

对实验室技术员最低培训要求为，他们可以独立的完成样品的分析。包括：①乳成分和体细胞仪器的操作；②日常试验样品的检测；③实验室要求的文件；④具有识别可接受分析样品的能力。

（4）参考文件

实验室管理人员必须有一个实时更新的实验室手册，其中包括了实验室的标准操作规程。此外，所有实验室相关的技术文件都要提供给实验员。还包括设备操作手册、原始记录表格等。

（5）文件

为实验员提供的培训和继续教育的文件在每次审核时都需要更新。该文件必须包含如下内容：① 实验员的名字；② 培训师的名字和资格证书；③ 培训中涉及的主题的列表。

（6）文件的核实

根据评审员的要求，实验员必须对各自的培训记录进行浏览和面谈以确保继续教育的正常进行。

2.3.5 未知样品红外检测设备的审核

（1）校准检测的频率

未知样品的检测和报告按月进行。

（2）标准检测的程序

在每个月的检测中，实验室必须接受标准物制备实验室制备的 12 个样品的标准品。这些样品必须在规定的时间内完成检测并按时将检测数据提交给中国荷斯坦牛育种数据网络平台。内容包括：

①样品分析结果。

②标准品的编号。

评审员将递交的结果与标准品的化学方法检测的结果进行比对并将比对结果反馈给实验室。

（3）可接受的校准结果

之前 4 次测试结果中三次的结果的平均差值和差值的标准差不能超过 0.04% ，滚动平均差值不能超过 0.06% 。

（4）校准检测结果失败的处理

如果一个仪器检测结果未在允许的误差范围内，其执照将被立即收回，并且该仪器不能再进行国家遗传改良计划项目的检测，直到问题已经解决并且得到评审员的认可。

在某些情况下，实验室需要进行第二套标准样品的检测来证明其资质。

2.3.6 标准检测和维护文件的审核

（1）日常维护计划

实验室中每个设备都需要有一个日常维护计划的文件。该计划需要得到实验室评审员的认可。

（2）标准检测和维护文件

所有的校准检测和设备维护记录必须备份成文件并在审核中提供。文件包括如下内容。

①设备标识。

②实验员或维护人员名称。

③校准检测或维护的时间和日期。

④分析测试或维护的内容。

⑤维护或维修中所用零部件。

⑥分析检验或维护的结果。

⑦误差校正或机械维修的具体操作细节。

（3）记录保存

校准检测和设备维护记录必须备份成文件并以电子表格、操作清单或其他形式提交。如果采用操作清单来记录，结果记录必须使用不可更改的签字笔。

（4）标准检测和维护文件的保留

校准检测和设备维护记录文档必须保留两年以上。

2.3.7　样品处理和准备的审核

（1）样品运输

实验室对进入实验室前的样品的状态无法控制。因此，实验室收到样品时，如果其状态不好，需要进行记录并且及时反馈给现场服务商和现场服务技术人员。

（2）样品储存

大多数情况下，实验室会在样品收到 24 小时内完成检测分析。但如果样品需要进行长时间保存，我们推荐使用 4℃冰箱来保存样品。

（3）样品准备

样品测试之前必须在水浴中加热到 40～42℃，水浴中需要放置一个温度计来实时监测样品加热过程中的温度，样品在水浴中加热不得超过 20 分钟，如果温度计没有经过认证，那么需要使用经认证的温度测试装置进行每月一次的温度检测，检测结果必须保存。

（4）样品分析结果

实验室必须有以电子形式获得和记录样品分析结果的方法。推荐实验室对实时打印的结果进行备份，防止仪器故障或电源故障。

（5）样品瓶和盖

牛奶样品必须提供优质的样品瓶和盖。为了保证样品测试结果的真实性，如果样品的瓶和盖质量不佳，则需对其进行更换。在瓶盖中不得残留样品。破裂的瓶和盖需要更换。

2.3.8　红外检测设备校准检测的审核

（1）校准检测的频率

设备校准必须每月进行一次。此外如果对结果有疑问或者设备刚进行维护后都需进行校准检测。

（2）标准检测的程序

每月使用标物制备实验室发送的未知样进行校准检测。

校准需按照要求操作：①仪器清洗调零；②仪器进行标准化；③再次进行调零；④将混合均匀的标准样品进行仪器的校准测定；⑤输入标准样品化学校准值并保存；⑥运行仪器校准程序分别对乳脂肪、乳蛋白等进行校准，并对校准的各项参数进行检查。

样品必须进行预热后再分析，设备检测结果与标物制备实验室公布的标准值进行对比。

（3）可接受的校准结果

标准品检测结果的平均差值和差值的标准差不超过 0.04%，则被认为可以接受。

（4）校准检测结果失败的处理

如果设备未能完成校准检测，则需按照程序对其进行重新校正。

（5）可选程序

如果实验室可以证明其可选的程序符合或者胜过推荐的程序，那么允许其使用备选程序。但要求部分组分每日都进行检测。

在进行备选程序前，评审员需要仔细检查该程序并且实验室需要收到授权书后方可进行测试。

2.3.9 红外检测设备校准调整的审核

（1）校准调整的频率

如果校准结果不符合"红外检测设备校准检测的审核"的要求，则必须对其进行调整。

（2）校准调整的程序

按照标准检测程序中"红外检测设备校准检测的审核"的方法来校准。

（3）可接受的校准调整结果

如果调整后结果的平均差值和差值的标准差都在可接受的范围内，则认为调整是有效的。

（4）校准检测结果失败的处理

如果设备未能完成校准检测，需要对样品状态进行检测，并检查结果中的异常值，重新设置参数再次进行校准调整。

如果仪器再次调整失败，则检查其他潜在问题并进行修理。如果使用其他测试样品则需要对其进行重新校正。

（5）可选程序

如果实验室可以证明其可选的程序符合或者胜过推荐的程序，那么允许其使用备选程序。备选程序列举如下。

①归零校准。

②截距调整。

③斜率调整。

④多元线性回归中互作因子的调整。

在进行备选程序前，评审员需要仔细检查该程序并且实验室需要收到授权书后方可进行测试。

2.3.10 红外检测设备均质效率的审核

（1）均质效率核查的频率

均质效率必须每周检测一次。如果是新安装的均质器或者怀疑有问题，必须进行检测。此项是检测室校正程序中的一部分。

（2）校准检测的程序

将生鲜乳放入烧杯中，烧杯放入水浴锅中，温度预热到 40～41.7℃时，轻轻摇匀。将预热后的生鲜乳放置在吸液管下，手动测定 4 次，清空废液。将 Discharge Tube（废液管）断开，收集 20 个手动测量样于一个干净的烧杯（烧瓶）中。重新连接 Discharge Tube，清洗仪器一次，将收集到的奶样升温至 40～41℃，手动测量 6 个样品。将最先测量的 20 个样品中最后 5 个脂肪数据和 6 次重新测定中最后 5 个读数进行比对分析。

（3）可接受的校准检测结果

通过比对原始样品检测最后 5 次结果的平均值与搅拌后样品检测最后 5 次结果的平均值，其绝对差值不超过误差许可值。

（4）校准检测结果失败的处理

该检测结果仅仅用于鉴定均质器。如果仪器没能通过均质效率核查，均质器需要进行修理或者更换并再次进行重复检测。此外，问题解决后也需要再次进行校准检测。

（5）可选程序

如果实验室可以证明其可选的程序符合或者胜过推荐的程序，那么允许其使用备选程序。备选程序列举如下。

①用显微镜检测仪器处理后的液体。

②粒度分析。

③裂解情况分析，即外形上的均匀性。

④厂商的嵌入程序（如均化指数）。

在进行备选程序前，评审员需要仔细检查该程序并且实验室需要收到授权书后方可进行测试。

2.3.11　控制样准备的审核

（1）控制样需要每周准备一次或者更多，需要获取一个有代表性的牛奶样品，并且进行合适的储存和分装。

如果进行 IR 分析，则需要生乳或者均质牛乳。

如果计算体细胞数量，需要生乳。新鲜的生乳样品理想的细胞数量是 20 万～40 万个/毫升。

脂肪、蛋白和 SCC 的目标值需要在样品准备完毕后立即获取。并且，最理想的检测值在每月校准检测/调整完成后。样品准备的日志需要保留，并且包括如下信息：

- 收集或准备的时间；
- 样品来源；
- 每个重复检测的目标值和计算的平均值；
- 收集及准备样品的技术员。

检测值应该在不同天之间及不同检测重复间保持不变。

（2）一致性检测

确保原始样品混合均匀。为了确保程序的完成，需要进行定期的均匀性检测。不管检测值是否有异常，最好每年进行两次检测。检测内容如下。

①当分装生乳时，准备至少 10% 数量的小瓶，并确保等距选择样品进行分装。比如，分装 100 个小瓶，每 10 个小瓶选择一个进行均一化检测。

②检测每一个样品的脂肪、蛋白和体细胞数。

③如果均一化程序是合格的，那么蛋白和脂肪与平均值的差异总范围不应该超出 0.03%。体细胞数量需要在平均水平的 5% 以内。

④如果超出了这些范围，那么搅拌分装的程序必须进行修改调整。

⑤应该保存均一性检测的记录。

2.3.12　红外设备控制样的审核

（1）控制样检测频率

控制样必须按照每一小时的频率进行检测。在设备开机之后，一个批次测试之后或者出现问题时也要进行检测。

（2）标准检测程序

每周必须准备一批新的样品。该过程使用新鲜生乳或匀化的全奶并将其分成单个的样品小瓶。

单个样品小瓶需要检测数次，这些结果的平均值被认为是监控样数值。在设备校准完后立即进行检测是最优选择。

在一周中，实验样品必须被预热并按照说明进行分析，检测值应与监控样数值进行对比。

（3）可接受的检测结果

乳脂或者蛋白仪器检测值和目标值的差异不超过 0.04％被认为是可以接受的。

（4）校准检测结果失败的处理

如果仪器未能完成控制样的检测，需要检测第二个控制样来确认结果。

如果第二个控制样检测结果确定在检测值和监控样数值之间存在差异，那么仪器应该进行清洗、调零和检查。

如果问题依然存在，那么将仪器关闭并对其进行修理。

（5）可选程序

如果实验室可以证明其可选的程序符合或者胜过推荐的程序，那么允许其使用备选程序。备选程序列举如下：

①标准样品的使用（根据化学测试结果）。

②超高温处理（灭菌）的超过一周的牛奶样品的使用。

③实验样品之间的替换。

在进行备选程序前，评审员需要仔细检查该程序并且实验室需要收到授权书后方可进行测试。

2.3.13 红外设备清洗效率的审核

（1）清洗效率检测的频率

清洗效率必须每周检测一次。当遇到问题时必须进行检测。此项检测最好作为常规校正程序的一部分。

（2）标准检测程序

均匀且巴氏消毒处理过的牛奶分装成 10 个单独的小瓶。调零液也同样分装成 10 个小瓶。

20 个小瓶排列在一个样品架上交错排列，两个水、两个牛奶……样品需要预热并且采用自动搅拌和取样设备进行分析。

（3）可接受的校准检测结果

乳脂和蛋白的清洗效率按照下面计算。所有的清洗效率应该在 99％～101％。

①第一个水样品总和 $w_1 = \#1 + \#5 + \#9 + \#13 + \#17$。

②第二个水样品总和 $w_2 = \#2 + \#6 + \#10 + \#14 + \#18$。

③第一个牛奶样品总和 $m_1 = \#3 + \#7 + \#11 + \#15 + \#19$。

④第二个牛奶样品总和 $m_2 = \#4 + \#8 + \#12 + \#16 + \#20$。

⑤水到牛奶的清洗效率 $= (m_1 - w_2) / (m_2 - w_2) \times 100$。

⑥牛奶到水的清洗效率 $= (w_1 - m_2) / (w_2 - m_2) \times 100$。

（4）校准检测结果失败的处理

如果仪器未能完成清洗效率的检测，在两个样品循环中擦干搅拌器和移液管，重复测试程序。

如果擦干搅拌器和移液管后仪器通过了清洗效率测试，问题可能与自动取样设备有关。确定搅拌器马达操作的正确来使得搅拌器和移液管的干净。重复检测程序来确定清除效率检测始终可以通过测试。

如果擦干搅拌器和移液管后仪器没能通过清洗效率测试，问题可能出在流路系统上。检查循环系统中有无漏液。检查泵的操作、清洗流程设置。如果需要的话调节过补偿参数。重复测试程序确保清洗效率可以通过测试。

（5）备选程序

如果实验室可以证明其可选的程序符合或者胜过推荐的程序，那么允许其使用备选程序。备选程序列举：①清洗提及测量；②每小时水/牛奶的检测；③牛奶到牛奶（高到低）的操作程序。

在进行备选程序前，评审员需要仔细检查该程序并且实验室需要收到授权书后方可进行测试。

2.3.14　红外设备重复性的审核

（1）重复性检测的频率

重复性检测必须每天都进行。当遇到问题时必须进行检测。

（2）标准检测程序

新鲜生乳必须预热并且至少连续 10 次进行检测。

（3）可接受的校准检测结果

乳脂和蛋白检测中，剔除第一次检测结果来去除延迟效应。剩下结果中最高的值和最低的值之间不超过 0.04% 则认为是合格。

（4）校准检测结果失败的处理

如果仪器未能通过重复性测试，复查样品是不是状态完好，设备是否正常预热以及干燥剂是否未达到饱和。然后重复测试程序。

如果仪器第二次未能通过重复性测试，检测均质性和清洗效率之后再重复测试指导测试结果合格。

（5）可选程序

如果实验室可以证明其可选的程序符合或者胜过推荐的程序，那么允许其使用备选程序。比如使用较少的重复次数提高效率等。

在进行备选程序前，评审员需要仔细检查该程序并且实验室需要收到授权书后方可进行测试。

2.3.15　红外设备零点偏移的审核

（1）零点偏移检测的频率

零点偏移检查必须每小时都进行。漂移的结果需要进行记录并且重新归零。

（2）标准检测程序

蒸馏水、去离子水或者调零液需预热后进行测试。

（3）可接受的校准检测结果

如果乳脂或者蛋白的读数超出 0.03% 的话，需要重新置零处理。

（4）校准检测结果失败的处理

如果设备未能归零，清理设备后再检查。

如果设备仍然未回零，那么对仪器进行归零操作。

（5）备选程序

如果实验室可以证明其可选的程序符合或者胜过推荐的程序，那么允许其使用备选程序。

在进行备选程序前，评审员需要仔细检查该程序并且实验室需要收到授权书后方可进行测试。

2.3.16 SCC 设备的校准检查

（1）校准检测的频率

设备校准必须每周进行一次。此外如果对结果有疑问或者设备刚进行维护后都需进行校准检测。

（2）标准检测程序

至少对 4 个新鲜的生乳进行检测，SCC 通过直接镜检来完成，范围在 100 000～1 200 000个/毫升。

样品必须预热并且检测 4 次，结果需要与参考值相匹配。

（3）可接受的校准结果

如果平均百分比差异在 5％之内，标准偏差在 10％以内则被认为可以接受。

（4）校准检测结果失败的处理

如果设备未能完成校准检测，则需按照程序对其进行重新校正。

（5）备选程序

如果实验室可以证明其可选的程序符合或者胜过推荐的程序，那么允许其使用备选程序。

在进行备选程序前，评审员需要仔细检查该程序并且实验室需要收到授权书后方可进行测试。

2.3.17 SSC 检测设备校准调整

（1）校准调整的频率

如果校准结果不符合"SSC 检测设备校准检测"的要求，则必须对其进行调整。

（2）校准调整的程序

一些程序可以用来调整体细胞检测的结果。这些调整包括物理调整（样品体积）和统计程序（线性回归中斜率和截距等）等。

一般来讲需要按照设备厂商的建议来进行调整。特殊的调整需要实验室进行备案和执行。

（3）可接受的校准调整结果

如果调整后结果的平均百分数的差异和标准差都在可接受的范围内（参照 SCC 检测设备校准检测），则认为调整是有效的。

（4）校准检测结果失败的处理

如果设备未能完成校准检测，需要对样品状态进行检测，并检查结果中的异常值，重新设置参数再次进行校准调整。

如果仪器再次调整失败，则检查其他潜在问题并进行解决。如果使用其他测试样品则需要对其进行重新校正。

如果未能获得可接受的结果，仪器需要进行维修。

（5）可选程序

如果实验室可以证明其可选的程序符合或者胜过推荐的程序，那么允许其使用备选程序。

在进行备选程序前，评审员需要仔细检查该程序并且实验室需要收到授权书后方可进行测试。

2.3.18 SCC 设备检测试验样品

（1）控制样检测频率

控制样必须按照每小时一次的频率进行检测。在设备开机时或者出现问题时也要进行检测。

（2）标准检测程序

每周必须准备一批新的样品。该过程针对增加的新鲜生乳或匀化的全奶并将其分成单个的样品小瓶。SCC 测试结果应该在 200 000～400 000 个/毫升。

单个样品小瓶需要检测数次，这些结果的平均值被认为是监控样数值。在设备校准完后立即进行检测是最优选择。

在一周中，实验样品必须被预热并按照说明进行分析。检测值应与监控样数值进行对比。

（3）可接受的校准检测结果

检测结果和监控样数值之间差异不能超过 10%。

（4）校准检测结果失败的处理

如果仪器未能完成实验样品的检测，需要检测第二个控制样来确认结果。

如果第二个样品检测结果确定在实验值和监控样数值之间存在差异，那么仪器应该进行清洗、调零和检查。

如果问题依然存在，那么将仪器关闭并对其进行修理。

（5）可选程序

如果实验室可以证明其可选的程序符合或者胜过推荐的程序，那么允许其使用备选程序。备选程序列举如下：

①样品直接使用显微镜进行细胞计数。

②实验样品之间的替换（低和高）。

在进行备选程序前，评审员需要仔细检查该程序并且实验室需要收到授权书后方可进行测试。

2.3.19 SCC 设备的重复性

（1）重复性检测的频率

重复性检测必须每天都进行。当遇到问题时必须进行检测。

（2）标准检测程序

该过程针对新鲜的生乳并且体细胞值在 200 000～800 000 个/毫升的样品进行至少 6

次连续的测试。

（3）可接受的校准检测结果

检测结果的平均值与每个样品之间差异应该在 7％以内。

（4）校准检测结果失败的处理

如果仪器未能通过重复性测试，复查样品是不是状态完好，设备是否正常预热。然后重复测试程序。

如果仪器第二次未能通过重复性测试，检查样品状态。在调整后重复测试程序直到通过重复性测试。

（5）备选程序

如果实验室可以证明其可选的程序符合或者胜过推荐的程序，那么允许其使用备选程序。比如使用较少的重复次数提高效率等。

在进行备选程序前，评审员需要仔细检查该程序并且实验室需要收到授权书后方可进行测试。

2.3.20　相关试剂的记录

重要溶液和试剂准备的相关记录需要保存。

记录应该包括：

· 准备日期；

· 技术员；

· 化学试剂的批号；

· 准备的数量；

· 有效期；

· 设备使用的批次、时间、日期。

评审员应该可以区分实验室每次常规测试中所用试剂的批号。

2.4　数据处理中心现场审核的实施

该现场审核的目的在于确保国家遗传评估项目中所有记录的准确性和一致性。

2.4.1　数据处理中心的审核和认证

（1）首次审核认证

在取得首次认证之前，数据处理中心必须提交一份现场审核报告并且达到如下要求。

①证明符合如下所有的指南，一般审核准则、道德规范和统一的数据采集程序。

②运行群体测试，评审员必须证明结果中的关键变量在可接受的范围内。

③按照标准数据格式以及 AIPL - CDCB 格式 4 和格式 14 的传输格式提交群测试结果。

④按照 PDF 格式提供群测试结果的报告和每个奶牛个体的信息。

（2）现场审核

获得认证后，数据处理中心将不再需要现场审核来更新他们的认证。但如果数据处理中心没有进行日常合规的工作程序，他们将会接受每年度的现场审核，直到其恢复日常一致性的表现。

（3）审核时间表

每个数据处理中心将会被指派一个审核周期。审核工作必须在审核周期中 60 天内完成。

（4）认证周期

认证周期将从审核当天算起，直到第 14 个月的最后一天。如果数据处理中心在第 14 个月的最后一天仍然没能更新自己的认证，那么将被归入未认证类别。

如果在审核期间评审员发现中心没有能够按照标准程序执行规程，那么会提前终止认证周期。

（5）取消认证程序

如果数据处理中心没能达到实验室标准操作规程制定的标准的最低限度或者中心未能对评审员提出的问题作出及时的答复，那么将被取消认证资格。

（6）对认证取消的上诉

根据"对认证取消的上诉的政策和程序"，请参照"一般审核准则"的详细规定进行。

2.4.2　数据处理中心的审核周期月

数据处理中心不必进行现场审核。但是，仍需向评审员提供必要的材料以供年度预览和计算。

2.4.3　合规审核标准的传输格式

（1）标准传输格式的说明

为了标准化数据的格式，CDCB 针对包括字段列表、字段格式、字段为止、字段大小、字段数据类型、字段序列号和现场数据描述等内容制订了的一个综合的格式说明。

以下是标准格式的详细内容：

①标准格式 A——群体记录。

②标准格式 B——奶牛和小牛记录。

③标准格式 C——哺乳记录。

④标准格式 D——每日监测数据记录。

⑤标准格式 E——群总数记录。

可选标准格式为：

⑥标准格式 G——一般消息记录。

⑦标准格式 H——健康记录。

（2）数据传输的截止日期

奶牛个体和小牛的记录需要在一个工作日内完成数据传输，群体数据需在两个工作日内完成传输。

（3）STF（标准传输格式）修订的截止日期

审核期间，必须按照 STF 进行格式的修订，并且在截止日期前完成。

评审员将要求群测试按照标准的数据传输格式整理好的文件副本来确保数据的正确性。

（4）STF 符合程序

审核过程中需要提供所有的 STF 被正确执行的证明。如果评审员认为必要，则需要提供样品进行验证。

2.4.4 群测试结果的审核

（1）群测试周期

每个数据处理中心至少每月参加一次群测试项目

（2）群测试流程

群测试将有评审员执行与 AIPL‑CDCB 的成员一致完成。测试流程如下：

①每个奶产品加工记录中心需要按照标准传输格式提交牛群的真实信息。

②评审员会为群测试提供一个相对应的唯一的群体号。

③每个奶产品加工记录中心需要提供一套真实群的输入记录。评审员将提供群进行各种测试计划，比如：

A. DHI；

B. DHI‑APCS；

C. DHI‑AP；

D. OS‑DHI。

④每个奶产品加工记录中心需要在截止日前将结果提交给评审员和 AIPL‑CDCB 数据库。

A. 标准数据传输格式；

B. 格式 4；

C. 格式 14；

D. PDF 格式的群信息简报和单个牛的信息页面。

（3）群测试分析

在 AIPL‑CDCB 数据库接到群测试结果后，将对结果进行编辑以便评审员后续提交给 AIPL‑CDCB 网站。结果将以匿名的形式展示。

评审员会仔细检查主要的变量，确保结果在可允许的范围内。数据缺陷将报告给各自的数据处理中心。

2.4.5 AIPL‑CDCB 审核的截止日期

（1）格式描述

为了标准化数据文件的格式，CDCB 针对包括字段列表、字段格式、字段为止、字段大小、字段数据类型、字段序列号、和现场数据描述等内容制定了的一个综合的格式说明。

以下是标准格式的详细内容：

① 格式 2——群鉴定记录。

② 格式 4——每个奶牛的哺乳和测试记录。

③ 格式 14——群体概述和信息记录。

（2）数据传输机制

格式 2、4 和 14 的信息需要通过电子方式发送到 AIPL‑CDCB。

（3）格式 2、4、14 的截止日期

以下文件：

①包含上述格式的数据文件在截止日期前发送到 AIPL－CDCB。

②数据提交的截止日期提前 3 个月在 CDCB 网站进行通知。

③包含群体的记录信息至少在截止日前 7 天进行提交。

2.4.6　审核报告的生成

（1）报告需要的内容

每个数据处理中心必须有能力提供如下报告并将其提供给每个服务提供商。

①遗失的或者不完全的永久身份。

②有身份证明重复的。

③针对有牛奶运输的牛群的以下日期中的比较报告：

A. 当前测试；

B. 最后 12 个月；

C. 两个连续的测试日；

D. 在最后 12 个月中超过 4 个测试日的。

（2）文件

每个数据处理中心在审核过程中必须提供每个报告的原始样品。

2.4.7　审核的其他准则

（1）现场备份

每个数据处理中心必须证明其有能力对群体和每个奶牛的记录进行电子的或者媒体的现场备份。

（2）场外备份

每个数据处理中心必须证明其有能力对群体和每个奶牛的记录进行电子的或者媒体的场外备份。

（3）灾难复原计划

每个数据处理中心必须证明其有能力对各种危害后群体和每个奶牛记录的复原。比如设备故障、软件病毒、自然灾害、员工的恶意损坏等。

（4）现场保护

每个数据处理中心必须证明其有能力预防数据处理结果被更改。可以采取必要的程序，比如加密、现场监督或在检测完后传输给 AIPL－CDCB。

（5）测试数据的再处理

每个数据处理中心必须证明其有能力还原群测试的过程，包括检测数据和检测过程等。

参 考 文 献

白雪峰．2014.奶牛卵巢囊肿的防治［J］.北方牧业（10）：25-26.

毕海林，唐达，唐建华．2012.奶牛乳房炎的研究进展［J］.黑龙江畜牧兽医（21）：27-29.

蔡涛，白延琴，史天民，等．2012.两个奶牛场 DHI 测定效果分析［J］.中国牛业科学，38（5）：
33-36.

曹丽明，施萍，朱海潮，等．2004.奶牛酸中毒的防治［J］.河南畜牧兽医（5）：14.

陈丹，黄任道，杨章平，等．2011.中国荷斯坦牛乳中尿素氮变化规律的研究［J］.中国奶牛（18）：
24-28.

陈旭泽，聂长青，徐承斌，等．2014.牧场管理软件 DC305 在大庆星星火牧场的应用包凯［J］.当代畜
牧（27）．

陈渊，朱家增，邓立新，等．2011.牛瘤胃酸中毒发病机制与防治的研究进展［J］.中国畜牧兽医（6）：
132-135.

程伶．1995.饲料与环境对乳质量的影响［J］.中国饲料（4）：27-28.

程振涛．2006.奶牛隐性乳房炎的诊断方法与细菌学研究［D］.贵阳：贵州大学．

储明星，石万海，邝霞，等．2002.奶牛乳房炎与经济性状之间关系的研究进展［J］.中国畜牧杂志，
38（5）：44-46.

崔海，何剑斌．2008.奶牛蹄叶炎的发病机理及其防治浅析［J］.养殖与饲料（10）：30-32.

邓宇，王新华．2005.ELISA 在牛病毒性腹泻病检测中的应用［J］.动物医学进展（10）．

范翌鹏．2011.全基因组选择及其在奶牛育种中应用进展［J］.中国奶牛（20）：33-38.

冯建明．2012.美国、加拿大奶牛生产性测定（DHI）考察报告［J］.广东奶业（3）：31-33.

甘小伟．2007.牛凝血因子Ⅺ基因缺陷病检测及其第 12 外显子 SNPs 分析［J］.合肥：安徽农业大学．

高红彬，张沅，张勤．2005.奶牛生产性能测定发展历程［J］.中国奶牛（3）：25-29.

高鸿宾．2013.中国奶业年鉴 2012［M］.北京：中国农业出版社．

高士争．1998.脂肪酸钙添加剂提高奶牛生产性能的研究［J］.中国奶牛（4）：21-28.

高树，吴为明，张晓燕，等．2013.奶牛卵巢囊肿的研究进展［J］.中国奶牛（19）：35-39.

公维嘉，陈绍祜．2008.我国种公牛遗传评估体系［J］.中国奶牛（1）：32-33.

顾垚，刘光磊．2013.世界各国荷斯坦种公牛选育方向的变化趋势．第四届中国奶业大会论文集：
304-308.

郭娜，王文魁．2005.奶牛乳房炎的发病原因及治疗［J］.吉林畜牧兽医（2）：34-36.

郭树焕．2013.奶牛乳房炎的病因及治疗［J］.畜牧兽医科技信息（1）：65.

郭小清，唐莉苹，康宏玫，等．2005.中药治疗奶牛临床型乳房炎的试验观察［J］.湖北畜牧兽医（1）：
31-33.

哈尔阿利，姜之杰．1997.双乙酸钠和乙酸钠对高产奶牛乳脂率的影响［J］.中国奶牛（2）：47-48.

韩开顺，孙汉昌，陈洪飞．2007.奶牛蹄叶炎的临床特征及病因分析［J］.养殖与饲料（6）：40-43.

韩庆功，崔艳红，张智勇．2007.奶牛隐性乳房炎诊断方法研究进展［J］.山西农业科学（3）：79-82.

韩庆功，崔艳红．2008.ELISA 检测技术在畜产品抗生素类药物残留检测中的应用［J］.生物技术通报

（4）：89－93.

华实，齐新林，谭世新．2011.DHI是提升奶牛场管理水平的核心［J］．中国奶牛（5）：56－59.

季勤龙，王仲士，吴火泉．2005.DHI监测提高生鲜牛奶质量的推广应用［J］．中国奶牛（3）：43－44.

贾先波，张毅，王雅春，等．2011.不同选择指数对中国荷斯坦种公牛综合育种值排名的影响［J］．中国奶牛（12）：1－4.

江精华．2006.奶牛酮病致病机理研究［D］．南宁：广西大学．

蒋林树，乔燕平．2002.全脂膨化大豆饲喂奶牛试验［J］．乳业科学与技术（4）：33－34.

焦士会，王雅春，张沅．2011.牛蜘蛛腿综合征：一种骨骼系统畸形遗传疾病［J］．遗传，33（1）：36－39.

李东，初芹，王雅春．2011.单核苷酸多态性标记在牛亲子鉴定中的应用与展望［J］．中国畜牧杂志．

李甡屾，邹天红，于忠强，等．2010.奶牛DHI测定指标与其产奶量的灰色关联分析［J］．中国奶牛（8）：32－34.

李胜利，程起方，冯仰廉，等．2001.饲料中添加康贝对荷斯坦乳牛产奶量和乳成分的影响［J］．中国奶牛（6）．

李胜利，张兴龙，葛景山．2003.高能高蛋白补充料"乳倍利"对奶牛产奶性能影响的研究［J］．中国畜牧杂志（5）

李艳华，张胜利，韩广文，等．2007.利用单链构象多态性检测牛白细胞黏附缺陷症方法的建立［J］．遗传，29（12）：1471－1474.

李宗波，付才，孔德江．2010.奶牛子宫内膜炎研究进展［J］．中国乳业（2）：62－65.

刘朝干，贺建华，范超人．2006.泌乳阶段和饲料因素对乳脂率的影响及机理［J］．中国奶牛（5）：14－17.

刘刚，刘丑生，李宁，等．2013.我国荷斯坦种公牛个体识别和亲子鉴定DNA数据库的建立［J］．农业生物技术学报，21（9）：1085－1092.

刘光磊，林嵘，刘文忠，等．2009.2008年上海市奶牛生产及原料奶质量分析报告（一）［J］．中国奶牛（5）：62－66.

刘光磊，林嵘，王智，等．2009.2008年上海市奶牛生产及原料奶质量分析报告（二）［J］．中国奶牛（6）：59－62.

刘光磊，林嵘，张晓峰，等．2009.2008年上海市奶牛生产及原料奶质量分析报告（三）［J］．中国奶牛（5）：62－64.

刘光磊，王加启，刘文忠，等．2009.全国不同地区奶牛热应激和冷应激规律研究［J］．中国奶牛（8）：66－69.

刘海良，孙飞舟，陈绍祜，等．2011.如何取得奶牛生产性能测定工作的实效［J］．中国奶牛（9）：24－25.

刘海良．2012.如何提高奶牛生产性能测定报告的应用效果［J］．中国奶牛（8）：48－50.

刘坤，张美荣，陈亮，等．2013.泌乳早期乳中尿素氮含量对奶牛繁殖性能的影响［J］．中国奶牛（6）：21－24.

刘亮，王加启，刘仕军，等．2008.奶牛亚急性瘤胃酸中毒研究进展［J］．中国畜牧兽医（5）：72－75.

刘林．2010.国际奶牛基因组选择的发展概况［J］．中国奶牛（12）：29－31.

刘绪川，王宇一，张国伟，等．1993.奶牛子宫内膜炎临床病理学诊断方法的研究［J］．中国农业科学（3）：7－13，97.

刘振君，黄毅，张胜利，等．2007.DHI报告在高产奶牛群的应用［J］．中国奶牛（3）：21－24.

吕俊．2009.应用健能赢数据管理牧场繁殖工作［J］．中国奶牛（4）：60－61.

马玉荣，任耀军，余天俊．2011．奶牛瘤胃酸中毒的诊断与治疗 [J]．草食家畜 (1)：84-86.

马云，邹建波，王恒．2002.DHI 体系及其在奶牛饲养管理中的应用 [J]．黄牛杂志，28 (6)：22-26.

毛永江，陈莹，陈仁金，等．2011．乳房炎对中国荷斯坦牛测定日泌乳性能及体细胞数变化的影响 [J]．畜牧兽医学报，42 (12)：1787-1794.

孟明旭，李助南．2011．我国奶牛育种工作的现状与发展趋势 [J]．科技信息 (14)：347.

孟明旭，李助南．2011．我国奶牛育种工作的现状与发展趋势 [J]．科技信息 (14)：347.

潘龙，卜登攀，孙鹏，等．2012．奶牛三大评分体系在实际生产中的应用 [J]．中国畜牧兽医，39 (11)：210-215.

潘学峰．2009．现代分子生物学教程 [M]．北京：科学出版社．

乔绿．2012．奶牛乳房健康与原料奶质量控制要点 [J]．中国乳业 (122)：44-47.

阮庆国，陆春叶，夏家辉．1998．基因突变分析技术综述 [J]．国外医学遗传册，2 (5)：225-231.

施启顺．1991．牛的遗传缺陷不全 [J]．草食家畜 (12)：27.

石璞，许尚忠．2007．奶牛 DHI 中的体细胞测定与牧场管理 [J]．中国奶牛 (6)：22-24.

宋禾．2009．奶牛腐蹄病的防治 [J]．畜牧与饲料科学 (3)：161-163.

宋维龙．2004．奶牛乳房炎的诊断、预防和治疗 [J]．中国乳业 (10)：29-32.

宋亚攀，孙丽萍，等．2014．涂蜡笔方法在母牛发情鉴定中的应用 [J]．中国奶牛 (15)：75-77.

孙泉云，张苏华，沈悦，等．2004．奶牛和猪血清中牛病毒性腹泻-黏膜病抗体的检测 [J]．畜牧与兽医：30.

田兵．2011．奶牛腐蹄病的诊断与防治 [J]．今日畜牧兽医 (6)：56-57.

王宝文．2011．牛奶中体细胞数、菌落总数与奶牛乳房炎的关系 [J]．中国乳业 (4)：34-35.

王东辉，魏玉兵．2009.DHI 技术在奶牛场饲养管理中的应用 [J]．中国草食动物，29 (6)：25-27.

王洪梅，李建斌，高运东，等．2006．牛尿苷酸合成酶缺乏症 PCR-RFLP 检测方法的研究 [J]．畜牧兽医学报，37 (6)：614-616.

王民桢．1996．家畜遗传病学 [M]．北京：科学出版社．

王帅，王栋，杜卫化，等．2007．荷斯坦奶牛脊柱畸形综合征的研究进展 [J]．遗传，29 (9)：1049-1054.

王帅，赵学明，朱化彬，等．2011．部分中国荷斯坦种公牛脊柱畸形综合征携带状况的检测和分析 [J]．畜牧兽医学报，42 (7)：1027-1031.

王希春，李培，吴金节．2008．奶牛隐性乳房炎对牛奶中体细胞数及品质的影响 [J]．中国奶牛 (4)：49-51.

王相根，胡书梅，汪聪勇．2012．奶牛体细胞数 (SCC) 和隐性乳房炎变化规律的统计调查 [J]．中国奶牛 (14)：49-50.

王学清，李建明，王昆，等．2012.DHI 报告分析及其在奶牛场日常饲养管理中的应用 [J]．河北农业科学，16 (3)：72-74.

王仲智，刘健鹏，张勇．2010．奶牛乳房炎的分类及其诊断 [J]．畜牧与饲料科学 (1)：89-90.

魏玉春．2009．荷斯坦牛白细胞粘附缺陷和瓜氨酸血症的分子生物学诊断方法研究 [D]．杨凌：西北农林科技大学．

吴润，郝保青，农向，等．2006．奶牛隐性乳房炎的主要病原菌的 PCR 鉴定 [J]．中国牛业科学，32 (2)：12-17.

吴伟．2007．奶牛乳房炎的预防及治疗措施 [J]．中国畜牧杂志 (18)：54-58.

肖培卫．2013．规模化奶牛场的繁殖管理要点 [J]．畜牧与饲料科学，34 (3)：75-76.

肖颖，谷维娜，钱明明，等．奶牛隐性乳房炎多重 PCR 检测方法研究．安徽农业科学．2010，38 (17)：

9029 - 9031.

谢岩，范学华，吴晓平，等．2012. 中国荷斯坦公牛 CN 和 DUMPS 遗传缺陷检测及系谱分析 [J]．畜牧兽医学报，43 (3)：376 - 381.

薛萍，王恬，严群芳．2005. 奶牛瘤胃酸中毒的发病机理与营养调控 [J]．畜牧与兽医 (6)：46 - 50.

杨化玉，耿慧兰，马安忠．2012. 奶牛卵巢囊肿的病因与防治 [J]．中国奶牛 (15)：17 - 19.

杨庆彬，王成立．2009. 奶牛蹄叶炎的症状及综合防治 [J]．养殖技术顾问 (7)：72.

杨志春，孙广林，谭泽赢．2011. 利用 DHI 报告提高兽医工作效率 [J]．中国奶牛 (7)：7 - 8.

尹红斌，李素华，郭定宗，等．2009. 奶牛产后子宫内膜炎分类及研究进展 [J]．中国奶牛 (2)：36 - 39.

尹红斌，李素华，郭定宗，等．2009. 奶牛产后子宫内膜炎分类及研究进展 [J]．中国奶牛 (2)：36 - 39.

喻光敏，白佳桦，刘彦，等．2013. Ovsynch 技术在集约化奶牛场的推广应用效果 [J]．中国畜牧杂志 (17)：15 - 22.

云孟克，莫内，刘思国．2008. 奶牛酮病的诊断及防治 [J]．畜牧兽医科技信息 (4)：57 - 58.

张佳兰，茹彩霞，王建华．2011. 基于 DHI 的奶牛隐性乳房炎分析 [J]．安徽农业科学，39 (23)：14158，14259.

张克春．2013. 高产奶牛亚临床酮病的诊断与防治 [J]．兽医导刊 (11)：41 - 43.

张明武．2013. 奶牛卵巢囊肿的症状及预防 [J]．养殖技术顾问 (1)：85.

张勤，张沅，秦志锐．2000. 中国奶牛育种的现状及发展趋势 [J]．北京奶牛 (4)：4 - 8.

张瑞华，张克春．2010. 奶牛酮病致病机理及诊治方法研究进展 [J]．上海畜牧兽医通讯 (1)：26 - 28.

张善瑞，王长法，高运东，等．2007. 应用 PCR 方法检测奶牛乳房炎主要病原菌 [J]．家畜生态学报，28 (4)：78 - 80.

张胜利．2013. 奶牛单产核算方法与生产性能测定解读 [J]．中国乳业 (134)：26 - 30.

张岁丑．2009. 奶牛瘤胃酸中毒的治疗方法 [J]．养殖技术顾问 (11)：114 - 115.

张廷青．2010. 如何做好奶牛群体繁殖工作 [J]．中国乳业 (3)．

张廷青．2011. 如何做好奶牛群体繁殖工作 [J]．黑龙江动物繁殖，19 (4)．

张文灿．2009. 基因组选择在奶牛育种中的革命性突破 (综述)[J]．山西农业大学学报：自然科学版，29 (1)：1 - 4.

张晓峰，梁建光，刘光磊，等．2009. 关注首次体细胞数 [J]．中国奶牛 (10)：67 - 68.

张沅．2001. 家畜育种学 [M]．北京：中国农业出版社．

赵树臣．2007. 中药组方治疗奶牛子宫内膜炎的研究 [D]．呼和浩特：内蒙古农业大学．

钟发刚，王新华，沈敏，等．2002. 牛病毒性腹泻病毒单抗抗原捕获 ELISA 检测试剂盒的研制与应用 [J]．新疆农垦科学：55 - 56.

周丽东，张永根．2004. 国外奶牛群体改良计划的成就及给我们的启示 [J]．中国乳业 (10)：49 - 51.

周亚平，刘琴，施开平，等．2011. 乳体细胞数与产奶量 $ 乳成分的关系研究 [J]．中国奶牛 (4)：40 - 42.

朱小汗．2007. Afifarm 软件在牛场中的应用 [J]．中国奶牛 (S1)．

Andrews, A. H., R. W. Blowey, et al. 1992. Bovine medicine: diseases and husbandry of cattle [M]. Blackwell Pub lishing Co, London, United Kingdom：289 - 300.

Buch LH, Kargo M, Berg P, et al. 2012. The value of cows in reference populations for genomic selection of new functional traits [J]. Animal, 6 (6)：880 - 886.

Calus MP, de Haas Y, Pszczola M, et al. 2013. Predicted accuracy of and response to genomic selection for new traits in dairy cattle [J]. Animal, 7 (2): 183 - 191.

Daetwyler HD, Villanueva B, Bijma P, et al. 2007. Inbreeding in genome - wide selection [J]. J Anim Breed Genet, 124 (6): 369 - 376.

Duchesne A, Gautier M, Chadi S, et al. 2006. Identification of a doublet missense substitution in the bovine LRP4 gene as a candidate causal mutation for syndactyly in Holstein cattle [J]. Genomics, 88: 610 - 621.

Fox, D. G. , C. J. Sniffen, J. D. OConnor, et al. 1992. A net carbohydrate and Protein system for evaluating cattle diets: 111. cattle requirements v and diet adequaey [J]. J. Anim. Sci. (70): 3578 - 3596.

Grent, E. and J. M. Besle. 1991. Microbes and fiber digestion. In Jounamy JP ed. : Rumen microbial metabolism and ruminal digestion [J]. INRA Edition. Paris: 107 - 129.

Grupe S, Dietl G, Schwerin M. 1996. Population survey of citrullinemia on German Holsteins [J]. Livestock Production Science, 45 (1): 35 - 38.

Habier D, Fernando RL, Dekkers JC. 2007. The impact of genetic relationship information on genome - assisted breeding values [J]. Genetics, 177 (4): 2389 - 2397.

Huber, J. T. and Herrea - saldana. 1994Synchrony of protein and energy supply to enhance fermentation. In principles of protein nutrition of ruminants [M]. CRC. Press. Florida: 113 - 126.

Jorgensen CB, Agerholm JS, Pedersen J. 1993. Bovine leukocyte adhesion deficiency in Danish Hosltein - Friesian Cattle. I. PCR screening and allele frequency estimation [J]. Acta Vet. Scand. , 34: 231 - 236.

Kehrli ME, Shuster DE, Ackermann MR. 1992. Leukocyte adhesion deficiency among Holstein cattle [J]. Cornell. Vet. , 82: 103 - 109.

Kelly, M. L. , J. R. Berry, D. A. Dwyer, et al. 1998. Dietary fatty acid sources affect conjugated linoleic acid concentrations in milk form lactating dairy cows [J]. J. Nutr. (128): 881 - 885.

NRC. 1989. Nutrient Requirements of dairy cattle (6th ed. 0) [M]. National Academy Press. Washington, DC.

NRC. 2001. Nutrient Requirements of dairy cattle (10th ed. 0) [M]. National Academy Press. Washington, DC.

Palmquist, D. L. 1988. The feeding value of fats. In: Feed Science (ed. E. R. rskov) [M]. Elsevier Science Publishers B. V. , Amsterdam - Oxford - New York - Tokyo: 293 - 312.

Palmquist, D. L. 1991. Influence of source and amount of dietary fat on digestibility in lactating cows [J]. J. Dairy Sci. (61): 890 - 901.

Qin C, Dong XS, Ying Y, et al. 2008. Identification of complex vertebral malformation carriers in Chinese Holstein [J]. Journal of Veterinary Diagnostic Investigation, 20 (2): 228 - 230.

Radford, A. D. , et al. 2012. Application of next - generation sequencing technologies in virology [J]. J Gen Virol, 93 (Pt 9): 1853 - 1868.

Relquin, H. and L. Delaby. 1994. Lactation responses of dairy cows to graded amount of rumen - protected methionine [J]. J. Dairy Sci. , 77 (suppl. 1): 345.

Ribeiro L, Baron E, Martinez M. 2000. PCR screening and allele frequency estimation of bovine leucocyte adhesion deficiency in Holstein and Gir cattle in Brazi [J]. Genet. Mol. Biol. , 23: 831 - 834.

Riffon R. Sayasith K. Khalil H. et al. 2001. Development of a rapid and sensitive test for identification of major pathogens in bovine mastitis by PCR [J]. Journal of clinical microbiology , 39 (7) : 2584 - 2589.

Robinson JL, Bums JL, Magura CE, et al. 1993. Low incidence of citrullinemia carriers among dairy cattle of the United States [J] . Journal of Dairy Science, 76 (3): 853 - 858.

Schaeffer LR. 2006. Strategy for applying genome - wide selection in dairy cattle [J] . J Anim Breed Genet, 123 (4): 218 - 223.

Tajima M, Irie M, Kirisawa R, et al. 1993. The detection of a mutation of CD18 gene in bovine leukocyte adhesion deficiency (BLAD) [J] . J Vet Med Sci, 55 (1): 145 - 146.

Tsuruta S, Misztal I, Lawlor TJ. 2005. Changing definition of productive life in US Holsteins: effect on genetic correlations [J] . J Dairy Sci, 88 (3): 1156 - 1165.

Tyrrell, H. F. P. and W. Moe. 1980. Efects of protein level and Buffering capatity on energy value for lactating cows [M] . In: Energy Metaboligm Proc 8th Symposium U. K. Butterworth, London: 311 - 313.

Williams, C. B. 1988. Development of a simulation model to provide decision support in dairy herd nutritional management [D] . Ph. D. Dissertation. Cornell Univ. , Ithaca, NY.

Wu, Z. , and J. T. Huber. 1994. Relationship between dietary fat supplementation and milk protein concentration in lactating cows: A review [J] . Livest. Prod. Sci (74): 3025 - 3034.